W0254072

ALLE · ZEIT · WACH
1842

TURBOMASCHINEN-FORSCHUNG

Orientierungsrahmen für die mittelfristige Forschung und Entwicklung auf einem bedeutenden Gebiet des deutschen Maschinenbaus

Herausgeber:
G. Dibelius, Sprecher der Hochschulen, Aachen
H. Dinger, Vorsitzender des Vorstandes der Forschungsvereinigung Verbrennungskraftmaschinen e. V., Frankfurt
H. Jordan, Vorsitzender des Vorstandes der Deutschen Forschungs- und Versuchsanstalt für Luft- und Raumfahrt e. V., Köln

Springer-Verlag Berlin Heidelberg GmbH 1982

Professor Dr.-Ing. Günther Dibelius
Direktor des Instituts für Dampf- und Gasturbinen der Rhein.-Westf. Techn. Hochschule (RWTH), Aachen
Sprecher der Hochschulen

Dr.-Ing. Hans Dinger
Stellv. Vorsitzender der Geschäftsführung der Motoren-und Turbinen-Union (MTU), München/Friedrichshafen
Vorsitzender des Vorstandes der Forschungsvereinigung Verbrennungskraftmaschinen e. V. (FVV), Frankfurt

Professor Dr. rer. nat. Hermann L. Jordan
Vorsitzender des Vorstandes der Deutschen Forschungs- und Versuchsanstalt für Luft- und Raumfahrt e. V. (DFVLR), Köln

CIP-Kurztitelaufnahme der Deutschen Bibliothek

Turbomaschinenforschung: Orientierungsrahmen für die mittelfristige Forschung und Entwicklung auf einem bedeutenden Gebiet des deutschen Maschinenbaus / Hrsg.: G. Dibelius ...– Berlin; Heidelberg; New York: Springer, 1982.

ISBN 978-3-540-11816-9 ISBN 978-3-662-10638-9 (eBook)
DOI 10.1007/978-3-662-10638-9

NE: Dibelius, Günther [Hrsg.]

Das Werk ist urheberrechtlich geschützt. Die dadurch begründeten Rechte, insbesondere die der Übersetzung, des Nachdruckes, der Entnahme von Abbildungen, der Funksendung, der Wiedergabe auf photomechanischem oder ähnlichem Wege und der Speicherung in Datenverarbeitungsanlagen bleiben, auch bei nur auszugsweiser Verwendung, vorbehalten.

Die Vergütungsansprüche des § 54, Abs. 2 UrhG, werden durch die „Verwertungsgesellschaft Wort“, München, wahrgenommen.

© Springer-Verlag, Berlin/Heidelberg 1982

Ursprünglich erschienen bei Springer-Verlag Berlin Heidelberg New York 1982.

Die Wiedergabe von Gebrauchsnamen, Warenbezeichnungen usw. in diesem Buche berechtigt auch ohne besondere Kennzeichnung nicht zur Annahme, daß solche Namen im Sinne der Warenzeichen- und Markenschutz-Gesetzgebung als frei zu betrachten wären und daher von jedermann benutzt werden dürfen.

Eifert Druck und Verlag GmbH - Multiplex-Druckerei GmbH, 7768 Stockach
2362/3020 – 5 4 3 2 1 0

Vorwort

Angeregt und unterstützt durch die zuständigen Bundesministerien und unter Beteiligung der Industrie und zahlreicher Hochschulinstitute hat die Deutsche Forschungs- und Versuchsanstalt für Luft- und Raumfahrt (DFVLR) in den Jahren 1978/79 eine Studie über Triebwerksforschung und -technologie in der Bundesrepublik erarbeitet, die auch den vielfältigen Technologietransfer in andere technische Bereiche erkennen ließ. Die Vorstellung dieser Studie im Bundesministerium für Forschung und Technologie (BMFT) vor Vertretern der Ministerien, der Industrie und der Forschung war Anlaß zu einer intensiven Diskussion der energiepolitischen und volkswirtschaftlichen Bedeutung der Turbomaschinen und der Konsequenzen für die zukünftige Forschungs- und Entwicklungstätigkeit auf diesem Gebiet. Im Ausland sind aufgrund der Energiesituation neue, umfangreiche und ehrgeizige Forschungsprogramme in Gang gekommen, die sich auch durch zunehmenden Konkurrenzdruck auf die deutsche Industrie am Weltmarkt auszuwirken beginnen.

Die im BMFT angeregte Diskussion hat die in der Forschungsvereinigung Verbrennungskraftmaschinen (FVV) zusammenarbeitende Industrie sowie die Forschung veranlaßt, gemeinsam Vorstellungen über die wichtigsten Ziele von Forschung und Entwicklung im Turbomaschinenbereich der nächsten zehn Jahre zu erarbeiten und hieraus eine systematische Übersicht über die notwendig erscheinenden Forschungs- und Entwicklungsarbeiten zu erstellen. Das Ergebnis dieser Bemühungen – ein gemeinschaftlich von Industrie, Hochschulen und DFVLR ausgearbeiteter Orientierungsrahmen „Turbomaschinenforschung" – wird hiermit der interessierten Fachöffentlichkeit und den Institutionen der Forschungsförderung vorgelegt.

Dieser Orientierungsrahmen soll jedoch nicht nur mithelfen, die begrenzt verfügbaren Forschungsmittel von Industrie und Staat für FuE optimal einzusetzen. Es ist auch vorgesehen, die Diskussion in den gebildeten sieben Arbeitsgruppen weiterzuführen, um dadurch eine systematische Fortschreibung dieses Werkes zu ermöglichen. Ferner soll etwa alle drei Jahre in Symposien über die zwischenzeitlich erzielten Ergebnisse geleisteter FuE-Arbeiten im Turbomaschinenbereich umfassend informiert werden, um damit wiederum den Fortschritt, den Stand und die weiteren Notwendigkeiten von FuE in diesem für die Energiewirtschaft wie die gesamte Volkswirtschaft besonders wichtigen Forschungsgebiet beurteilen zu können.

Alle betroffenen Mitgliedsfirmen der FVV, alle einschlägigen Institute der Hochschulen und die DFVLR haben sich durch Entsendung von Mitarbeitern in die Arbeitsgruppen in erfreulichem Umfange beteiligt; ihnen sei an dieser Stelle für ihr großes Interesse und für die offene und intensive Mitarbeit herzlich gedankt. Ein Verzeichnis aller Institutionen und Personen, die an der Erarbeitung des Orientierungsrahmens beteiligt waren, ist im Anhang dieser Studie beigefügt.

Es ist zu hoffen, daß dieser Orientierungsrahmen „Turbomaschinenforschung" bei allen Beteiligten, insbesondere auch bei den mit der Förderung von FuE befaßten öffentlichen Stellen, angenommen wird und damit als Hilfsmittel wie als Anreiz für eine weitschauende und fundierte Ausrichtung der FuE-Aktivitäten dienen wird.

Für die FVV	Für die Hochschulen	Für die DFVLR
Dr. Dinger	Prof. Dr. Dibelius	Prof. Dr. Jordan

Inhaltsverzeichnis

Seite

Seite

Seite

Seite

Einführung

Die Elektrizitätswirtschaft, die Verkehrs- und Transporttechnik, die Verfahrens- und Hüttentechnik zählen zu den wichtigsten Anwendungsgebieten der Turbomaschinen, die mit ihren unterschiedlichen Maschinengattungen in einem weiten Leistungsspektrum von einigen Kilowatt bis über Tausend Megawatt die vielfältigen Anforderungen aus diesen Bereichen erfüllen.

Die hier tätige deutsche Industrie dokumentiert ihre Leistungsfähigkeit, indem sie nicht nur den Bedarf im Inland deckt, sondern etwa die Hälfte ihrer Produktion ins Ausland exportiert. Die Zukunft verlangt jedoch besondere Anstrengungen, diese Position zu erhalten und nach Möglichkeit auszubauen, da die Konkurrenz des Auslandes auf den Exportmärkten deutlich wächst.

Turbomaschinen sind maßgeblich an der Energieumwandlung beteiligt. Effizientere Kreisprozesse und bessere Wirkungsgrade der Maschinen und ihrer Komponenten können somit einen unmittelbaren Beitrag zur rationellen Energieverwendung leisten und müssen deshalb auch im Rahmen der Energieförderprogramme der Bundesregierung angemessen berücksichtigt werden. In diesem Zusammenhang ist auch darauf hinzuweisen, daß Energiewandlungsprozesse im allgemeinen die Umwelt durch Schadstoffe, Lärm und Abwärme belasten, deren Verminderung ebenfalls Gegenstand der Turbomaschinenforschung sein muß.

Trotz ihres hohen Standes der Technik bieten Turbomaschinen noch ein beachtliches Entwicklungspotential, das nur durch kontinuierliche und gezielte FuE-Anstrengungen ausgeschöpft werden kann.

Der vorliegende Orientierungsrahmen „Turbomaschinenforschung" zeigt diejenigen FuE-Aufgaben auf, deren Bearbeitung in den nächsten zehn Jahren vordringlich ist. Er wurde gemeinsam von der in der Forschungsvereinigung Verbrennungskraftmaschinen e. V. (FVV) zusammengeschlossenen Turbomaschinen-Industrie, den auf diesem Gebiet tätigen Hochschulinstituten und der Deutschen Forschungs- und Versuchsanstalt für Luft- und Raumfahrt e. V. (DFVLR) erarbeitet.

Bedeutung der Turbomaschinenforschung

Dampfturbine, Gasturbine und Turboverdichter haben sich für viele Antriebs- und Prozeßaufgaben in der Energie-, Verkehrs- und Verfahrenstechnik durchgesetzt. In der Elektrizitätswirtschaft stützt sich die Grund- und Mittellaststromerzeugung fast ausschließlich auf Dampfturbinen als Antriebsmaschinen, während Gasturbinen in der Regel zur Spitzenlastdeckung herangezogen werden. Kombinierte Gas- und Dampfturbinenanlagen, die schon heute die höchsten thermischen Wirkungsgrade aller Wärmekraftanlagen erzielen, werden mit der Weiterentwicklung der Turbomaschinen, insbesondere durch die weitere Steigerung der Gasturbineneintrittstemperatur, erheblich höhere Wirkungsgrade von über 50 % erreichen. Mit Hilfe der

Kohlevergasung wird es möglich sein, in kombinierten Gas- und Dampfkraftwerken, trotz der mit der Vergasung verbundenen Verluste, erheblich höhere Wirkungsgrade als in reinen Dampfkraftwerken auf Kohlebasis zu realisieren und gleichzeitig die Umweltbelastung zu vermindern. Auch bei zukünftiger Nutzung regenerativer Energiequellen wie Sonne und Wind werden Turbomaschinen eine wichtige Rolle spielen.

In der Verfahrens- und Hüttentechnik schaffen Turboverdichter die notwendigen hohen Drücke für die Verarbeitung verschiedenartiger Gase. Der Gastransport in Fernleitungen erfolgt ebenfalls mit Turboverdichtern, die vorwiegend durch Gasturbinen angetrieben werden.

Als Flugzeugantrieb dominiert die Gasturbine, während sie als Schiffsantrieb nur dann in Frage kommt, wenn eine hohe Leistungskonzentration gefordert wird. Abgasturbolader werden in wachsendem Umfang in Kraftfahrzeugen eingesetzt, um Leistung und Wirtschaftlichtkeit der Motoren zu verbessern. Bei Großdieselmotoren gehört die Turboaufladung seit langem zum Stand der Technik; hier zeichnet sich heute der Trend zur Hochaufladung ab.

Außer den genannten, mit gas- oder dampfförmigen Fluiden arbeitenden Maschinen, die häufig als „thermische Turbomaschinen" bezeichnet werden, gehören auch die mit Flüssigkeiten arbeitenden Pumpen und Turbinen zu den Turbomaschinen im allgemeinen Sinne. Sie werden im Rahmen dieser Studie nicht speziell behandelt.

Die Bundesrepublik war und ist ein international bedeutendes Herstellerland für Turbomaschinen mit entsprechend hohen Exportquoten, in den letzten Jahren jedoch mit fallender Tendenz. Zum Beispiel betrug der Anteil der Bundesrepublik Deutschland am gesamten weltweiten Export stationärer Turbinen im Jahre 1976 19 %; bis 1980 fiel dieser Anteil auf 15 % zurück, während die westlichen Nachbarländer und Japan ihren Anteil am Turbinenmarkt z. T. erheblich steigern konnten.

Bei der Entwicklung von großen Flugtriebwerken, die wegen des hohen Kapitaleinsatzes und der erheblichen Risiken zunehmend in internationaler Kooperation durchgeführt wird, hat die deutsche Industrie inzwischen einen Leistungsstand erreicht, der es ihr ermöglicht, als anerkannter Partner großer ausländischer Triebwerkshersteller aufzutreten.

Diese Position der deutschen Turbomaschinen-Industrie mit ihren unmittelbaren Auswirkungen auf den Arbeitsmarkt langfristig zu sichern und auszubauen, ist eines der wichtigen Anliegen intensiver Forschungs- und Entwicklungsanstrengungen auf dem Gebiet der Turbomaschinen.

Die Notwendigkeit für verstärkte Forschungs- und Entwicklungsarbeiten ergibt sich darüber hinaus aus der Energiesituation, da etwa ein Drittel der Primärenergie mit Hilfe von Turbomaschinen – vorwiegend für die Elektrizitätserzeugung – umgesetzt wird. Eine rationellere Energieverwendung in Turbomaschinen wirkt sich deshalb stark auf den Primärenergieverbrauch aus. Auch die notwendige Verminderung der Umweltbelastung durch die Energieumsetzung verlangt intensive FuE-Anstrengungen. Alle erfolgreichen Maßnahmen zur Energieeinsparung und zur Verminderung der Umweltbelastung wirken sich direkt positiv auf die Wettbewerbssituation der deutschen Turbomaschinenindustrie am Weltmarkt aus.

Besondere Beachtung wird man auch der Verbesserung der Gesamtwirtschaftlichkeit schenken müssen, indem man die Entwicklungs-, Herstellungs-, Wartungs- und Instandhaltungskosten senkt, die Lebensdauer und Verfügbarkeit erhöht und teuere Werkstoffe ersetzt; ferner verdienen die Erhöhung der Betriebssicherheit, der Leistungskonzentration und -anpassung, die Senkung des Entwicklungsrisikos und die Substitution seltener Werkstoffe ungeteilte Aufmerksamkeit.

Viele Ergebnisse der Turbomaschinenforschung werden auch für die Weiterentwicklung von Turbomaschinen mit flüssigen Arbeitsmitteln (Kreiselpumpen und hydraulische Turbinen) Verwendung finden können, da ein wesentlicher Teil der grundlegenden Fragestellungen beider Maschinengattungen sehr ähnlich ist. Besonders auf dem weiten Gebiet des Pumpenbaus ist auch eine größere Zahl mittlerer und kleinerer Firmen tätig, die dadurch gefördert werden.

Ziel und Inhalt des Orientierungsrahmens „Turbomaschinenforschung"

Forschung an Turbomaschinen bedeutet die Bearbeitung umfangreicher und schwieriger Probleme in vielen, z. T. sehr unterschiedlichen Fachgebieten. Die Behandlung systemtechnischer oder aerothermodynamischer Fragestellungen erweist sich dabei als ebenso wichtig wie die Lösung von werkstoff- und bauweisenspezifischen Problemen oder die Entwicklung geeigneter Meß- und Prüfverfahren. Häufig treten Wechselwirkungen nicht nur zwischen Aufgabenstellungen desselben Fachgebietes, sondern anderer Fachgebiete auf, deren Lösung dann gemeinschaftliche, gebietsübergreifende Anstrengungen erfordert.

In vielen wissenschaftlichen und industriellen Einrichtungen wird heute an praktisch allen wichtigen Themen der Turbomaschinenforschung gearbeitet. Über die umfangreichen eigenfinanzierten FuE-Arbeiten der Industrie hinaus wird durch Bundes- und Länderministerien bzw. nachgeordnete Förderungsorganisationen und durch industrielle Forschungsvereinigungen die Turbomaschinenforschung maßgeblich gefördert.

In Zeiten, in denen die verfügbaren Mittel zunehmend knapper werden, ist es umso notwendiger, die vorhandenen begrenzten Forschungskapazitäten und -mittel optimal zu nutzen. Ein erster bedeutsamer Schritt in diese Richtung bestünde in einer wirkungsvolleren Arbeitsteilung, zu der sich möglichst alle Beteiligten aus fachlicher Überzeugung freiwillig zusammenfinden sollten. Voraussetzung dafür ist zunächst die übersichtliche Darstellung der heute erkennbaren, wichtigen zukünftigen Forschungsarbeiten, was mit dem vorliegenden Orientierungsrahmen „Turbomaschinenforschung" geschehen ist. Der umfangreiche Stoff ist nach folgenden sieben Fachgebieten geordnet:

Gesamtanlage, Regelung, Überwachung

Aerodynamik der Turbomaschinen

Strömung und Verbrennung in Brennkammern

Bauteilkühlung und Wärmeübertrager

Strukturmechanik und Konstruktion

Werkstoffe und Werkstofftechnologie

Meß- und Prüfverfahren

Jedes Fachgebiet gliedert sich in mehrere Themengruppen, die ihrerseits in Problemkreise unterteilt sind. Es werden im wesentlichen diejenigen Forschungsprobleme angesprochen, die für alle oder für größere Klassen von Turbomaschinen zutreffen; spezielle Fragestellungen einzelner Maschinengattungen wurden nicht einbezogen.

Die Darstellung der Problemkreise beginnt jeweils mit einer kurzen Schilderung des Standes der Forschung, wobei nicht so sehr der schon erreichte hohe Stand der Technik im Vordergrund steht, sondern die noch vorhandenen Wissenslücken aufgezeigt werden. Es folgt die Beschreibung noch zu lösender konkreter Probleme, wobei auch die Zielsetzung zugehöriger Forschungsvorhaben skizziert wird. Soweit notwendig und erkennbar, werden dann Lösungsvoraussetzungen diskutiert, während es sich als zweckmäßig erwies, den durch die Lösung der anstehenden Probleme zu erwartenden wirtschaftlichen Nutzen übergeordnet zu betrachten und in die Einleitung der jeweiligen Fachgebietsbeiträge einzubeziehen.

Die Ausführungen zu jedem Problemkreis schließen mit einer Liste derjenigen Forschungsthemen ab, deren Bedeutung und Dringlichkeit von den Fachleuten so hoch für die Turbomaschinenentwicklung eingeschätzt werden, daß ihre Bearbeitung auf jeden Fall im Verlaufe der nächsten Dekade aufgenommen werden sollte. Die genannten Forschungsthemen erheben dennoch keinen Anspruch auf Vollständigkeit; auch ist damit zu rechnen, daß der sich verändernde Erkenntnisstand Modifizierungen und Ergänzungen der Listen notwendig macht. Inwieweit die vorhandenen finanziellen Mittel und personellen Kapazitäten ausreichen, die Arbeiten im Planungszeitraum abzuschließen, wurde im Rahmen dieser Studie nicht untersucht.

Durchführung der Arbeiten

Die im Vorwort erwähnte Studie „Triebwerksforschung und -technologie in der Bundesrepublik Deutschland" gab Anlaß für die Entscheidung aller der FVV angehörenden Unternehmen des Turbomaschinenbereichs, der einschlägigen Hochschulinstitute und der DFVLR, gemeinsam den Orientierungsrahmen „Turbomaschinenforschung" auszuarbeiten. Zu diesem Zweck wurden ein Ausschuß „Turbomaschinenforschung", ein „Redaktionsausschuß" und sieben „Arbeitsgruppen" entsprechend den vorher genannten sieben Fachgebieten gebildet. Dem Ausschuß „Turbomaschinenforschung" oblag es, die allgemeinen Zielsetzungen des Orientierungsrahmens zu formulieren, die Arbeit in den Arbeitsgruppen zu fördern, die endgültigen Texte kritisch zu bewerten und zu verabschieden. Der „Redaktionsausschuß" hatte die Aufgabe, eine Umfrage nach laufenden und zukünftig wichtigen Forschungsvorhaben bei den beteiligten Institutionen durchzuführen, einheitliche Richtlinien für die Formulierung der Forschungsthemen und für die Ausarbeitung der Texte aufzustellen, die Arbeit in den Arbeitsgruppen zu koordinieren und schließlich die Beiträge der Arbeitsgruppen aufeinander abzustimmen.

In den „Arbeitsgruppen" wurden die Ergebnisse der Umfrage ausgewertet und auf dieser Grundlage die sieben Einzelbeträge dieser Studie ausgearbeitet, die jeweils in sich abgeschlossen und für sich verständlich gestaltet sind.

1. Gesamtanlage

Einleitung

Turbomaschinen finden weit verbreitete Anwendung in der Energie- und Verfahrenstechnik, in wesentlichen Bereichen der Verkehrstechnik, in der Chemie- und Hüttenindustrie, bis hin zur Haus- und Klimatechnik; Schwerpunkte sind jedoch die Elektrizitätserzeugung und der Flugzeugantrieb. Für die verschiedenen Anwendungen haben sich auf Grund der jeweiligen technischen Forderungen unterschiedliche Typen von Turbomaschinen herausgebildet, die insgesamt schon einen beachtlichen Entwicklungsstand erreicht haben. Die maßgebliche Beteiligung der Turbomaschinen am gesamten Energieumsatz einerseits und die kritischer werdende Situation in der Primärenergieversorgung andererseits erfordern jedoch für die Zukunft weitere, teilweise neu orientierte Forschungs- und Entwicklungsanstrengungen.

Trotz der Vielfalt des Einsatzspektrums von Turbomaschinen können die Ziele der künftigen Forschung und Entwicklung auf wenige entscheidende Hauptpunkte zurückgeführt werden, deren Gewicht je nach Anwendungsfall verschieden ist. Diese Ziele sind:

Steigerung des Gesamtwirkungsgrades zur Verminderung der Verluste bei der Erzeugung oder Umwandlung von Energie,

Steigerung der Leistung pro Maschineneinheit, um größere, kostengünstigere und rationellere Anlagen verwirklichen zu können,

Steigerung der spezifischen Leistung, also der auf den Arbeitsmitteldurchsatz oder auf die Maschinenabmessungen bezogenen Leistung, wodurch insbesondere auch bei Flugtriebwerken eine verbesserte Gesamtwirtschaftlichkeit erreicht wird,

Verbesserung des Betriebsverhaltens und der betrieblichen Zuverlässigkeit,

Senkung der Entwicklungs-, Herstellungs- und Wartungskosten,

Verminderung der Umweltbelastung durch Lärm, Schadstoffe und Abwärme.

Neue Entwicklungen auf Gebieten, wie der Werkstofftechnik, der Mikroelektronik, der Rechen- und Computertechnik oder der Fertigungstechnik sind von großer Bedeutung für die Gestaltung und den Bau von Turbomaschinen. In Verbindung mit anderen Ergebnissen der Turbomaschinenforschung ergibt sich ein großes Entwicklungspotential, das erhebliche Fortschritte in Richtung auf die oben genannten Ziele verspricht.

In den meisten Anwendungsfällen sind thermische Turbomaschinen die Hauptkomponenten einer Gesamtanlage, die einen thermodynamischen Prozess zur Energieumwandlung realisiert. Beispiele hierfür sind die Gasturbine in ihren verschiedenen Anwendungen oder die Dampfturbine als wesentlicher Bestandteil eines Dampfkraftwerks. Ähnliches gilt in abgewandelter Form für Turboverdichter innerhalb von verfahrenstechnischen Prozessen. Deshalb müssen neben den vielfältigen und umfangreichen Einzelproblemen, die in den folgenden Kapiteln beschrieben werden, auch die übergeordneten Fragen der Gesamtanlage, insbesondere die Probleme der Turbomaschine als Teil der Gesamtanlage, behandelt werden. Dem ist das erste Kapitel des Orientierungsrahmens „Turbomaschinenforschung" gewidmet. Angesprochen werden müssen dabei

die Systemaspekte, d. h. die Weiterentwicklung der Anlagenkonzepte im Hinblick auf neue Anforderungen sowie ihre Auslegung und Optimierung unter Systemgesichtspunkten,

das Betriebsverhalten von Gesamtanlagen,

die Regelung und Überwachung des Betriebszustands,

die Umweltverträglichkeit der Gesamtanlage.

Die Auslegung einer Gesamtanlage muß unter Systemgesichtspunkten, d. h. unter Berücksichtigung der Wechselwirkungen aller Komponenten untereinander, erfolgen, wobei als Haupteinflußgrößen das Konzept der Anlage, die Energiequellen, die Fluide oder die Komponenten und ihre Eigenschaften genannt sein mögen. Veränderte Randbedingungen, wie rasch steigende Energiekosten oder der Zwang zur Verwendung bisher nicht genutzter Energieträger, machen neue Anlagenkonzepte notwendig, für die optimale Lösungen zu finden sind. Das gilt in erster Linie für den Gasturbinenprozess, dessen Vielseitigkeit schon heute durch die verschiedenen Anwendungen, wie Flugtriebwerke, stationäre Gasturbinen oder Fahrzeugantriebe beispielhaft die Anpassung eines Grundkonzepts an unterschiedliche Randbedingungen zeigt. Es gilt in gleicher Weise auch für den Dampfprozess, sei es, daß sich z. B. durch die Wirbelschichtfeuerung in Verbindung mit Turbomaschinen oder die integrierte Kohlevergasung neue Möglichkeiten eröffnen, sei es, daß geänderte Einsatzstrategien der Kraftwerke, z. B. ausschließlicher Mittel- und Spitzenlastbetrieb großer, fossilgefeuerter Dampfkraftwerke, eine entsprechende Anpassung der Gesamtanlage verlangen. Ebenso erfordert die Nutzung anderer Energiequellen, wie der Solar-Energie oder der Abfallwärme, ganz neue Überlegungen für das Gesamtsystem, auch unter Einbeziehung anderer Fluide.

Im Mittelpunkt der Systemauslegung steht die Optimierung des Gesamtsystems. Systematische Untersuchungen und Parametervariationen ermöglichen das Auffinden optimaler Lösungen und entscheiden über den Wert und die Realisierbarkeit neuer Konzepte. Gleichzeitig werden dadurch die Spezifikationen der Komponenten festgelegt und ihre Weiterentwicklung angeregt. Solche Untersuchungen sind deshalb unentbehrlich für die Bewertung des technisch-wissenschaftlichen Nutzens von Gesamtanlagen und ihrer Verbesserungen.

Das Betriebsverhalten einer Gesamtanlage entscheidet wesentlich mit über die Brauchbarkeit eines Konzepts und über Einsatz und Verfügbarkeit einer Anlage. Systemauslegung und -optimierung müssen deshalb durch treffsichere Vorausberechnung des Betriebsverhaltens einer Anlage ergänzt werden. Da Turbomaschinen im allgemeinen nur für einen bestimmten Betriebspunkt ausgelegt sind, vielfach jedoch bei davon abweichenden Betriebszuständen arbeiten müssen, interessiert sowohl ihr stationäres als auch instationäres Verhalten. So gehören z. B. bei Flugantrieben, Fahrzeuggasturbinen oder Turboladern schnelle, dynamische Änderungen des Betriebszustands zum Normalbetrieb, während sie bei anderen Anlagen als Folge von Störfällen unvermeidlich sind. Dabei müssen aus sicherheitstechnischen Gründen auch ungewöhnliche, von der Auslegung extrem abweichende Betriebszustände berücksichtigt werden. Von großem Interesse sind weiter Veränderungen des Betriebsverhaltens, die durch Strömungsunsymmetrien (wie z. B. Einlaufstörungen bei Verdichtern) oder durch gegenseitige Beeinflussung von Komponenten (Einlauf/Verdichter, mehrwellige Turbomaschinen, Speichervolumina, Wasserabscheider bei Sattdampfturbinen usw.) hervorgerufen werden. Der rasche Fortschritt der Computertechnik erlaubt in zunehmendem Maße die rechnerische Simulation auch komplizierter Gesamtanlagen, wenn das Betriebsverhalten der Einzelkomponenten zuverlässig berechnet werden kann. Damit wird man die Treffsicherheit der Auslegung der Gesamtanlage erhöhen, die heute noch üblichen Sicherheitsreserven vermindern und damit die Wirtschaftlichkeit steigern können.

Aufgabe der Regelung einer Gesamtanlage ist die sichere, genügend schnelle und möglichst selbständige Anpassung des Betriebszustandes an wechselnde Leistungsanforderungen oder an äußere Einfluß- oder Störgrößen. Man unterscheidet Beharrungs-, Übergangs- und Grenzwertregelung; letztere soll die Überschreitung von sicherheitstechnischen Grenzwerten verhindern. Als Folge der rapiden Entwicklung der Mikroelektronik geht der Trend hier zu speicherprogrammierbaren digitalen Regeleinrichtungen, die wesentlich leistungsfähiger, flexibler und auch kostengünstiger sind als die heute vielfach noch üblichen hydraulischen oder elektromechanischen Regler. Sie haben bei Flugtriebwerken schon eine erste Anwendung gefunden. Neue Regelungskonzepte müssen erarbeitet werden, die die Möglichkeiten der Digitaltechnik optimal zu nutzen erlauben. Solche Systeme verbessern auch die Betriebsüberwachung insofern, als aus der laufenden Überwachung von Funktionsparametern auf Veränderungen von Bauteilparametern geschlossen werden kann, die sich etwa durch Verschleiß oder Überlastung einstellen. Insbesondere für Flugtriebwerke werden bereits Systeme zur Fehlerlokalisierung und Fehlervorhersage entwickelt, die auch auf andere Turbomaschinenanlagen übertragbar sind und wirtschaftliche Vorteile durch Erhöhung der Betriebssicherheit und Reduktion der Wartungskosten bringen.

Wie schon bisher, wird die Verminderung der Umweltbelastung auch in Zukunft ein wesentliches Entwicklungsziel sein. Die am meisten turbomaschinenspezifische Umweltbelastung ist die Geräuschemission. Hier sind schon umfangreiche Untersuchungen für Flugtriebwerke erfolgt, deren Ergebnisse bei besserer Kenntnis der Randbedingungen auch auf andere Turbomaschinen übertragen werden können. Andere wichtige Umweltbeeinflussungen wie Abgase oder Abwärme, gehen häufig von Anlagen aus, in denen Turbomaschinen als Hauptkomponenten Verwendung finden. Die Minderung der Schadstofferzeugung bei der Verbrennung hängt eng mit dem Ablauf der thermochemischen Vorgänge zusammen und wird daher im Kapitel 3, Strömung und Verbrennung in Brennkammern, behandelt.

Die Reduzierung der an die Umwelt abgeführten Abwärme ist eng gekoppelt mit der Verbesserung des thermischen Wirkungsgrades der Gesamtanlage. Fortschritte sind hier vor allem von neuen Anlagekonzepten, die die verfügbaren Wärmemengen besser nutzen, zu erwarten. Die Emission und Ausbreitung der bei der Umwandlung thermischer Energie unvermeidlichen Abwärme und ihre Auswirkungen auf die Umwelt stellen komplizierte interdisziplinäre Probleme dar, die den Rahmen der Turbomaschinenforschung weit überschreiten; sie sind deshalb ein wichtiges Thema allgemeiner ökologischer Untersuchungen.

Der wirtschaftliche Nutzen einer reduzierten Umweltbelastung liegt auf der Hand. Abgesehen davon, daß Anlagen nicht verkauft werden können, die gesetzlich vorgeschriebene Standards nicht erfüllen, können kostspielige Dämm- oder Reinigungseinrichtungen ganz oder teilweise vermieden werden, wenn die Entstehung von Lärm oder Schadstoffen bereits an den Quellen soweit wie möglich reduziert wird. Die Verminderung der Abwärmebelastung wird sich durch geeignete Maßnahmen in vielen Fällen günstig auf die Betriebskosten auswirken.

1.1 System-Auslegung

Die Auslegung von Systemen aus Turbomaschinen (Verdichter, Turbine) und weiteren Komponenten (Brennkammer, Dampferzeuger, Schubdüse etc.) zur Realisierung eines thermodynamischen Kreisprozesses ergibt in Abhängigkeit vom Verwendungszweck des Systems, von der Energiequelle, den notwendigen Betriebseigenschaften und den technisch-wirtschaftlichen Randbedingungen ein außerordentlich breites Spektrum von Lösungen, die jeweils möglichst gut an die gestellte Aufgabe angepaßt sein sollen. Wandel der technischen Aufgabenstellungen, Weiterentwicklung der Komponenten-Technologie und Veränderungen im wirtschaftlichen Umfeld (Energiepreis) lösen Forschungsaktivitäten im Bereich der Systemauslegung aus, die die Entwicklung von optimal an die neuen Gegebenheiten angepaßten Anlagen zum Ziel haben.

1.1.1 Konzept

Stand der Forschung

Bei modernen größeren Flugtriebwerken für Fluggeschwindigkeiten im oberen Unterschall- und im Überschallbereich wird das Mehrwellenkonzept sowie die Zweikreis-Auslegung allgemein angewandt. Damit kann durch hohe Prozeßparameter (Druck- und Temperaturverhältnis) ein hoher thermischer Wirkungsgrad und gleichzeitig ein guter Vortriebswirkungsgrad erreicht werden, außerdem ergeben sich brauchbare Betriebseigenschaften. Die Steigerung der Einheitsleistung steht nicht im Vordergrund des Interesses, vielmehr ist die weitere Senkung des Brennstoffverbrauches bei allen Betriebszuständen von überragender Bedeutung.

Im Gegensatz zur Vielfalt der Konzeptionen in den früheren Entwicklungsphasen wird bei der stationären Gasturbine heute für Generatorantrieb die Einwellenbauart und für Antriebe mit variabler Drehzahl die Zweiwellenmaschine mit freier

Nutzturbine bevorzugt. Die Steigerung des thermischen Wirkungsgrades wurde vor allem durch Erhöhung der Turbinen-Eintrittstemperatur unter Anwendung von intensiveren Kühlmaßnahmen erreicht. Bei Generatorantriebsturbinen wurde die Einheitsleistung mittlerweile bis etwa 120 MW gesteigert, bei Maschinen mittlerer Leistung wurde auch eine leichtere und kompaktere Bauweise zur Erleichterung des Einsatzes in Gebieten mit schwierigen Transportverhältnissen oder im Off-shore-Betrieb angestrebt. Die Fahrzeug-Gasturbine befindet sich noch immer im Entwicklungsstadium. Das bevorzugte Konzept weist meist einstufige Radialverdichter, ein- bis zweistufige Verdichterantriebsturbinen, einstufige freie Nutzturbinen sowie einen vorwiegend regenerativen Wärmetauscher auf. Die Systemauslegung hängt entscheidend von den sich auch gegenseitig beeinflussenden Einflußfaktoren Kreisprozeßparameter, Komponententechnologie und Herstellkosten ab, die den Entwicklungsfortschritt hinsichtlich Brennstoffverbrauch und Betriebseigenschaften bestimmen.

Der Dampfprozeß für Wärmekraftwerke ist nach jahrzehntelanger Entwicklung in Konzeption und Optimierung weitestgehend bekannt. Der zeitweise schnelle Anstieg der Einheitsleistung von Dampfturbinen ist seit einigen Jahren fast zum Stillstand gekommen. Steigerungen der Energiekosten und zukünftig zu erwartende Einsatzbedingungen verändern die Parameter der Optimal-Auslegungen. Eine deutliche weitere Steigerung des thermischen Wirkungsgrades des reinen Dampfprozesses mit an sich bekannten Mitteln zeichnet sich wegen der damit verbundenen technischen Probleme und der noch nicht gesicherten Gesamtwirtschaftlichkeit gegenwärtig nicht ab.

Nennenswerte Verbesserungen des themischen Wirkungsgrades von Kraftwerksanlagen wurden durch die Kombination von Gas- und Dampfturbinenprozeß erzielt. Betriebsbewährte Lösungen für den Kombi-Prozeß sowohl mit Zwischenüberhitzungs-Dampfprozeß als auch für reine Abwärmenutzung der Gasturbine liegen vor. Da die Anlagen meist für die ausschließliche Verwendung flüssiger bzw. gasförmiger Brennstoffe konzipiert sind, kann ihre Wirtschaftlichkeit durch deren starke Preissteigerung gefährdet sein.

Die einschneidenden Veränderungen der Kosten und Verfügbarkeit der klassischen Energieträger haben das Interesse an der Nutzung anderer Energiequellen und von Abfallwärme aus den verschiedensten Bereichen enorm gesteigert. Die Entwicklung dafür geeigneter Systemkonzepte steht noch ziemlich am Anfang.

Problembeschreibung und Zielsetzung

Die dramatische Steigerung der Kosten flüssiger Brennstoffe ergibt die Notwendigkeit der Entwicklung von Flugtriebwerken mit noch geringerem Verbrauch in einem möglichst breiten Bereich von Betriebsbedingungen, also in allen Phasen einer Flugmission. Hierfür ist ein thermodynamisch sehr hochwertiger Prozeß mit sehr gutem Teillastverhalten sowie eine wirkungsgradgünstige Vortriebserzeugung möglichst im gesamten relevanten Fluggeschwindigkeitsbereich erforderlich. Verbesserungen gegenüber den aktuellen Mehrwellenkonfigurationen mit festem Bypaß lassen sich durch Einführung zusätzlicher variabler Parameter in das Triebwerkskonzept erzielen, die im ganzen Betriebsbereich eine optimale Prozeßführung erlauben. Triebwerkskonzepte mit variabler Geometrie (VGE) / variablem Kreisprozeß (VCE), also mit Verstellmöglichkeiten im Bereich der Beschaufelung, der Aufteilung der Massenströme auf die Teilprozesse, der Schubdüse und auch in weiterentwickelten Zweistufenbrennkammern, haben ein beachtliches Entwicklungspotential. Systematische Untersuchungen können die möglichen Verbesserungen unter Berücksichtigung der technologischen Möglichkeiten aufzeigen, aber auch ihrerseits Hinweise auf notwendige Entwicklungen an den Systemkomponenten geben. In beiden Fällen (VGE und VCE) können, wie erste Studien zeigen, die neuen Konzepte Steigerungen des Triebwerksgewichts zur Folge haben; Maßnahmen zur Gewichtsverminderung kommt deshalb besondere Bedeutung zu. Entwicklungen spezieller Komponenten, insbesondere moderner Propeller, sind in ihrer Auswirkung auf die Konzeption entsprechender Triebwerke zu überprüfen.

Die Entwicklung stationärer Gasturbinen großer Leistung hat besonders die weitere Steigerung des thermischen Wirkungsgrades, aber auch die Erhöhung der Einheitsleistung zum Ziel. Für beides ist die Erhöhung der Prozeßparameter notwendig. Dafür und auch zur Erzielung günstiger Betriebseigenschaften werden zunehmend technologische Lösungen aus dem Flugtriebwerksbereich in angepaßter Weise herangezogen werden. Eine grundlegend wichtige Aufgabe ist die Entwicklung geeigneter Systeme für die Nutzung fester Brennstoffe in Gasturbinen- und kombinierten Prozessen mit möglichst hohem thermischen Wirkungsgrad. Hierfür sind Konzepte mit aufgeladenen und Wirbelschicht-Feuerungen in verschiedenen Kombinationen mit den übrigen Prozeßkomponenten systematisch zu untersuchen, wobei vor allem die Möglichkeiten der Gasreinigung und das Betriebsverhalten der Turbomaschinen bei Verschmutzung und Erosion zu berücksichtigen sind. Bei kleineren und insbesondere bei Fahrzeug-Gasturbinen wird die weitere Entwicklung wesentlich von der Komponentenentwicklung beherrscht. Entwicklungsimpulse auf diesem Gebiet können durch System-Untersuchungen gegeben werden, andererseits sind Fortschritte im Komponentenbereich nur im Rahmen der Gesamtanalyse richtig bewertbar.

Geeignete Kreisprozesse für die Nutzung von Abfallwärme in verschiedenen Temperaturbereichen werden zunehmende Bedeutung für die verbesserte Energienutzung gewinnen. Umfangreiche Konzeptstudien von Anlagen verschiedener Leistungsgrößen, mit allen verfügbaren Arbeitsmitteln und in allen praktisch bedeutsamen Temperaturbereichen sind notwendig, um im Anwendungsfall günstige Lösungen anbieten und auch rechtzeitig die notwendigen Entwicklungen im Komponentenbereich, insbesondere auch bei Turbomaschinen einleiten zu können.

Auch neue Konzepte der Energiewandlung bei der Nutzung fester Brennstoffe für die Vergasung beinhalten Turbomaschinen als wesentliche Anlagenkomponenten. Wirtschaftliche Gesamtlösungen erfordern eine Betrachtung und Auslegung der Gesamtanlage und des thermodynamischen Gesamtprozesses und führen z. B. auf integrierte Anlagen zur Kohledruckvergasung.

Forschungsthemen:

- *Untersuchung von Kreisprozessen für Flugtriebwerke mit variabler Geometrie (VGE)*
- *Untersuchung von Kreisprozessen für Flugtriebwerke mit variablem Prozeß (VCE)*
- *Fortschrittliche Kreisprozesse für die Nutzung fester Brennstoffe (Aufladung, Wirbelschichtfeuerung)*
- *Weiterentwicklung von Gas-Dampfturbinen-Prozessen für höchste thermische Wirkungsgrade*
- *Entwicklung von Kreisprozeß-Konzepten für die Nutzung von Abfallwärme in verschiedenen Temperaturbereichen*
- *Entwicklung von Anlagen-Konzepten für die integrierte Kohlevergasung.*

1.1.2 Optimierung

Stand der Forschung

Für ein gegebenes Konzept eines Systems muß die günstigste Auslegung für den jeweiligen Anwendungsfall durch oft umfangreiche Optimierungsuntersuchungen ermittelt werden. Dafür sind genaue Informationen über die Zusammenhänge zwischen Systemauslegung und resultierenden Komponenten-Eigenschaften, die ihrerseits wieder das Gesamtsystem beeinflussen, unerläßlich. Bei Gasturbinen, insbesondere auch bei Flugtriebwerken, sind die Veränderungen der Komponenten-Charakteristik (Wirkungsgrad, Kennfeldbreite etc.), die bei Änderungen der Auslegung (Temperatur- und Druckverhältnis, Kühlverfahren, Stufenzahl etc.) eintreten, häufig nicht mit genügender Genauigkeit zu ermitteln, wodurch die Zielsicherheit des ganzen Optimierungsprozesses beeinträchtigt wird. Zusätzliche Unsicherheiten ergeben sich, wenn die Herstellkosten von ausschlaggebender Bedeutung sind, wie z. B. bei Klein- oder Fahrzeug-Gasturbinen.

Im Bereich der Kraftwerkstechnik ist die Optimierung schon ziemlich weit getrieben. Sie setzt allerdings meist stationären Betrieb bei Nennleistung voraus, was nicht notwendig für die zukünftigen Einsatzbedingungen charakteristisch ist.

Bei industriellen Verdichtern kann für die Optimierung in den vielen, verschiedenen Anwendungsfällen nur ein begrenzter Aufwand zugelassen werden. Durch die nicht ausreichenden Kenntnisse über die Zusammenhänge der vielen Einflußfaktoren in ihrer Auswirkung auf die Eigenschaften der Gesamtmaschine ist oft eine zu konservative, nicht optimale Auslegung unvermeidlich.

Problembeschreibung und Zielsetzung

Für die Optimierung der Systemauslegung sind bei Turbomaschinen systematische und genaue Formulierungen der Zusammenhänge zwischen den grundlegenden Kenngrößen (Wirkungsgrad, Einzelverluste, Kennfeld, Stabilitätsgrenze etc.) und den vielen Auslegungs- und konstruktiven Parametern notwendig.

Besonders bei Flugtriebwerken ergeben sich zusätzliche Einflußmöglichkeiten durch Umgebungsbedingungen (Flughöhe), Einbaubedingungen (Einlaufstörungen), stationäres und instationäres Betriebsverhalten (Zünd- und Beschleunigungsverhalten) und gegenseitige Beeinflussung der Komponenten (Mehrwellenverdichter), die in ihren Auswirkungen auf die Optimierung des Gesamtsystems nicht genügend bekannt sind und daher nicht entsprechend berücksichtigt werden können.

Bei Fahrzeug-Gasturbinen sind die Fortschritte in der Komponenten-Technologie durch breite Parameterstudien in das Gesamtsystem zu übertragen.

Mit zunehmendem Einsatz von fossil gefeuerten Kraftwerksanlagen der verschiedenen Typen im Mittel- und Spitzenlastbereich sind Optimierungsuntersuchungen des Kreisprozesses und der Komponenten für häufigen Kurzzeitbetrieb und starke Laständerungen notwendig.

Forschungsthemen

- *Verhalten von Turbomaschinen und Triebwerkskomponenten unter realen Einsatzbedingungen (Einfluß von Reynolds-Zahl, technische Oberflächenrauhigkeiten, Verschmutzung, Eintrittsstörungen bei Druck, Temperatur oder Drall)*
- *Verhalten von Triebwerken unter Höheneinfluß (stationärer Betrieb, Zünden, Beschleunigen, Regelung)*
- *Parameteruntersuchungen für Fahrzeug- und Klein-Gasturbinen*
- *Optimale Kreisprozeß- und Komponentenauslegung für Mittel- und Spitzenlastanlagen.*

1.1.3 Rechenverfahren

Stand der Forschung

Die Verfahren zur Berechnung von Gesamtsystemen, insbesondere auch von thermodynamischen Kreisprozessen sind bekannt, sie werden heute praktisch ausnahmslos in der Form von Rechenprogrammen angewandt. Wenn auch an der weiteren Entwicklung von solchen Programmen zur Vergrößerung der Flexibilität und Anwendungsbreite noch gearbeitet wird, so liegen die wesentlichen Probleme doch in den in ein solches Programm einzubringenden technischen Informationen.

Problembeschreibung

Die Berechnung eines Kreisprozesses, für den außer den Grundparametern (Drücke, Temperaturen etc.) auch alle Komponenteneigenschaften (Wirkungsgrade, Druckverluste etc.) vorgegeben sind, ist völlig unproblematisch. Schwieriger wird für einen so ausgelegten Prozeß und seine Komponenten die rechnerische Untersuchung von Betriebspunkten, die vom Auslegungspunkt abweichen (Teil-, Überlast), wenn dabei alle eintretenden Veränderungen richtig berücksichtigt werden sollen. Noch komplizierter ist die Aufgabe, mit einem Programm Kreisprozesse zu rechnen und zu optimieren und parallel dazu die zugehörigen Komponenten rechnerisch auszulegen und ihre Eigenschaften zu bestimmen, die ihrerseits wieder in die Prozeßrechnung eingehen. Erst damit wird eine Optimierung des Gesamtsystems möglich.

Für solche Rechenverfahren sind, wie auch unter 1.2 beschrieben, Formulierungen für die Zusammenhänge zwischen den Auslegungsgrößen des Systems und den Eigenschaften der Komponenten notwendig, ferner mathematische Beschreibungen des Teillastverhaltens aller Komponenten. All dies ist oft noch nicht in der notwendigen Genauigkeit und Breite verfügbar. Noch mehr fehlen für technisch-wirtschaftliche Optimierungstechnungen von Kraftwerksanlagen realistische Funktionen der Komponenten-Kosten in Abhängigkeit von den Auslegungsgrößen.

1.1.4 Arbeitsmittel

Eine wichtige Einflußgröße für die Auslegung und Optimierung einer Gesamtanlage ist das Arbeitsfluid und seine Eigenschaften. Klassische Arbeitsmittel für thermische Turbomaschinen sind Luft bzw. Verbrennungsgase und Wasserdampf. Darüber hinaus werden in neuerer Zeit weitere Medien wie Kohlenwasserstoffe, Fluorchlorkohlenwasserstoffe und ihre Gemische in Betracht gezogen. Für industrielle Turboverdichter kommt seit jeher ein breites Spektrum von Gasen, Gasgemischen und Dämpfen als Arbeitsmittel in Frage, das durch technische und chemische Entwicklungen immer noch zunimmt. Für alle diese Fluide sind hinreichend genaue Kenntnisse ihrer thermo- und fluiddynamischen Eigenschaften notwendig.

Stand der Forschung

Für das Verhalten von Fluiden lassen sich in einigen Fällen mit ausreichender Genauigkeit einfache Modelle verwenden:

das ideale Gas, gekennzeichnet durch seine thermische Zustandsgleichung ("Gasgleichung") und eine nur von der Temperatur abhängige spezifische Wärmekapazität,

die ideale Flüssigkeit mit konstanter Dichte.

Wirkliche oder reale Gase und Gasgemische verhalten sich näherungsweise wie ideale Gase, wenn der Druck hinreichend klein gegenüber dem kritischen Druck und wenn die Temperatur nicht zu niedrig ist. In folgenden Fällen weicht das Fluidverhalten vom idealisierten Modell ab:

bei hohen Drücken und tiefen Temperaturen,

bei Änderung der Zusammensetzung durch chemische Reaktionen,

wenn die Zustandsänderung nahe am oder im Koexistenzgebiet mehrerer Phasen abläuft.

Im Prozeß kommt das Arbeitsmittel im allgemeinsten Fall im gas- bzw. dampfförmigen und im flüssigen Zustand vor und durchläuft auch Zustände im Koexistenzgebiet zweier Phasen. Das Fluid kann dabei ein technisch reiner Stoff, wie Stickstoff, Helium oder auch Wasserdampf, sein oder aus mehreren Komponenten bestehen, wie Luft, Erdgas, Verbrennungsgase oder Gase in chemischen Prozessen.

Die Abweichungen des Verhaltens der realen Arbeitsfluide vom Modell des idealen Gases sind auf die im Modell nicht berücksichtigten Wechselwirkungen zwischen den Molekülen der beteiligten Stoffe zurückzuführen. Diese Wechselwirkungen verstärken sich mit zunehmender Dichte. Bei gasförmigen Fluiden sind also mit steigendem Druck und abnehmender Temperatur zunehmend Realgaseffekte zu berücksichtigen. Bei den durch große Dichten gekennzeichneten Flüssigkeiten spielen die Wechselwirkungen zwischen den Molekülen eine wesentliche Rolle. Während bei reinen Stoffen nur Wechselwirkungen zwischen gleichartigen Molekülen auftreten, beeinflussen in Gemischen zusätzlich solche zwischen den nach Größe, Struktur und Polarität unterschiedlichen Molekülen der beteiligten Stoffe das Fluidverhalten. Gleichgewichtszustände im Koexistenzgebiet mehrerer Phasen sind schon wegen der genannten Bedeutung von intermolekularen Wechselwirkungen in der beteiligten Flüssigkeit besonders schwer zu beschreiben.

Für eine Reihe von Stoffen und Stoffgemischen können die Zusammenhänge zwischen Druck, Temperatur und Dichte im Gleichgewicht aus Zustandsgleichungen, -diagrammen oder -tafeln ermittelt werden. Diese sind für technisch wichtige Stoffe wie Wasserdampf, Luft, Helium, Kohlendioxid, Ammoniak und Stickstoff durch Versuche in weiten Temperatur- und Druckbereichen abgesichert. Auch für Kohlenwasserstoffe, Fluorchlorkohlenwasserstoffe (Kältemittel), Gemische verschiedener Kohlenwasserstoffe und Gemische von Kohlenwasserstoffen mit nicht polaren oder assoziierenden Stoffen lassen sich die Zustandsgrößen im Gleichgewicht, auch für Zustände im Koexistenzgebiet von Gas und Flüssigkeit, recht genau berechnen.

Zu dem hier beschriebenen statischen Zustandsverhalten von Arbeitsmitteln kommt besonders in Turbomaschinen das Verhalten unter Nicht-Gleichgewichtsbedingungen als Problem hinzu, auf das unter 2.4.1 genauer eingegangen wird.

Problembeschreibung

Auch für bekannte Arbeitsmittel sind zur Verbesserung der Kenntnisse des realen Verhaltens ergänzende Untersuchungen, insbesondere von thermodynamisch relevanten Differentialquotienten von Zustandsgrößen erforderlich.

Insbesondere aber müssen die Fluide, die für die Nutzung von Abfallwärme herangezogen werden können, intensiver und vollständiger untersucht werden. Wichtig sind die thermodynamischen und Transporteigenschaften, die thermische und Langzeitstabilität, die Korrosivität und Giftigkeit. Nur für genügend genau bekannte Arbeitsmittel können richtig optimierte Anlagen und korrekt ausgelegte Komponenten gebaut werden. Aus breiteren Kenntnissen auf diesen Gebieten können sich auch Impulse zur systematischen Entwicklung neuer, noch besser für bestimmte Aufgaben geeignete Fluide ergeben.

Durch azeotrope Gemische reiner Stoffe kann eine Vielfalt neuer Arbeitsmittel gewonnen werden, die nur unzureichend bekannt sind. Fluide, bei denen die Taulinie nahezu mit Linien gleicher Entropie zusammenfällt, lassen große Entspannungen von Sattdampf bei geringer Endnässe zu. Die geeignete Auslegung und Konstruktion von Komponenten für diese verschiedenen Medien muß erst noch umfassend studiert werden.

Forschungsthemen

- *Eigenschaften von Realgasen und Realgasgemischen*
- *Untersuchung von Arbeitsmitteln zur Nutzung von Energie in verschiedenen Temperaturbereichen in speziellen Kreisprozessen*
- *Thermodynamische Eigenschaften von Azeotropen (Schallgeschwindigkeit, Kondensation)*
- *Bestimmung turbomaschinenspezifischer Eigenschaften (Schallgeschwindigkeit, Transportgrößen, Kondensationsverhalten) neuer Arbeitsmittel.*

1.1.5 Energiequellen

Stand der Forschung

Während für Flugzeug- und Fahrzeug-Gasturbinen flüssige Brennstoffe, wenn auch vielleicht mit etwas veränderter Spezifikation, auf lange Zeit die einzige praktisch verwendbare Energiequelle bleiben, wird heute auch die Kohle als besser verfügbarer Energieträger für Gasturbinen, insbesondere in speziellen Kreisprozessen oder Anlagen in Betracht gezogen. Dabei geht die technische Entwicklung zwei Wege. Der erste sieht eine direkte Verbrennung der Kohle in einer die normale Brennkammer ersetzenden Wirbelschichtfeuerung vor, in der durch Beigabe von Kalkstein bei niedrigen Verbrennungstemperaturen um 850 °C der Schwefel gebunden wird. Eine noch zu entwickelnde Entstaubungsanlage soll für die Reinigung des Heißgases vor Eintritt in die Turbinenbeschaufelung sorgen.

Der zweite Weg zur Nutzbarmachung der Kohle für die Stromerzeugung in kombinierten Gasturbinen-Dampfturbinen Prozessen ist die Vergasung. Nach der anschließenden Entschwefelung und Gasreinigung wird das mit einem niedrigen Heizwert anfallende Kohlegas in der Brennkammer der Gasturbine verbrannt.

Beiden Verfahren ist gemeinsam, daß die zusätzlichen thermodynamischen Verluste durch den hohen Wirkungsgrad des Kombiprozesses zumindest kompensiert werden. Durch eine weitgehende Entschwefelung und die Verringerung der Stickoxidbildung durch niedrige Verbrennungstemperaturen sind diese Kraftwerkstypen besonders umweltfreundlich.

Die Solarenergie als regenerative Energiequelle kann in Solar-Farm- oder Solar-Tower-Anlagen genügend konzentriert und dann einem geeigneten Kreisprozeß zur Energieerzeugung zugeführt werden. Praktische Bedeutung werden solche Anlagen wohl eher in Regionen mit günstigeren Klimaverhältnissen als in Mitteleuropa erlangen. Dagegen sind gerade in einem industrialisierten Land vielfältige Quellen von Abfallwärme verfügbar, die in Zukunft mit zunehmender Wirtschaftlichkeit ausgenutzt werden können.

Problembeschreibung

Wie auch schon in 1.1 dargelegt, wird eine intensive Forschungstätigkeit in verschiedenen Bereichen notwendig sein, um die Verwendung fester Brennstoffe in besonderen kombinierten Gas-Dampf-Prozessen der Realisierung näherzubringen. Bei der Wirbelschichtfeuerung liegen besondere Entwicklungsprobleme in der Entstaubung des Heißgases, bei der praktisch der Reinheitsgrad normaler atmosphärischer Luft erreicht werden muß, um die Erosion der Turbinenbeschaufelung zu vermeiden. Da dies bei den hohen Temperaturen und Drücken nur sehr schwer zu verwirklichen sein wird, muß versucht werden, den Verschleiß in der Gasturbine durch die Auswahl geeigneter Materialien und Schutzschichten, niedrige Relativgeschwindigkeiten zwischen Staubteilchen und Schaufeln sowie aerodynamische Maßnahmen zur Vermeidung hoher lokaler Staubkonzentrationen zu reduzieren.

Zur Vergasung von Kohle benötigt man Temperaturen von 1000 °C und höher. Daher fällt im Rohgas neben der gebundenen chemischen Energie eine beachtliche Wärmemenge an. Da das Gas zur Reinigung abgekühlt werden muß, wird der Gesamtwirkungsgrad des Kraftwerks stark von der Art der Einbindung dieser Wärme in den kombinierten Gas-Dampf-Kreisprozeß beeinflußt. Der Wirkungsgrad des Kombiprozesses ist außerdem sehr stark von der erreichten Turbineneintrittstemperatur abhängig. Der Erfolg dieses besonders umweltfreundlichen Kraftwerkstyps wird daher weitgehend von den Fortschritten bei der Entwicklung von Schaufelkühlverfahren (vgl. 4.1) abhängen. Um den hohen Forderungen an die Zeitverfügbarkeit eines Grundlastkraftwerks zu entsprechen, müssen dabei gleichzeitig der Zeitaufwand für Wartungsarbeiten und die Häufigkeit erzwungener Ausfälle extrem niedrig gehalten werden.

Für die praktische Nutzung der Solarenergie in Kreisprozessen ist noch ein erheblicher Entwicklungsaufwand erforderlich, um die Kosten dieser Kraftwerke so weit zu reduzieren, daß sie zumindest unter günstigen klimatischen Verhältnissen wirtschaftlich arbeiten können.

Im Gegensatz dazu wird in vielen Fällen die Nutzung von Abfallwärme auch für die Energieerzeugung von Interesse sein. Voraussetzung dafür sind systematische Untersuchungen der Abfallwärmequellen, ihres zeitlichen Verhaltens, des Temperaturbereichs und weiterer kennzeichnender Größen, sowie die gezielte Entwicklung dafür geeigneter Systeme zur Nutzung.

Forschungsthemen

Einschlägige Einzelthemen sind bereits auch unter 1.1 aufgeführt. Dazu kommen

- *Staubabscheidung, Staubablagerung und Erosion in Turbomaschinen mit Wirbelschichtfeuerung*
- *Vorausberechnung des Betriebsverhaltens bei starker Verschmutzung*
- *Systematische Untersuchung von Prozessen, Anlagen und Komponenten zur Energiegewinnung aus Abfallwärme.*

1.1.6 Spezielle Komponenten

Stand der Forschung

Für die optimale Auslegung und Nutzung von Flugtriebwerken spielen die Methoden der Vortriebserzeugung eine wesentliche Rolle. So ist die Verwendung von Propellern für Flugtriebwerke mittlerer und höherer Leistung im Laufe der Entwicklung fast völlig aufgegeben worden, da die Fluggeschwindigkeit immer mehr gesteigert wurde. Heute zeichnet sich bei wieder etwas verringerten Fluggeschwindigkeiten eine Rückkehr zum Propeller wegen des damit erreichbaren geringen Brennstoffverbrauchs ab. Ebenfalls zur Verringerung des Brennstoffverbrauches können verbesserte Einbauverhältnisse des Triebwerks und verbesserte Schubdüsen beitragen.

Problembeschreibung

Die Vortriebserzeugung durch Propeller im Bereich relativ hoher Unterschallgeschwindigkeiten bringt eine Reihe von Problemen mit sich, die früher zur ausschließlichen Anwendung des Strahltriebwerks beitrugen. Weitere Forschungen zur Überwindung dieser Hindernisse führen auf neue Konzepte mit geringer Blattbelastung, großen Sehnenlängen, gepfeilten Eintrittskanten usw. Ebenso kommen ummantelte Propeller, prop-fans und verstellbare Gebläse in Frage. Diese neuen Komponenten können wesentliche Wirkungsgradverbesserungen des Gesamtsystems erbringen.

Ebenso wird eine verbesserte Integration des Triebwerks in die Zelle mit verringerten Einlaufstörungen und Heckwiderständen zu einer besseren Wirtschaftlichkeit im Betrieb beitragen. Hier ist insbesondere der Interferenzwiderstand der Kombination Flugzeug – Triebwerk von Bedeutung. Alle diese Entwicklungen müssen gleichzeitig eine Verminderung der Schallabstrahlung anstreben, um die verbesserte Wirtschaftlichkeit nicht mit erhöhter Umweltbelastung zu koppeln.

Forschungsthemen

- *Entwicklung von Propellern für hohe Unterschallfluggeschwindigkeit*
- *Optimierung ummantelter Propeller*
- *Verstellgebläse für Zweikreistriebwerke*
- *Schubdüse mit variabler Geometrie, Fragen der Schubumkehr*
- *Optimierte Unterschall-Schubdüse*
- *Triebwerkseinlauf mit höherem Druckrückgewinn und verringerten Einlaufstörungen*
- *Triebwerke mit Wärmetauschern*

1.2 Betriebsverhalten

Die Beschreibung des Betriebsverhaltens einer bestehenden Turbomaschinenanlage stellt eine schwierige Aufgabe dar, da die Einwirkung einer großen Vielfalt z. T. auch zusammenwirkender Einflußgrößen auf die wesentlichen betrieblichen Kenndaten der Maschine dargestellt werden muß. Wesentlich schwieriger noch ist die Ermittlung des Betriebsverhaltens im Rahmen der Auslegung bzw. Optimierung aus Berechnungen oder geeigneten übertragbaren Erkenntnissen, da oft die Berechnungsverfahren oder die Versuchsunterlagen für die Erfassung der komplizierten Zusammenhänge nicht ausreichend oder nicht geeignet sind. Trotzdem besteht ein dringendes technisch-wirtschaftliches Interesse an einer möglichst frühen, vollständigen und genauen Kenntnis des Betriebsverhaltens in einem möglichst großen Bereich bei der Auslegung von Turbomaschinen-Anlagen aller Arten.

1.2.1 Stationäres Betriebsverhalten

Die Gasturbinenanlage umfaßt Verdichter, Turbine und Brennkammer, dazu beim Triebwerk Einlauf und Schubdüse und bei der stationären Gasturbine Ansaug- und Abgassystem und eventuell einen Wärmetauscher. Zur Dampfturbinenanlage rechnet man neben der Turbine auch die Stellorgane, die Umleitsysteme, den Kondensator, das Kühlsystem und die Rohrleitungen. Diese Turbomaschinenanlagen werden meist für einen bestimmten Betriebspunkt ausgelegt. Dies ist oft der Zustand, bei dem ein Maximum an Wirtschaftlichkeit verlangt wird, oder aber auch der Betriebspunkt mit der höchsten verlangten Dauerleistung der Anlage.

In vielen Anwendungsfällen kommt stationärer Betrieb in einem weiten Arbeitsbereich in Frage; dieser vom Auslegungspunkt abweichende Betrieb verlangt ebenfalls hohe Betriebssicherheit, Zuverlässigkeit und Wirtschaftlichkeit.

Solche Betriebszustände treten z. B. beim Flugtriebwerk beim Start und im Steigflug als Überlast gegenüber dem Reiseflug oder bei Dampfturbinen als Teillast bei verminderter Leistungsanforderung des Netzes auf; die Ausdehnung des zulässigen Betriebsbereichs bis zum Leerlaufzustand erweist sich häufig als erforderlich.

Problembeschreibung und Zielsetzung

Betriebszustände mit mäßigen Abweichungen vom Auslegungszustand sind heute recht gut berechenbar, allerdings bei Turbinen wesentlich besser als bei vielstufigen Verdichtern, bei denen die Berechnungsverfahren für die räumliche Schaufelströmung (wie auch in Abschnitt 2.1 und 2.3 dargelegt), besonders für Teillastrechnungen noch nicht ausreichend leistungsfähig sind. Vergleichbares gilt für die Verfahren der Brennkammerberechnung bei Gasturbinen.

Allgemein wird die Qualität von Teillastrechnungen von Gesamtsystemen weitgehend durch die Kenntnisse der Eigenschaften der am schlechtesten bekannten Komponente bzw. der am wenigsten verstandenen Wechselwirkung zwischen Komponenten definiert sein. Ziel der Bemühungen muß es also sein, mit besseren Kenntnissen und Berechnungsverfahren für die Komponenten und weiter mit der korrekteren Berücksichtigung ihrer gegenseitigen Wechselwirkungen ein möglichst wirklichkeitsnahes Modell des Gesamtsystems für die Berechnung zu erstellen.

Zur Überprüfung und besonders auch für weit vom Auslegungspunkt abliegende Bereiche, z. B. im Vier-Quadrantenbetrieb von Turbomaschinen, für noch weniger untersuchte Systeme wie Verbrennungsmotor-Turbolader oder für wichtige Einflußgrößen wie die Flughöhe bei Triebwerken, sind experimentelle Untersuchungen wünschenswert.

Lösungsvoraussetzungen

Die Verbesserung der Berechnungsmethoden für die räumliche Strömung in Turbomaschinen, insbesondere für das Nachrechnungsproblem sowie vergleichbarer Methoden für Brennkammern, ist eine wichtige Voraussetzung für eine bessere Ermittlung des Betriebsverhaltens, speziell bei Gasturbinen und Triebwerken (siehe dazu auch Abschnitt 2 und 3).

Forschungsthemen

- *Erstellung von Simulationsmodellen für das stationäre Triebwerksverhalten*
- *Versuche an Triebwerken im Höhenprüfstand, z. B. auf stationären Betrieb*
- *Beschreibung von Turbomaschinen in Vier-Quadranten-Kennfeldern*
- *Methoden zur besseren Anpassung von Turbolader-Zentripetalturbinen an die Verbrennungsmotoren*

1.2.2 Dynamisches Betriebsverhalten

Stand der Forschung

Laständerungen, das heißt Übergang von einem Betriebspunkt zu einem anderen sind bei Turbomaschinen-Anlagen häufig instationäre, schnell ablaufende Zustandsänderungen, bei denen Leistung, Massendurchsatz, vielfach die Drehzahl und meist auch Drücke und Temperaturen des Arbeitsmittels sich schnell und evtl. stark verändern. Bei Flugzeug- und Fahrzeugtriebwerken gehören schnelle Laständerungen mit Beschleunigung oder Verzögerung zum normalen Betrieb, bei stationären Anlagen rühren schnelle Änderungen oft von Störfällen her.

Prinzipiell und qualitativ ist auch das dynamische Betriebsverhalten von Turbomaschinen-Anlagen gut bekannt. Die Güte der quantitativen Beschreibung hängt auch hier von den Kenntnissen des Verhaltens der Einzelkomponenten und – im ganz besonderen Maße – ihrer Interaktionen ab. Hier müssen zusätzlich Massenkräfte, strömungsmechanische Instabilitäten, mechanische Schwingungen verschiedener Art und dynamische Vorgänge in Brennkammern beachtet werden. Ein

Beispiel für derartige neue Erkenntnisse ist die in den letzten Jahren erfolgte Untersuchung des Torsionsschwingungsverhaltens großer Dampfturbinen beim schnellen Wiedereinschalten nach Lastabwurf, die erhebliche mechanische Beanspruchungen zeigte und verschiedene Abhilfe- und Überwachungsmaßnahmen notwendig machte.

Problembeschreibung und Zielsetzung

Ausgehend von vertieften Kenntnissen über die Komponenten sind erweiterte Programme und Simulationsmodelle für Gesamtsysteme notwendig, in denen möglichst viele Wechselwirkungen berücksichtigt werden. Von besonderer Bedeutung ist immer die Nachprüfung der Betriebssicherheit bei solchen Vorgängen. Eine experimentelle Nachprüfung in geeigneten Versuchsanordnungen ist notwendig, um sehr komplizierte Systeme wie Mehrwellentriebwerke oder den Höheneinfluß zu erfassen und schließlich solche Berechnungsmethoden auch im Entwurfsstadium treffsicher einsetzen und kostspielige Erprobungen an der Maschine vermindern zu können.

Forschungsthemen

- *Erstellen von numerischen Simulationsprogrammen für das dynamische Betriebsverhalten von Gasturbinen und Triebwerken*

- *Berechnung des dynamischen Verhaltens von Anlagen mit Dampfturbinen*

- *Untersuchung der dynamischen Vorgänge beim Antrieb von Generatoren mit zweiwelligen Gasturbinen*

- *Untersuchung der Stabilität hochbelasteter Verdichtersysteme in Mehrwellentriebwerken*

- *Versuche im Höhenprüfstand, z. B. Beschleunigungsverhalten, Regelung, Windmilling, Zündverhalten.*

1.2.3 Ungewöhnliche Betriebszustände

Stand der Forschung

Während das betriebliche Verhalten bei dynamischen Last- und Drehzahländerungen noch relativ gut überschaubar ist, gestaltet sich die Betrachtung ungewöhnlicher, stark gestörter Betriebszustände sehr schwierig, einmal wegen der Unübersichtlichkeit der Dynamik, zum anderen auch wegen der Schwierigkeit der praktischen Erprobung.

Mögliche Störfälle, die zu ungewöhnlichen Betriebszuständen führen, können sein

Schnellöffnung oder Schnellschluß von Absperrorganen bei prozeßbedingten Störungen

Schäden wichtiger Anlageteile, wie Rohrleitungsbruch in geschlossenen Gasturbinenanlagen oder Entschaufelung von Turbomaschinenkomponenten

ungewolltes Öffnen der MD-Umleitstation bei offenen MD-Einströmorganen bei Dampfturbinen

Gassäulenschwingungen in Zweikreistriebwerken und daraus resultierende Strömungsstörungen

und andere mehr.

Normalerweise nicht auftretende Betriebszustände und Störungen können auch durch Veränderungen der Strömungswege in der Turbomaschine, insbesondere durch Verschmutzung, Ablagerungen und Erosion, hervorgerufen werden. Beispiele sind Verdichter, die feuchte Gase verarbeiten, Gasturbinen und Strahltriebwerke, die ungefilterte Luft ansaugen, Dampfturbinen bei nicht ausreichender Speisewasserqualität, Prozeßgasturbinen z. B. für FCC-Anlagen und neuerdings insbesondere Gasturbinen nach einer kohlegefeuerten Wirbelschichtfeuerung. Neben der Verminderung des Massestroms, der Verschlechterung des Wirkungsgrades und der Druckverhältnisse kann auch eine Verschiebung der Pumpgrenze eintreten. Alle diese Einflüsse beeinträchtigen das Betriebsverhalten einer Gasturbine u. U. beträchtlich.

Problembeschreibung und Zielsetzung

Für die Berechnung ungewöhnlicher Betriebszustände sind meist spezielle, dem Problem angepaßte Programme notwendig, die alle dynamischen Vorgänge berücksichtigen und die Gesamtanlage umfassen. Die experimentelle Klärung – unter entsprechenden Sicherheitsvorkehrungen – ist oft die einzige anwendbare Methode.

Die Vorgänge beim Entstehen von Ablagerungen in Strömungsmaschinen sind weitgehend ungeklärt. Daher ist auch die experimentelle Untersuchung an Modellen nicht gut fundiert. Die geometrischen und mikrogeometrischen Formen der Ablagerungen variieren weit und sind ebenfalls kaum bekannt, so daß gezielte Untersuchungen der strömungstechnischen Auswirkungen fehlen. Ein deutlicher Fortschritt in dieser Richtung kann nur durch eine breite, gut abgestimmte Forschungstätigkeit mit theoretischen, modelltechnischen und experimentellen Komponenten erwartet werden.

Forschungsthemen

- *Berechnung der dynamischen Zustandsänderungen in einem System sowie des Turbomaschinenverhaltens bei schnell ablaufenden Störfällen unter Berücksichtigung gasdynamischer Effekte (z. B. bei Rohrleitungsbruch, Entschaufelung)*

- *Untersuchung der Ventilationsleistung und der Temperaturverteilung bei Leerlauf und im Schleppbetrieb von Turbomaschinen*

- *Vorausberechnung des Turbomaschinenverhaltens bei starker Verschmutzung der Strömungswege*

- *Staubabscheidung und Staubablagerung in Turbomaschinen, die einer Kohlestaubfeuerung nachgeschaltet sind*

- *Einfluß spezieller Oberflächenrauhigkeiten, resultierend aus Ablagerungen oder Erosion, auf Wirkungsgrad und Schluckfähigkeit.*

1.2.4 Gegenseitige Beeinflussung von Komponenten

Stand der Forschung

Die gegenseitige Beeinflussung von Komponenten, im allgemeinen die Störung einer Komponente in ihrem Betriebsverhalten durch Einflüsse, die aus dem Betrieb der anderen resultieren, ist besonders bei Flugtriebwerken mit ihrer gedrängten Bauweise und der hohen Komponentenbelastung problematisch. Insbesondere bei Verdichtern kommen solche Störungen vor.

So tritt z. B. bei Lastwechseln in Mehrwelllentriebwerken eine gegenseitige Beeinflussung der Verdichter ein, so daß sich z. B. bei Drehzahlabsenkung der Arbeitspunkt des Niederdruckteiles in den instabilen Kennfeldbereich verschiebt. Die Hintereinanderschaltung von Mehrwellen-Verdichtern ergibt allgemein ein anderes Betriebsverhalten als die gleichen Maschinen in Einzelanordnung, da das Geschwindigkeitsprofil des nachgeschalteten Teils durch den vorgeschalteten verändert wird.

Gegenseitige Beeinflussungen sind häufig auch auf Distorsionen der Verteilung wichtiger Strömungsgrößen in radialer und/oder Umfangsrichtung zurückzuführen, ein Problem, das u. a. bei Störungen durch die Einbauverhältnisse (siehe Abschnitt 1.2.5) beobachtet wird.

Problembeschreibung und Zielsetzung

Ähnlich wie bei den schon behandelten Fragen des Betriebsverhaltens von Turbomaschinen-Anlagen besteht auch hier ein wesentlicher Teil der Problematik darin, daß die gegenwärtig verwendeten Rechenverfahren bei der Nachrechnung von Strömungsfeldern in Turbomaschinen Einflüsse, wie Störungen des Zuströmgeschwindigkeitsprofils u. ä. nur unzureichend berücksichtigen können. Besonders bei Axialverdichtern können resultierende Veränderungen des Wirkungsgrades, des Arbeitsumsatzes oder der Stabilitätsgrenze wegen der Mängel entsprechender Rechenmodelle nicht genau genug ermittelt werden. Zudem müssen die Mechanismen der gegenseitigen Störungen genauer untersucht werden, um sie dann auch rechnerisch berücksichtigen zu können.

Lösungsvoraussetzungen

Die auch ganz allgemein dringend erwünschte Weiterentwicklung der Rechenverfahren für die Strömung in Turbomaschinen (siehe auch Abschnitt 2) wird eine bessere Erfassung und Beschreibung vieler strömungstechnisch begründeter gegenseitiger Störungen von Komponenten ermöglichen.

Forschungsthemen

- *Aerodynamische Beeinflussung der Verdichter in einem Mehrwellen-Triebwerk, Untersuchung in einem entsprechenden Prüfstand*

- *Weitere relevante Themen in Abschnitt 2*

1.2.5 Installation, äußere Störungen

Stand der Forschung

Der Einfluß der Einbaubedingungen und der hieraus resultierenden Störungen ist eng mit den schon beschriebenen Problemen der gegenseitigen Beeinflussung von Komponenten verknüpft. Beim Flugtriebwerk ist der Einbau in das Flugzeug, die Anordnung des Einlaufdiffusors und der Schubdüse, die Lage relativ zu Rumpf, Tragfläche und Nachbartriebwerk sowie der resultierende Interferenzwiderstand für das Betriebsverhalten bedeutsam. Ferner spielt auch der Flugzustand (Schiebeflug, Steigflug) eine Rolle.

Bei ortsfesten Gasturbinen kann die Gestaltung der Luftansaugung in Verbindung mit dem Einströmgehäuse eine ähnliche Rolle spielen. Bei Dampfturbinen treten ebenfalls Strömungsstörungen durch den Einfluß anderer Anlageteile auf, die dann über veränderte Schaufelbeanspruchungen zu Schäden führen können.

Ganz allgemein können solche Probleme meist auf die ungleichmäßige Verteilung von Druck, Temperatur, Strömungsgeschwindigkeit und -richtung am Einlauf in die Turbomaschine zurückgeführt werden. Derartige Störungen, die in vielfältiger Weise auftreten können, sind mehrfach experimentell untersucht worden. Mit Rechenmodellen, die z. B. auf der Vorstellung zweier parallel arbeitender Verdichter mit unterschiedlichen Einlaufbedingungen aufgebaut sind, wurden gewisse Erfolge erzielt, aber diese praktisch oft bedeutsamen Fragen werden noch nicht hinreichend beherrscht.

Problembeschreibung und Zielsetzung

Durch umfangreichere und systematische experimentelle Untersuchungen, insbesondere von Axialverdichtern, aber auch Turbinen und Radialverdichtern bei verschiedenen Einlaufstörungen, sind geeignete Unterlagen für die Weiterentwicklung von Rechenmodellen zu schaffen, mit denen das Betriebsverhalten solcher Maschinen bei gestörter Zuströmung quantitativ ausreichend ermittelt werden kann. Damit können dann Studien über die Auswirkungen unterschiedlicher Konfigurationen im Entwurfsstadium angestellt und vor allem auch Auslegungsvarianten von Turbomaschinen gesucht werden, die gegen derartige Störungen weniger empfindlich sind.

Forschungsthemen

- *Untersuchung des Einflusses von Druck-, Temperatur- und Drall-Störungen am Einlauf in Axialverdichter*

- *Experimentelle Untersuchung des Einflusses von Druck- und Temperaturdistorsionen auf das Betriebsverhalten eines Flugtriebwerks*

- *Methoden zur Verringerung von Einlaufstörungen*

- *Untersuchungen über optimale Integration des Triebwerks in die Flugzeugzelle.*

1.3 Umweltverträglichkeit

Die ausreichende Umweltverträglichkeit von Turbomaschinen-Anlagen ist, wie heute bei fast allen technischen Anlagen auch, nicht nur eine wünschenswerte Eigenschaft, sondern wegen der gesetzlichen Auflagen oft eine Voraussetzung für die Erstellung und den Betrieb überhaupt.

Von den hierfür relevanten Umweltbelastungen sind ganz wenige eigentlich turbomaschinenspezifisch. So ist die Emission von SO_2 ganz allgemein eine Folge der Verbrennung schwefelhaltiger Brennstoffe. Sie kann daher z. B. bei ortsfesten Gasturbinen eine Rolle spielen. Ebenso ist die Emission von CO_2, deren langfristige Auswirkungen immer noch heftig umstritten sind, bei der Verbrennung kohlenstoffhaltiger Brennstoffe aller Art und demnach auch bei vielen Gasturbinen unvermeidlich. Eine Verminderung könnte nur durch verringerte Verwendung solcher Brennstoffe erreicht werden. Auch die Abgabe von Abwärme an die Umgebung ist bei der Durchführung thermodynamischer Kreisprozesse zur Energiegewinnung physikalisch nicht vermeidbar, sie tritt natürlich auch bei allen mit Turbomaschinen arbeitenden Anlagen dieser Art (Wärmekraftwerk, Gasturbine, Triebwerk) auf. Eine Verminderung der Abwärmeabgabe ist, abgesehen von einer Verringerung des Energieverbrauchs insgesamt, durch eine Verbesserung des thermischen Wirkungsgrades dieser Kreisprozesse oder eine Doppelnutzung der Energie durch Koppelprozesse zu erreichen, wie sie in Abschnitt 1.1 dargelegt ist.

Alle diese Probleme sind Gegenstand einer breiten, interdisziplinären energietechnischen und ökologischen Forschung. Sie sollen daher nicht als Gegenstand der eigentlichen Turbomaschinenforschung behandelt werden, obwohl sie, wie oben gezeigt, auch bei Bau und Betrieb von Turbomaschinen-Anlagen eine wichtige Rolle spielen.

1.3.1 Geräusch

Stand der Forschung

Die Lärmemission ist ein wesentliches Umweltproblem des Turbomaschinenbetriebs, da hohe Leistungskonzentration die Schallerzeugung in der Strömung stark fördert. Insbesondere bei Flugtriebwerken, die nicht wie ortsfeste Anlagen mehr oder weniger weitgehend durch Schalldämmungseinrichtungen gekapselt werden können, ist die Geräuschemission am Einlauf und durch den Strahl ein wichtiges Problem, das speziell bei Start und Landung von Bedeutung ist. Bei der Reduzierung des Triebwerkslärms sind schon deutliche Erfolge, teils durch auslegungstechnische, teils durch aktive Absorptions- und Dämpfungsmaßnahmen, erzielt worden. Dafür wurden bereits Modellvorstellungen über Lärmentstehung und -abstrahlung insbesondere für Axialverdichter und Abgasstrahl entwickelt. Weniger gut bekannt sind diese Vorgänge beim Radialverdichter und ganz allgemein bei geräuscherzeugenden Strömungsvorgängen, wie sie in Turbomaschinen-Anlagen und ihren Komponenten, z. B. auch Armaturen häufig vorkommen.

Problembeschreibung und Zielsetzung

Trotz der schon erreichten Ergebnisse ist die weitere Entwicklung des grundlegenden Verständnisses der Schallerzeugung in Turbomaschinen notwendig, da sie die Grundlage für weitere gezielte Abhilfemaßnahmen liefert. Sowohl durch günstigere Auslegung und Gestaltung als auch durch geeignete Dämpfungs- und Dämmungsmaßnahmen kann die Schallemission reduziert werden. Dabei ist jeweils eine Gesamtoptimierung unter Berücksichtigung von Gewicht und Treibstoffverbrauch anzustreben. Ähnliche Entwicklungen beim Radialverdichter sind für die zukünftige Verwendung von Kleingasturbinen und Abgasturboladern wesentlich. Eingehende experimentelle Untersuchungen in nennenswertem Umfang werden auf den verschiedenen Gebieten auch weiter notwendig sein.

Forschungsthemen

- *Ermittlung aeroakustischer Modellgesetze und Übertragung auf technische Systeme mit Turbomaschinen*
- *Verbesserung der Lärmprognose-Methoden bei Turbomaschinen und Flugtriebwerken*
- *Entwicklung von Triebwerkslärmmodellen für lärmoptimale Auslegung bei minimalem Treibstoffverbrauch*
- *Untersuchung lärmmindernder Düsenkonfigurationen mit Simulation der Fluggeschwindigkeit im Windkanal*
- *Reduzierung des Triebwerkslärms durch reaktive und dissipative Dämpfung an Einlauf und Schubdüse, auch bei Schubumkehr*
- *Strahllärmminderung durch Beeinflussung der Turbulenzstruktur und durch Mischung*
- *Entwicklung von Schalldämpfern für Kleingasturbinen*
- *Entstehung und Bekämpfung des Strömungsrauschens bei hohen Massenströmen und hohen Temperaturen*
- *Entwicklung geräuscharmer Armaturen*

1.3.2 Abgas

Die turbomaschinenspezifische Problematik der Erzeugung schädlicher Abgasbestandteile, wie NO_X, ist eng mit der Brennkammertechnologie bei Gasturbinen und Triebwerken verknüpft und wird daher im Abschnitt 3 behandelt. Fragen der Entstehung, Reinigung und Ausbreitung von Abgasen energietechnischer Anlagen allgemeinerer Art sollen hier nicht behandelt werden.

1.3.3 Abwärme

Auch die Probleme der Abwärme bei technischen Energieumsetzungsprozessen sind nicht turbomaschinenspezifisch. Sie werden daher hier nicht behandelt.

1.4 Regelung

Der sichere, schonende und wirtschaftliche Betrieb einer Turbomaschine bei gleichzeitig minimalem Personaleinsatz erfordert eine leistungsfähige Regelung. Je nach Anwendungsfall (Flugtriebwerk, stationäre Gasturbine, Fahrzeuggasturbine, Dampfturbine) treten bei der Regelung sehr verschiedene Probleme auf: *die störungsfreie Abgabe der benötigten Leistung bei stationärem und instationärem Betriebszustand, die Verfügbarkeit von Leistungsreserven in Grenzsituationen, kleinstmöglicher Brennstoffverbrauch, optimales Übergangsverhalten, schneller und schonender Startvorgang, schnelle Lastaufnahme, schnelles Beschleunigen und Verzögern, Wiederzünden im Fluge, stabile Nachverbrennung, geringe Schadstoffemission, geringe Schallemission, Einhalten von bestimmten Belastungsgrenzwerten, Lastabwurfsicherheit, Anpassung an andere Anlagenkomponenten, kleinstmögliche Beanspruchung des Bedienungspersonals.* Die für diese vielfältigen Aufgaben eingesetzten Regeleinrichtungen sollen z. T. komplizierte Regelalgorithmen realisieren können, zuverlässig sein, minimales Gewicht und Volumen aufweisen (Flugtriebwerke), möglichst geringe Herstellungs- und Wartungskosten verursachen und bei Ausfall Notfunktionen zur Vermeidung katastrophaler Folgen erfüllen.

Unabhängig vom speziellen Anwendungsfall lassen sich bei Turbomaschinen drei Klassen von Regelungsaufgaben unterscheiden: *Beharrrungsregelung, Übergangsregelung und Grenzwertregelung.* Die Beharrungsregelung erhält einen stationären Betriebszustand bezüglich Leistung und/oder Belastung aufrecht. Bei veränderlichen Störgrößen werden in Abhängigkeit einer oder mehrerer vorgewählter oder gesteuerter Führungsgrößen eine oder mehrere Stellgrößen so verändert, daß eine gezielte Beeinflussung einer oder mehrerer Regelgrößen stattfindet. Zu den Störgrößen zählen z. B. *Ansaugluftzustand, Flugmachzahl, reduzierte Drehzahl, Flughöhe, meteorologische Bedingungen, Schiebewinkel, Verdichterluftentnahme, Leistungsentnahme, Böen, Einlaufstörungen, Netzschwankungen* und *Lastabwurf,* zu den Führungsgrößen die *Leistungshebelstellung,* zu den Stellgrößen *Brennstoffzufuhr, Verdichterluftabblasung, Einlaufgeometrie, Verdichterleitschaufelstellung, Turbinenleitschaufelstellung, Schubdüsengeometrie* und *Generatorerregung* und zu den Regelgrößen *Leistung, Schub, Drehzahl, Turbineneintrittstemperatur, Generatorspannung, Dampfzustand* und *Ventilstellung.* Die Übergangsregelung ist die Regelung der Änderung eines stationären Anfangszustandes in einen stationären Endzustand. Der Übergangsprozeß soll möglichst optimal, d. h. schnell, stabil, ohne starkes Überschwingen und ohne große Oszillationen verlaufen. Die Grenzwertregelung sorgt dafür, daß weder bei der Beharrungs- noch bei der Übergangsregelung bestimmte Belastungs- und Funktionsgrenzen überschritten werden (maximale Drehzahl, maximale Turbineneintrittstemperatur, maximaler Gehäusedruck, Pumpgrenze, Abreißgrenze, Schaufelflattergrenze, Zündgrenzen, Brenngrenzen).

Der Regelvorgang läuft wie folgt ab: Meßgeber erfassen die Istwerte der Regelgrößen und ggf. der Störgrößen. Meßwandler formen diese in reglerkompatible Signale um. Der Regler stellt fest, ob beim momentanen Wert der Führungsgrößen Regelabweichungen vorliegen und erzeugt Stellsignale, die über Signalwandler zu den Stellgliedern gelangen und die Stellgrößen so verändern, daß die Regelabweichungen mit optimalem Übergangsverhalten und ohne Grenzwertüberschreitung beseitigt werden.

Je nach Komplexität der Regelstrecke und der zu realisierenden Regelalgorithmen werden an die Signalverarbeitung im Regler mehr oder weniger hohe Anforderungen gestellt. Die Signalverarbeitung kann hydraulisch, pneumatisch, elektrisch oder kombiniert erfolgen. Bei elektrischer Verarbeitung können die Signale analog oder digital vorliegen. Elektrische Regler werden in neuerer Zeit zur Wahrnehmung ihrer vielfältigen und zunehmend über die reinen Regelfunktionen hinausgehenden Aufgaben mit zentralen oder dezentralen Analog-, Digital- oder Hybridrechnern ausgestattet, wobei sich ein eindeutiger Trend zum Digitalrechner mit Mikroprozessorunterstützung abzeichnet.

1.4.1 Regelungskonzepte

Stand der Technik

Die für die Regelungstechnik nach wie vor charakteristische Kluft zwischen Theorie und Praxis wird bei der Turbomaschinenregelung mit ihren anspruchsvollen Regelstrecken besonders deutlich sichtbar. Die bisher realisierten Regelungskonzepte genügen bis auf Ausnahmen nur sehr begrenzt der Komplexität der Regelstrecken, welche unter stark variablen Randbedingungen arbeiten und – z. B. im Falle der in umfangreiche Kraftwerksanlagen eingebetteten Gas- und Dampfturbinen – an komplizierte Regelkreisglieder (Dampferzeuger, Wärmetauscher, Generator) und insbesondere an ständig wechselnde Netzverhältnisse dynamisch angepaßt werden müssen. Weder die Probleme der Streckenidentifikation sind befriedigend gelöst, noch werden bisher die heute schon verfügbaren Möglichkeiten der Reglersynthese – z. B. der Zustandsraummethode – konsequent genutzt. Es herrschen zeitinvariante, diskret aufgebaute (verbindungsprogrammierte) Hardwareregelungen ohne Rechner mit hydrodynamischen oder elektrohydraulischen Reglern vor. Die flexiblen und hochleistungsfähigen speicherprogrammierten Softwareregelungen mit Rechner kommen erst in Einzelfällen zum Einsatz. Die Regler sind meist nach der linearen Theorie ausgelegt; die Regelkreise werden nach Möglichkeit einschleifig gehalten, wobei nicht selten auch wesentliche Koppeleffekte vernachlässigt werden. Von Störgrößenaufschaltung wird kaum Gebrauch gemacht. Statt auf der Grundlage theoretisch fundierter Einstellregeln werden die Reglerparameter auch in schwierigeren Fällen immer noch zu häufig durch Probieren „optimiert". Zu den wenigen bisher bekannt gewordenen Regelsystemen mit Beobachter und Rechnerunterstützung gehört das Flugtriebwerk BRISTOL OLYMPUS 593, dessen Regler – ein hydraulisch-pneumatisch-elektrisches Verbundsystem – in seiner Konzeption an die in England im Jahre 1959 mit dem elektronischen Regler des Triebwerks BRISTOL PROTEUS begonnene Entwicklung anschließt.

Das Fehlen eines leistungsfähigen Rechners bedingt zwei Hauptmerkmale heutiger Turbomaschinenregelungen: die sehr beschränkte Signalverarbeitungskapazität und die unzureichende Fähigkeit zur Adaption des Reglerverhaltens an wechselnde Randbedingungen. Das hat zur Folge, daß – gemessen an den theoretischen Möglichkeiten und Erfordernissen – nur vergleichsweise einfache Regelalgorithmen realisiert werden können und z. B. Flugtriebwerke deshalb mit größerem Bauaufwand konzipiert und mit größeren Sicherheitsabständen zu ihren statischen und dynamischen Leistungsgrenzen betrieben werden müssen, als es mit Optimalreglern möglich wäre. Da insbesondere Flugtriebwerke und ihre Regler gleichzeitig entwickelt werden müssen und eine Reglerentwicklung auf der Grundlage einer endgültigen Streckenidentifikation daher nicht möglich ist, muß gewöhnlich ein hoher Simulationsaufwand getrieben werden. Die Signalverarbeitung erfolgt fast ausnahmslos noch analog, d. h. mit geringer Genauigkeit und großem gerätetechnischen Aufwand.

Die konventionellen elektrohydraulischen Regler haben einen hohen Grad an Zuverlässigkeit erreicht (Triebwerksregler: >12.000 h Time Between Overhaul, TBO), der von elektronischen Systemen nur bei digitaler Signalverarbeitung und erst bei Anwendung entsprechender Redundanzkonzepte erbracht werden kann.

Problembeschreibung und Zielsetzung

Die Weiterentwicklung der Turbomaschinenregelung in den nächsten Jahren wird geprägt sein durch die Einführung der Digitalregelung (Direct Digital Control, DDC). Bei den Flugtriebwerken ist diese Entwicklung bereits angelaufen. Kernstück der DDC-Systeme wird ein schneller, wahrscheinlich durch Mikroprozessoren unterstützter Digitalrechner sein, der die gesamte Signalverarbeitung einschließlich der Erzeugung digitaler Stellbefehle übernimmt und Teil eines integrierten Informationsverarbeitungssystems ist, zu dessen Aufgaben auch die Überwachung der Regelstrecke gehört. Mit dem Rechner tritt an die Stelle des bisher kontinuierlich arbeitenden Regelsystems ein diskontinuierliches Abtastsystem. Der wichtigste Vorteil der Digitalregelung besteht darin, daß die Hardwareregelung durch eine flexible Softwareregelung ersetzt wird. An die Stelle der aufwendigen und wenig leistungsfähigen gerätetechnischen Realisierung der Regelalgorithmen in konventionellen Systemen tritt die Realisierung durch leicht änderbare und im Bedarfsfall adaptive Programme bei praktisch kaum begrenzter Anzahl von Regelparametern und Reglerfunktionen.

Damit werden die Voraussetzungen für eine adaptive und optimale Mehrgrößenregelung in beliebig vermaschten Regelkreisen und unter Berücksichtigung des z. B. durch thermodynamische Alterung veränderlichen Streckenzustandes geschaffen (Mode Control). Als Begleiterscheinung der im Vergleich zu konventionellen Regelungen nahezu unbegrenzten Datenverarbeitungsmöglichkeiten ist mit einer Tendenz zu verstärktem Hardwareaufwand zu rechnen, der allerdings Softwarequalität nicht ersetzen kann. Schwerpunkt der Entwicklung muß die Software der Digitalregelung sein und bleiben.

Bei den Gas- und Dampfturbinen werden eine verbesserte Streckenidentifikation und zuverlässige Einstellregeln für die Reglerparameter benötigt. Die Stabilitätskriterien für das Zusammenwirken von Turbosätzen mit dem elektrischen Netz müssen weiter untersucht und Methoden zur Vermeidung von netzbedingten Lastpendelungen gefunden werden. Bei Dampfturbinen ist auf der Basis einer verbesserten Streckenidentifikation eine optimale Verteilung der Dampfströme durch die Turbinenteile in Schwachlastphasen und im Leerlauf sicherzustellen.

Forschungsthemen

- *Entwicklung digitaler Triebwerksregelsysteme*
- *Verwendung zusätzlicher Stellgrößen neben der Hauptstellgröße Brennstoffzufuhr zur besseren Beherrschung der Systemverkoppelungen und Begrenzungen*
- *Digitale Mehrgrößenregelung und Überwachung zur optimalen Koordination der Stellgrößen in einem mehrschleifigen Regelsystem hoher Zuverlässigkeit*
- *Leistungs- und Betriebsverhalten von Turboluftstrahltriebwerken: Versuche im Höhenprüfstand (z. B. Höheneinfluß auf stationären Betrieb, Windmilling, Zündverhalten, Regelung, Leistung, Beschleunigungsverhalten)*
- *Wirtschaftlich optimale Kreisprozeßführung bei häufigem Kurzzeitbetrieb und starken Laständerungen von Gasturbinen (Identifikation)*
- *Parameteridentifikation der Strecke Turbogenerator – Netz*
- *Adaptives Turbinenregelsystem zur Ausregelung von Netzpendelungen und Netzstörungen*
- *Parameteridentifikation von Industrieturbinen*
- *Entwicklung von Zustandsraum-Regelungen mit Beobachtern.*

1.4.2 Regelungskomponenten

Stand der Technik

In konventionellen Regelsystemen bedienen Analoggeber mäßiger Genauigkeit und Schnelligkeit hydromechanische oder elektrohydraulische Regler ohne Rechner, die auf ebenfalls nicht sehr schnelle und genaue analoge Stellglieder arbeiten. Druckgeber sind für manche Anwendungsfälle zu groß, Temperaturgeber zu langsam, Durchflußgeber zu ungenau. Repräsentativmessungen von Druck und Temperatur stoßen auf erhebliche Schwierigkeiten. Die Systeme sind groß, schwer und teuer. Reibung und mechanisches Spiel bewirken Nichtlinearitäten. Die Signalübertragung erfolgt hydraulisch oder elektrisch analog. Bei elektrischer Signalverarbeitung treten

Probleme z. B. mit der Abhängigkeit von Operationsverstärkern von den Umgebungsbedingungen auf. Die Kosten der Analogtechnik sind groß, ihre Signalverarbeitungskapazität gering. Die Systeme sind auf Grund ihrer Verbindungsprogrammierung wenig flexibel.

In einigen Fällen sind bei Staustrahltriebwerken Regelsysteme mit sehr gutem Erfolg weitgehend aus Fluidics aufgebaut worden. Die Systeme zeichneten sich durch relativ große Leistungsfähigkeit und besonders geringe Störanfälligkeit aus. Es ist zu bedauern, daß die fluidische Technologie, bei der schon 1970 Packungsdichten von mehr als 200 bistabilen Elementen samt Anschlüssen pro Kubikzentimeter erreicht waren, bei ihrer Entwicklung keine auch nur annähernd so große Unterstützung durch die Industrie genießt wie die Elektronik.

Problembeschreibung und Zielsetzung

Wenn alle Möglichkeiten der Digitalregelung voll ausgenutzt werden sollen, müssen sämtliche Regelungskomponenten verbessert werden. Bei den Meßgebern von Flugtriebwerksregelungen werden die Verbesserung der Meßgenauigkeit (Druck- und Temperaturgeber < 0,1 %, Brennstoffdurchflußmesser<0,5 %) und die Verkleinerung der Zeitkonstanten (Druck- und Temperaturgeber<20 ms, Brennstoffdurchflußmesser <50 ms) bei gleichzeitig verbesserter Beständigkeit gegen Temperatur, Temperaturwechsel, Stoßbelastung und Verschmutzung angestrebt. Bezüglich Meßgenauigkeit ergeben sich durch die Mikroelektronik, insbesondere durch die inzwischen kostengünstigen Mikroprozessoren, Möglichkeiten der Korrektur systematischer Fehler (z. B. gerätetechnisch bedingter Nichtlinearitäten) sowie der Signalkonditionierung und der Digitalisierung direkt im Geber. Bei den Druckgebern ist eine weitere Verkleinerung wünschenswert. An Meßverfahren wird im Zusammenhang mit der Beschleunigungsfähigkeit ein zuverlässiges Verfahren zur Diagnose beginnender Strömungsablösungen benötigt. Die Messung der Materialtemperaturen durch Pyrometrie wird weiter an Bedeutung gewinnen. Bei den Rechnern ist insbesondere aus Kostengründen eine Standardisierung erforderlich. Für die elektromechanischen Wandler der Stellglieder werden Ansprechzeiten <20 ms gefordert. Die Stellglieder selbst müssen noch schneller und möglichst direkt digital ansteuerbar sein. Bei den Signalwegen wird evtl. die Lichtleitertechnik neue Möglichkeiten der Datenübertragungsgeschwindigkeit und der Störsicherheit eröffnen, sofern die Anschlußprobleme befriedigend gelöst werden können.

Forschungsthemen

- *Entwicklung eines digitalen Triebwerksreglers (Turbomaschinenreglers)*
- *Entwicklung von Brennstoffzumeßsystemen unter Verwendung von Flügelzellenpumpen mit variabler Geometrie*
- *Entwicklung hochpräziser schneller Stellglieder*

- *Detektoren für Verdichterinstabilitäten (Rotating Stall, Pumpen)*
- *Entwicklung von Meßgeräten mit digitalem Ausgang (ohne A/D-Wandler)*
- *Elektrische Linearmotoren als Stellantriebe für Regelarmaturen*
- *Geräuscharme Armaturen*

1.5 Überwachung

Überwachen heißt, den Istzustand eines Systems mit seinem Sollzustand vergleichen. Ziel der Überwachung ist die Diagnose von Systemfehlern, d. h. von fehlerhaften Abweichungen des Systemzustandes von seinem Sollzustand. Der Systemzustand wird durch einen Satz von Systemparametern beschrieben, deren Werte durch Messung direkt oder indirekt ermittelt werden. Jede Überwachung setzt voraus, daß die zu diagnostizierenden Systemfehler meßbare Wirkungen verursachen.

Die Systemparameter einer Turbomaschine lassen sich in Bauteilparameter, Funktionsparameter und Randbedingungsparameter klassifizieren. Die Bauteilparameter sind die unabhängigen Variablen des zu überwachenden Systems. Sie charakterisieren die systemimmanenten Eigenschaften der Turbomaschine in Form von Wirkungsgraden, Gesamtdruckverlustfaktoren und Geometrieparametern (z. B. Strömungsquerschnitten). Systemfehler, wie sie kurzfristig durch mechanische oder thermische Überlastung, Werkstoffehler und Fremdkörperschäden oder langfristig durch Verschmutzung und Verschleiß (Abrieb, Erosion, Korrosion, Ermüdung, Werkstoffkriechen) verursacht werden können, sind gleichbedeutend mit Änderungen der Bauteilparameter.

Die Funktionsparameter sind die für den thermodynamischen und mechanischen Betriebszustand der Turbomaschine signifikanten und von den Bauteil- und Randbedingungsparametern abhängigen Variablen des Systems. Zu ihnen gehören neben den Drücken und Temperaturen an charakteristischen Stellen der Turbomaschine die globalen Größen Leistung, Schub und Brennstoffverbrauch, chemische und akustische Emissionsspektren, Schwingungsparameter sowie charakteristische Betriebsparameter der Untersysteme (Drücke und Temperaturen im Brennstoff- und Schmierölsystem, Lagertemperaturen). Im Unterschied zu den meisten Bauteilparametern sind die Funktionsparameter im Prinzip explizit meßbar, wenn auch ihre Messung in einigen Fällen (Schub im Fluge, Turbineneintrittstemperatur) aus meßtechnischen Gründen nicht oder bisher nur mit unzureichender Genauigkeit möglich ist.

Die Randbedingungsparameter kennzeichnen die äußeren und inneren Arbeitsbedingungen der Turbomaschine. Sie sind z. B. bei einem Flugtriebwerk durch den Flugzustand (Flughöhe, Fluggeschwindigkeit, meteorologische Bedingungen) und den Betriebszustand (Drehzahl oder äquivalente Größe) gegeben.

Grundlage der Überwachung von Turbomaschinen ist folgender Sachverhalt: Die Bauteil- und die Randbedingungsparameter bestimmen die Funktionsparameter, d. h. bei gegebenen Werten der Bauteilparameter stellt sich je nach den herrschenden Randbedingungen ein eindeutiger und reproduzierbarer Satz von Funktionsparametern ein. Jede Veränderung eines oder mehrerer Bauteilparameter – d. h. jeder Fehler – verursacht bei gleichen Randbedingungen Abweichungen der Funktionsparameter von ihren ursprünglichen Sollwerten. Durch Messung dieser Abweichungen können daher Fehler festgestellt werden.

Die Überwachung von Turbomaschinen – insbesondere von Flugtriebwerken – hat inzwischen über die relativ einfache Fehlerfeststellung hinaus auch die Fehlerlokalisierung und die Fehlervorhersage zum Ziel. Die Fehlerlokalisierung soll ohne Demontage Aussagen über Ort, Art und Ausmaß der Fehler ermöglichen. Die Fehlervorhersage beruht auf einer Trendanalyse und besteht in der Vorausbestimmung des zu erwartenden Ausfallzeitpunktes der Turbomaschine durch Extrapolation des bereits registrierten zeitlichen Fehlerverlaufs bis zur maximal zulässigen Fehlergröße.

Zu den zahlreichen und sehr erheblichen Vorteilen einer leistungsfähigen Turbomaschinenüberwachung gehören die Erhöhung der Betriebssicherheit und die Verminderung der Kosten durch frühzeitige Fehlererkennung und Vermeidung von Sekundärschäden, die Verkürzung der Ausfallzeiten und des Montageaufwands durch Fehlerlokalisierung, die Steigerung der Verfügbarkeit, die Verlängerung der Inspektions- und Revisionsintervalle, die Möglichkeit einer weitergehenden Ablösung der Wartung in festen Zeitintervallen durch eine Wartung nach Bedarf, die Möglichkeit der verbesserten Wartungsplanung, die Entlastung und Kontrolle des Bedienungspersonals durch automatische Erfassung, Verarbeitung und Speicherung von Betriebsdaten sowie die Erleichterung der Aufklärung von Störungen und Unfällen in der Luftfahrt durch Auswertung zerstörungssicher gespeicherter Flugdaten.

Die Bemühungen um eine möglichst umfassende Überwachung zwecks Realisierung dieser Vorteile gehen z. B. auf dem Gebiet der Flugtriebwerke bis auf die frühen sechziger Jahre zurück. Nach anfangs großen gerätetechnischen Schwierigkeiten haben Meßtechnik, Elektronik und Computertechnik inzwischen alle Voraussetzungen zur schnellen Erfassung, Verarbeitung und Speicherung großer Datenmengen selbst unter Flugbedingungen geschaffen. In der Luftfahrt sind integrierte Überwachungssysteme im Einsatz, die unter dem Namen AIDS (Aircraft Integrated Data System) bekannt geworden sind. Beim heutigen Stand der Technik kann das Hardware-Problem der Turbomaschinenüberwachung, das die gerätetechnische Seite der Meßtechnik, Datenerfassung und Datenverarbeitung umfaßt, in allen wesentlichen Punkten als gelöst betrachtet werden. Entwicklungsschwerpunkt der Zukunft werden die vielfältigen und teilweise sehr komplexen Software-Probleme sein.

1.5.1 Thermodynamische Methoden

Stand der Technik

Gegenstand der thermodynamischen Überwachungsmethoden ist der in der Turbomaschine ablaufende thermodynamische Kreisprozeß. Die Ausgangsbasis für die thermodynamische Überwachung ist einfach und naheliegend: Sofern ein mathematisches Modell in Form eines Gleichungssystems formuliert werden kann, das die Beziehungen zwischen den drei Parametergruppen hinreichend genau beschreibt, lassen sich bei bekannten Bauteilparametern und gegebenen Randbedingungen die Funktionsparameter außer durch Messung auch rechnerisch ermitteln. Umgekehrt muß es dann im Prinzip auch möglich sein, mit Hilfe des entsprechenden inversen Gleichungssystems aus gemessenen Abweichungen der Funktionsparameter von ihren Sollwerten auf Änderungen der Bauteilparameter zu schließen und damit thermodynamisch wirksame Fehler der Turbomaschine nicht nur festzustellen, sondern auch zu lokalisieren und quantitativ zu berechnen. Notwendige Voraussetzung hierfür ist jedoch, daß alle Funktionsparameter genau genug und als integrale Repräsentativwerte meßbar sind. Diese Voraussetzung ist nicht erfüllt, womit das inverse Gleichungssystem unterbestimmt und nicht lösbar ist. Die Erfahrung zeigt, daß es selbst unter Prüfstandsbedingungen und mit einem meßtechnischen Aufwand, wie er insbesondere für den Flugbetrieb nicht in Betracht kommt, außerordentlich schwierig ist, ein analytisches Modell der thermodynamischen und strömungstechnischen Wirklichkeit meßtechnisch zufriedenstellend zu verifizieren. Hierin besteht das Hauptproblem der thermodynamischen Turbomaschinenüberwachung. Entsprechend diesem Sachverhalt gibt es bis heute kein Verfahren einer umfassenden thermodynamischen Überwachung, das seine Brauchbarkeit durch eine praktische Erprobung – z. B. im Flugbetrieb – überzeugend nachgewiesen hätte. Lediglich auf Teilgebieten wird die thermodynamische Überwachung bisher mit Erfolg angewandt, so z. B. bei der mehr oder weniger empirischen Trendanalyse der Funktionsparameter von Flugtriebwerken oder bei der Überwachung der Verdichterverschmutzung von stationären Gasturbinen.

Problembeschreibung

Ein alle relevanten Parameter umfassendes thermodynamisches Überwachungsverfahren wird aller Wahrscheinlichkeit nach nur dann erfolgreich sein können, wenn es generell auf den untauglichen Versuch verzichtet, Bauteilparameter aus örtlichen Meßwerten mit Hilfe von Gleichungssystemen zu berechnen, wie sie üblicherweise für thermodynamische Auslegungs- und Kreisprozeßrechnungen benutzt werden. Zwei derartige Verfahren sind für Flugtriebwerke entwickelt und in Fehlersimulationsversuchen experimentell erprobt worden. Die praktische Erprobung solcher Verfahren unter echten Einsatzbedingungen steht aus und wäre wünschenswert.

Ein genereller Nachteil der thermodynamischen Überwachung besteht darin, daß die Mehrzahl der in der Praxis vorkommenden Turbomaschinenfehler keine thermodynamischen Wirkungen haben. Das trifft z. B. für gefährliche Schäden am Rotorsystem – etwa an einzelnen Schaufeln – zu. Wesentlich für weitere Forschungs- und Entwicklungsarbeiten ist es daher, daß nur solche thermodynamischen Überwachungsverfahren von praktischem Interesse sein können, die bei hoher Software-Qualität mit einem Minimum an Hardware-Aufwand auskommen und damit wirtschaftlich sind.

Forschungsthemen

- *Weiterentwicklung und Erprobung von Methoden der aerothermodynamischen Funktionsüberwachung von Strömungsmaschinen und Gasturbinen (Schadensdiagnose und Trendanalyse im Hinblick auf eine Fehlerfrüherkennung)*

- *Verbesserung der Überwachungstechniken für genauere Revisionsplanung und Lebensdauervorhersagen*

- *Entwicklung eines Verfahrens zur Überwachung der Turbinenverschmutzung schwerölgefeuerter Gasturbinen.*

1.5.2 Akustisch-schwingungstechnische Methoden

Stand der Technik

Die akustisch-schwingungstechnischen Überwachungsverfahren benutzen die Tatsache, daß die Bauteile von Turbomaschinen im Betrieb Schwingungen ausführen und Schall abstrahlen. Die akustischen und schwingungstechnischen Signale sind mit Druck- oder Beschleunigungsaufnehmern leicht meßbar, auf Datenträgern gut speicherbar, zumindest bei stationären Anlagen relativ sicher reproduzierbar und mittels mathematischer Verfahren (Spektral- und Korrelationsanalyse, Cepstrumtechnik) oder spezieller Auswertegeräte (Fourieranalysator, Prozeßrechner) in gewissen Grenzen bewertbar. Sie sind außer vom Betriebszustand vom geometrischen Zustand der Bauteile abhängig und können daher insbesondere zur Diagnose selbst geringfügiger Schäden an der Beschaufelung und an den Lagern herangezogen werden, sofern der Zusammenhang zwischen den Schäden und den durch sie bewirkten Änderungen im Schwingungs- oder Geräuschspektrum bekannt ist.

Bei der vibroakustischen Überwachung treten vor allem folgende Probleme auf: Die zu verarbeitenden Signale sind komplexe Überlagerungen periodischer und stochastischer Zeitfunktionen, deren zuverlässige Bewertung im Zeit- und/oder Frequenzbereich nach Merkmalmustern schwierig und mit großem Aufwand verbunden ist. Die Signale sind außer von den zu diagnostizierenden Fehlern stark vom Betriebszutand abhängig, so daß der Schadenseinfluß auf das Signalspektrum nur schwer vom Einfluß des Betriebszustandes und der Randbedingungen separierbar ist. Bei Flugtriebwerken hat insbesondere diese Tatsache einer breiteren Anwendung vibroakustischer Methoden bisher im Wege gestanden. Die Treffsicherheit der Diagnose nimmt mit wachsender Entfernung des Meßwertaufnehmers vom Schadensort stark ab, da das Nutzsignal zunehmend von Störsignalen überlagert wird. Die zuverlässige Überwachung einer vielstufigen Turbomaschine setzt daher einen relativ großen gerätetechnischen Aufwand voraus. Eingehende Untersuchungen zur vibroakustischen Überwachung von Turbomaschinen sind an der Universität Karlsruhe durchgeführt worden.

Problembeschreibung

Zur Verbesserung der vibroakustischen Überwachungsverfahren sind in erster Linie weitere Verbesserungen der Bewertungs- und Korrelationstechniken erforderlich. Neben der Fourieranalyse sind noch andere Methoden zur Ermittlung von statistischen Kenngrößen denkbar, die sich für eine möglichst vollautomatische Mustererkennung eignen sollten. In gerätetechnischer Hinsicht ist die Entwicklung robusterer, gegen Schwingungen und hohe Temperaturen unempfindlicherer Meßwertaufnehmer notwendig.

Forschungsthemen

○ *Schadensfrüherkennung und Funktionsüberwachung durch schwingungstechnische und akustische Verfahren*

1.5.3 Sonstige Methoden

Stand der Technik

Außer den thermodynamischen und vibroakustischen Methoden kommt eine Reihe anderer Verfahren mit und ohne Hilfsmittel zur Anwendung. Zu den einfachsten, aber durchaus bewährten Mitteln gehören das manuelle Durchdrehen des Niederdruckläufers von Flugtriebwerken, periodische Sichtkontrollen des Einlauf- und des Abgastrakts sowie der Magnetabscheider und Filterrückstände im Schmierstoffsystem. Regelmäßige Ölverbrauchsmessungen bei Flugtriebwerken geben Aufschluß über Leckagen in den Lagern und Dichtungen. Einzelne Bauteile werden im demontierten Zustand mit Hilfe von Ultraschall, Röntgenstrahlen, Farbeindringverfahren und Wirbelstromkontrollen auf Risse untersucht. Zur Verschleißüberwachung an besonders hoch beanspruchten Flugtriebwerksbauteilen hat sich die Radioisotopenkontrolle bewährt.

Zu den wichtigsten Verfahren gehört die inzwischen bei Flugtriebwerken mit großem Erfolg generell angewandte Boroskopkontrolle, bei der das Innere des Triebwerks über bereits im Entwurf vorgesehene Lichtleitersonden inspiziert und fotografiert werden kann.

Ein anderes bewährtes Verfahren ist die bei Flugtriebwerken seit Jahren angewandte spektrometrische Öluntersuchung, der die Erfahrung zugrunde liegt, daß sich Verschleiß an schmierstoffbeaufschlagten Bauteilen frühzeitig durch Verunreinigungen im Schmiermittel bemerkbar macht. In neuerer Zeit kommen zunehmend Verfahren zur Langzeitüberwachung von mechanisch hoch beanspruchten Teilen – insbesondere Wellen – zur Anwendung, die auf verbesserte Lebensdauerprognosen abzielen.

Problembeschreibung

Von den zuletzt genannten Verfahren können die meisten bereits als gesicherte Technik angesehen werden. Die besonders effiziente Boroskopkontrolle wird in Zukunft wahrscheinlich auch bei stationären Anlagen noch mehr Beachtung finden. Als besonders entwicklungsfähig erscheinen die Verfahren zur Langzeitüberwachung und Lebensdauervorhersage, ebenso die Ausfallvorhersage auf der Grundlage statistischer Methoden. Bei den tribologischen Verfahren wird die Entwicklung weiter in Richtung einer Automatisierung der Verfahren verlaufen.

Forschungsthemen

- *Meßsystem zur kontinuierlichen Überwachung der Torsionswechselspannungen von Wellen zur Lebensdauerberechnung*
- *Langzeitüberwachung der Beanspruchungen kritischer Komponenten*
- *Zählverfahren und Bewertungsverfahren für zyklische Beanspruchungen (Low Cycle Fatigue) von hochbelasteten Strömungsmaschinen im Hinblick auf eine Lebensdauervorhersage*
- *Diagnose- und Informationssystem für die Langzeitüberwachung von Turbomaschinen auf der Basis von Digitalrechnern*
- *Automatische Fehleridentifikation und -lokalisierung (Einlaufdistortion, lokale Überhitzungen, Schaufelbrüche)*
- *Integrierte Grenzwert- und Zustandsüberwachung, Erfassung durch Betriebs- bzw. Flugschreiber*
- *Prinzipien für Warneinrichtungen zur Schadensfrüherkennung.*

2. Aerodynamik der Turbomaschinen

Einleitung

Verdichter und Turbinen einschließlich der vor- und nachgeschalteten Strömungselemente (Einläufe und Diffusoren) gehören zu den wichtigsten Komponenten von Turboanlagen, deren strömungstechnisch günstige und mechanisch sichere Gestaltung die Wirtschaftlichkeit und Betriebssicherheit der Gesamtanlage maßgebend beeinflussen. Wie bisher ist auch ihre zukünftige Entwicklung im wesentlichen auf folgende Ziele gerichtet:

Erhöhung der spezifischen Leistung,

Verbesserung des Wirkungsgrades,

Verbesserung des Betriebsverhaltens,

Verringerung der Umweltbelastung (Lärmemission).

Neben diesen Forderungen müssen weitere Kriterien erfüllt sein, die den praktischen Einsatz der Maschine erst ermöglichen:

mechanische Zuverlässigkeit,

leichte Wartbarkeit,

billige Fertigung.

Diese Forderungen widersprechen einander zum Teil und erfordern im konkreten Fall stets einen Kompromiß, wobei es gilt – unter Abwägung aller Anforderungen und Randbedingungen – eine optimale Lösung für die jeweilige Anwendung zu finden. In diesem größeren, in Abschnitt 1 ausführlich dargestellten Zusammenhang behandelt der vorliegende Abschnitt vorzugsweise die Fragen der Aerodynamik von Verdichtern und Turbinen.

Der Zwang zu besserer Energienutzung und der Trend zu kompakteren Ausführungen – letzteres vor allem bei Flugtriebwerken – bedingt steigende Arbeitstemperaturen und Prozeßdrücke; damit verbunden ist eine stark erhöhte aerodynamische und mechanische Belastung der Beschaufelungen, was ohne Einbuße an Wirkungsgrad und Betriebssicherheit bei gleichzeitiger Abnahme der Umweltbelastung erreicht werden muß.

Der Minderung der Strömungsverluste in den Komponenten und der Verbesserung ihres gegenseitigen Zusammenwirkens kommt also eine erhebliche Bedeutung zu. In vielen Fällen arbeiten Turbomaschinen auch abweichend vom Auslegungspunkt, so daß ein möglichst weiter stabiler Betriebsbereich bei hohem Wirkungsgrad gefordert wird. Die Frage der Lärmminderung bei Turbomaschinen verdient ebenso große Aufmerksamkeit.

Die Strömungsvorgänge in Turbomaschinenbeschaufelungen sind zu komplex, als daß man sie mit theoretischen Mitteln allein zuverlässig erfassen könnte. Zur Vertiefung der grundlegenden strömungsmechanischen Kenntnisse ist ein zweckmäßiges Nebeneinander von Theorie und Experiment nötig:

Ein wichtiges Ziel heutiger und auch zukünftiger Forschungs- und Entwicklungsarbeiten ist, die Kenntnis der physikalischen Vorgänge in den Strömungsmaschinen zu verbessern, um so die Grundlagen für leistungsfähige Rechenverfahren sicherer beherrschen zu können.

Da jedoch auch in Zukunft eine Reihe von Vernachlässigungen in die Rechenverfahren eingeführt werden müssen, gilt es, diese Lücken durch möglichst allgemeingültige empirische Informationen zu schließen.

Schließlich muß natürlich der experimentelle Nachweis des Betriebsverhaltens der Maschine erbracht werden, insbesondere unter einsatzspezifischen Randbedingungen.

Diesen Zielen folgend, befaßt sich der erste Teil der Ausführungen mit den grundlagenorientierten, der dritte mit den anwendungsorientierten Fragestellungen. Der mittlere Teil beschreibt die empirischen Unterlagen, die das Bindeglied zwischen Grundlagen und Anwendung bilden. Im einzelnen werden folgende Themengruppen behandelt:

Stationäre Strömung,

Instationäre Strömung,

Strömung in Grenzschichten und Randzonen,

Fluidverhalten,

Auslegung und Optimierung,

Betriebsverhalten.

Den eigentlichen Ausführungen vorangestellt sei aber zunächst noch eine generelle Darstellung des vielfältigen wirtschaftlichen Nutzens, den die teilweise oder vollständige Lösung der angesprochenen aerodynamischen Probleme verspricht.

Zuverlässigere Auslegungs- und Berechnungsverfahren helfen das Entwicklungsrisiko und auch die Entwicklungskosten zu senken, da aufwendige Entwicklungsversuche eingespart werden können. Darüber hinaus ermöglichen sie eine treffsichere Auslegung und Optimierung. Sie sind damit auch die Voraussetzung für die Realisierung höherer Wirkungsgrade, bzw. für eine genauere Kenntnis von möglichen Grenzbelastungen. Bessere Wirkungsgrade äußern sich unmittelbar in einer Verminderung des Energieeinsatzes, während durch erhöhte aerodynamische Schaufelbelastung höhere Stufendruckverhältnisse verwirklicht werden können, was in vielen Anwendungen zu einer Reduktion der Gesamtstufenzahl führt. Bei

Flugtriebwerken schlägt sich dies wiederum in günstigeren Betriebskosten nieder, während bei stationären Maschinen u. U. eine Senkung der Anlagekosten erreicht wird.

Bei der Lösung der Probleme der instationären Strömung ist insbesondere die Kenntnis der Vorgänge bei der Anregung von Schaufelschwingungen wesentlich. Ihre Beherrschung ermöglicht die Reduzierung sehr kostspieliger Stillstandszeiten. Dabei geht es neben der Wirtschaftlichkeit auch um die Betriebssicherheit jedes einzelnen Bauteils. Schließlich gehören zur instationären Strömung auch die Fragen der Schallentstehung und der Lärmminderung.

Bei genauerer Kenntnis des Fluidverhaltens lassen sich wirksame Maßnahmen zur Vermeidung von Korrosions- und Erosionsschäden entwickeln. Dadurch wird die Lebensdauer erhöht, die Wartungs- und Stillstandszeiten werden verringert.

Das Betriebsverhalten der Maschine wird ganz wesentlich bestimmt durch die Einbauverhältnisse. Bessere Berechnungsmethoden zur Erfassung der Auswirkung inhomogener Zuströmung erlauben es, die Leistungsverluste durch geeignete konstruktive Maßnahmen zu minimieren. Außerdem können große Schäden als Folge von Schaufelbrüchen vermieden werden.

Durch Anwendung variabler Geometrie kann die Wirtschaftlichkeit von Gasturbinen aller Art sowie von stationären Verdichter- und Turbinenanlagen u. U. in erheblichem Maße gesteigert werden. Dies geschieht einerseits durch die Erweiterung des Betriebsbereiches mit hohen Wirkungsgraden und andererseits sowohl durch wesentlich bessere Abstimmung der Einzelkomponenten als auch durch die Möglichkeit, thermodynamisch günstigere Kreisprozesse in offenen und geschlossenen Gasturbinen- sowie Kombinationskraftanlagen verwirklichen zu können.

2.1 Stationäre Strömung

Die Strömung in Turbomaschinen ist dreidimensional, reibungsbehaftet (i. a. turbulent), kompressibel und instationär, d. h. bei stationärem Betriebszustand zumindest periodisch instationär.

Da die Strömung zudem komplizierten geometrischen Randbedingungen unterliegt (verwundene Schaufeln, Spalte etc.), behilft man sich mit vereinfachenden Modellvorstellungen:

stationäre Beschreibung im Sinne zeitlicher Mittelwerte,

quasi-dreidimensionale Beschreibung anstelle der voll dreidimensionalen,

Einführung der Reibungseffekte entweder über Verlustmodelle oder über Grenzschichtbetrachtungen im Bereich der Randzonen, wobei die Kernströmung im wesentlichen als reibungsfrei angenommen wird.

Auf die instationären Effekte wird im Abschnitt 2.2 und auf die Einflüsse der Reibung im Abschnitt 2.3 eingegangen. Im vorliegenden Abschnitt wird die als stationär angenommene Strömung behandelt.

Bei ihrer Berechnung unterscheidet man – unabhängig vom Maschinentyp – zwei Hauptaufgaben:

Nachrechnungsaufgabe: gegeben ist die Maschinengeometrie, gesucht ist das Strömungsfeld,

Entwurfs- oder Auslegungsaufgabe: gegeben sind die Strömungsverhältnisse, gesucht ist die Maschinengeometrie.

Die Beschreibung der stationären Strömung wird üblicherweise aufgegliedert in die Behandlung der zweidimensionalen

Gitterströmung auf einer normalerweise rotationssymmetrisch angenommenen Stromfläche S1 von Schaufel zu Schaufel,

Meridianströmung auf einer zwischen Nabe und Spitze aufgespannten Stromfläche S2.

Iteratives Zusammensetzen dieser zweidimensionalen Lösungen liefert ein quasidreidimensionales Bild der räumlichen Strömung, deren voll dreidimensionalen Behandlung man sich erst in jüngster Zeit verstärkt zuwendet, da nunmehr entsprechend leistungsfähige Rechner zur Verfügung stehen.

Für die Lösung der das Strömungsfeld beschreibenden Gleichungen (Gitter-, Meridian- oder räumliche Strömung) stehen heute zahlreiche numerische Verfahren zur Verfügung, die je nach Anwendungsfall eingesetzt werden:

für kompressible Unterschallströmungen Stromlinienkrümmungs-, Differenzen-, Finite-Element- und Singularitätenverfahren,

für Transschallströmungen Relaxations- und Zeitschrittverfahren sowie in neuerer Zeit auch Finite-Element- und Finite-Volumen-Verfahren.

Die Entwicklung der Rechenmethoden ist laufend experimentell abzusichern; das Experiment liefert darüber hinaus die von den theoretischen Verfahren benötigten empirischen Unterlagen.

2.1.1 Gitterströmung (S1-Fläche)

Stand der Forschung

Für die Nachrechnung der Gitterströmung auf S1-Stromflächen wendet man heute die genannten Rechenverfahren an; sie erlauben in vielen Fällen eine schon recht genaue Voraussage der Strömungsverhältnisse, wobei sie auch in der Lage sind, transsonische Strömungen in (u. a. gesperrten) Gittern zu behandeln. Die Lage der S1-Stromflächen folgt aus der Meridianströmungsrechnung, vgl. Abschnitt 2.1.2. Die Kontraktion der Stromröhre zwischen zwei benachbarten S1-Stromflächen wird im allgemeinen bei der Berechnung berücksichtigt. Die Reibungswirkungen werden durch eine anschließende Grenzschichtrechnung erfaßt (vgl. Abschnitt 2.3).

Die Auslegung schwachumlenkender Gitter von Maschinen axialer Bauart, z. B. Verdichtern, geschieht in vielen Fällen noch mit Hilfe der Profilauswahl aus Profilfamilien, deren Umlenkeigenschaften aus systematischen Gitterversuchen bekannt sind. Bei extremen Anforderungen (z. B. transsonische Machzahlen, starke Umlenkung) werden die Profile oft individuell unter Berücksichtigung der Gitterkanalform gestaltet. Dabei erfolgt die sukzessive Korrektur der Profilform aufgrund mehrfach wiederholter Gitternachrechnungen. Die direkte Lösung der Auslegungsaufgabe mit sogenannten inversen Verfahren (Vorgabe einer Geschwindigkeitsverteilung) wird heute verstärkt in Angriff genommen. Z. B. liegen für die Auslegung von sogenannten „superkritischen" Verdichterprofilen (Minimierung des Verdichtungsstoßes) derartige Verfahren vor und haben sich bereits bewährt. Dabei wird aus der Vorgabe einer Geschwindigkeitsverteilung unter Berücksichtigung der Profilgrenzschichtentwicklung das Profil entworfen. Kennzeichen dieser superkritischen Profile ist, daß die lokal auf der Profilsaugseite auftretende Überschallströmung möglichst stoßfrei auf Unterschall verzögert wird und sich so eine starke Reduktion der Verdichtungsstoßverluste ergibt.

Problembeschreibung und Zielsetzung

Aufgabe weiterer Forschungsarbeiten auf diesem Gebiet muß die bessere Erfassung der Hinterkantenumströmung und eine treffsichere Ermittlung des Abströmwinkels unter Berücksichtigung der Reibungseffekte sein. Weiterhin sind die Auswirkungen von Stoßsystemen auf Umlenk- und Verlusteigenschaften transsonischer Gitter von Interesse. Die rechnerische Simulation von Ablösezonen und die Wahl belastungsoptimierter Geschwindigkeitsverteilungen für gegebene aerodynamische Aufgabenstellungen bedürfen zusätzlicher Überlegungen. Weitere Aufgaben bestehen in der Untersuchung der Auswirkungen von Kühlluftausblasungen auf das aerodynamische Verhalten sowie der optimalen Profilierung von Verzögerungs- und Beschleunigungsgittern im superkritischen und transsonischen Bereich. (Auf Optimierungsfragen wird im Abschnitt 2.5 näher eingegangen.)

Es sind Verfahren zur treffsicheren Nachrechnung und Auslegung von Schaufelgittern unter Berücksichtigung der Transschall- und Reibungseffekte zu entwickeln. Von besonderer Wichtigkeit ist die zuverlässige Vorausberechnung des Gitterabströmwinkels und der Verluste. Einflüsse wie Ausblasung, dicke Hinterkanten usw. sollen dabei berücksichtigt werden können.

Forschungsthemen

- *Verfahren zur Berechnung der reibungsfreien Gitterströmung auf beliebigen Rotationsflächen im interessierenden Machzahlbereich (inklusiv gekühlte Gitter und Ausblasen)*
- *Methoden zur Berechnung lokaler Strömungsgebiete (Vorderkantenbereich, Überschallfelder, Hinterkante) der reibungsfreien Gitterströmung auf Rotationsflächen*
- *Berechnungsverfahren für die reibungsbehaftete Gitterströmung (Abströmwinkel und Gesamtdruckverluste) unter Berücksichtigung des Einflusses der Hinterkantendicke*
- *Analyse der verlustbehafteten Strömung in Schaufelgittern unter Einschluß der Verdichtungsstöße bei transsonischer Strömung (Stoß-Grenzschichtwechselwirkung)*
- *Experimentelle Untersuchung des Umlenk- und Verlustverhaltens von Turbinengittern in weitem Anstellwinkelbereich bis zum Ventilieren (abgelöste Gitterströmung)*
- *Entwicklung von Entwurfsmethoden für aerodynamisch hochbelastete Schaufelprofile unter Vorgabe der gewünschten Geschwindigkeits- bzw. Druckverteilung und der Grenzschichtkenngrößen bei sub- und transsonischer Strömung*
- *Bestimmung der optimalen Druckverteilung für Verdichter- und Turbinenprofile bei gegebenen Randbedingungen*
- *Erarbeitung und Untersuchung von verbesserten Profilformen für Radialverdichter mit möglichst breitem Arbeitsbereich.*

2.1.2 **Meridianströmung** (S2-Fläche)

Stand der Forschung

Für die Berechnung der Meridianströmung werden heute die in der Einleitung erwähnten numerischen Näherungsverfahren eingesetzt, die die Geschwindigkeitsverteilung auf einer Stromfläche S2 liefern. Der Einfluß der endlichen Schaufelzahl wird dabei im Sinne einer rotationssymmetrischen Behandlung vernachlässigt. Das radiale Gleichgewicht wird bei den sogenannten *Duct-Flow*-Verfahren nur zwischen den Schaufelreihen betrachtet, während die *Through-Flow*-Verfahren mit zusätzlichen Berechnungsstationen innerhalb des Gitters arbeiten. Bei diesen zweidimensionalen Verfahren sind Reibungseinflüsse in den Bewegungsgleichungen nicht enthalten, die dadurch verursachten Verluste können jedoch durch Einführung von Entropiemodellen (Verlustkorrelationen) in die Energiegleichung berücksichtigt werden.

Problembeschreibung und Zielsetzung

Die Integration von treffsicheren Entropiemodellen oder Verlustansätzen in die Berechnungsmethoden ist Aufgabe der weiteren Forschung auf dem Gebiet der Meridianströmung. Die im allgemeinen drallbehaftete Strömung in Einlaufgehäusen, Ringräumen, Umlenk- und Abströmgehäusen sowie Diffusoren bedarf weiterer Untersuchungen. Dies gilt insbesondere für die Wechselwirkung zwischen Beschaufelungen und vor- und nachgeschalteten Strömungselementen; im Vordergrund stehen Beschaufelungen mit nachfolgendem Diffusor. Die Berechnung der Strömung in stark konischen Schaufelkanälen, z. B. in Niederdruckstufen von Dampfturbinen, ist derzeit noch nicht befriedigend möglich. Dies gilt in gleicher Weise für die Strömungen in gesperrten Gittern. Die Einflüsse der Mehrstufigkeit sowie die Erfassung von Mischungs- und Ausblaseeffekten müssen vertieft behandelt werden.

Es sind zuverlässige Verfahren für die Meridianströmungsrechnung zu erarbeiten, die genauere Angaben über Winkelverläufe und Verlustverteilungen innerhalb der Maschine liefern. Die zuvor geschilderten Effekte und die Wirkung der Seitenwandgrenzschichten, Spalt- und Sekundärströmungen (s. Abschnitt 2.3) müssen darüber hinaus ausgearbeitet werden.

Zur Erzielung realistischer Ergebnisse des Strömungsfeldes sind die Umlenk- und die Verlustansätze durch Einführung von Reibungs- und Energieschichtungsmodellen zu verbessern.

Forschungsthemen

- *Weiterentwicklung von Duct- und Through-Flow Verfahren für mehrstufige Turbomaschinen unter Einbeziehung der Randströmungen (Seitenwandgrenzschicht, Sekundär- und Spaltströmungen)*
- *Analyse der kompressiblen, reibungsbehafteten stationären Strömung im Ringraum bei gegebenem Kanalverlauf im Meridianschnitt*
- *Analyse der radialen Mischung in einer axialen Ringraumströmung mit und ohne Drall und Einfluß auf die Strömungsverluste*
- *Einfluß der Kanalkontur im beschaufelten Raum auf die Strömung und den Wirkungsgrad*
- *Einfluß von Konizität, Axialabstand und Drallverteilung im schaufelfreien Raum auf Schluckfähigkeit und Wirkungsgrad nachfolgender Stufen*
- *Einfluß der Absaugung oder Ausblasung durch Umfangsspalte in Naben- und Gehäusewänden*
- *Untersuchung von Diffusoren mit optimalem Querschnittsverlauf bei Radialverdichtern.*

- *Analyse der Strömung in gehäusefesten räumlichen Diffusoren bei hohen Verzögerungsverhältnissen unter realistischen Einbaubedingungen (z. B. vorgeschaltete Stufen)*

- *Berechnungsmethoden für gerade und gekrümmte Diffusoren mit großem Nabenverhältnis und kurzer axialer Baulänge.*

2.1.3 Räumliche Strömung

Stand der Forschung

Quasi-dreidimensionale Lösungen für das Strömungsfeld in einer Turbomaschine ergeben sich durch die Verknüpfung der zweidimensionalen Lösungen für die Gitter- und die Meridianströmung auf vorgegebenen Stromflächen S1 und S2. Diese Verfahren wurden in neuerer Zeit durch iterative Anpassung der angenommenen Stromflächengeometrien verbessert und konvergieren damit gegen eine mit Einschränkungen dreidimensionale Lösung. Reibungseinflüsse können nur über Verlustkorrelationen in der Energiegleichung berücksichtigt werden. Die Grenze der Leistungsfähigkeit quasi-dreidimensionaler Verfahren wird erreicht, wenn zur Simulation der realen Strömungszustände der Wirbeltransport aus den Randgebieten in die Kernströmung einbezogen werden soll; dies liefert besonders bei stark umlenkenden Gittern deutliche Abweichungen gegenüber dem idealisierten Strömungsbild.

Hier können nur voll-dreidimensionale Rechenverfahren weiterhelfen. Diese zur Zeit noch am Anfang stehenden Verfahren laufen auf eine Lösung der vereinfachten Navier-Stokes'schen Gleichungen in einem dreidimensionalen Netzwerk hinaus. Längerfristig können diese Verfahren zu einem besseren Verständnis der dreidimensionalen reibungsbehafteten Strömung in Turbomaschinen führen, wobei die idealisierte Modellvorstellung von der Existenz einer dünnen, reibungsbehafteten Grenzschicht und einer reibungsfreien Kernströmung einer realistischeren integralen Betrachtungsweise der Kanalströmung weicht.

Problembeschreibung und Zielsetzung

Aufgabe weiterer Forschungsarbeiten wird es sein, die quasi-dreidimensionalen Rechenverfahren so zu erweitern, daß Reibungseinflüsse, Transschallströmungen und Stoßsysteme in ein- und mehrstufigen Maschinen erfaßt werden können. Probleme bestehen auch bei der sicheren Erfassung der Abströmbedingungen aus Kanälen und Schaufelgittern und bei der Berücksichtigung der Mischungs- und Ausblasevorgänge.

Die zur Zeit vereinzelt schon angewendeten dreidimensionalen reibungsfreien Verfahren müssen auf ihre Anwendbarkeit auf beliebige Maschinentypen sowie auf ihre Einsatzgrenzen hin untersucht werden. Die zur Zeit für die Lösung der Gleichungen getroffenen Vereinfachungen müssen zur Erzielung realistischer Ergebnisse abgebaut werden, insbesondere müssen geeignete Verlustmodelle und Reibungsansätze bereitgestellt werden. Der Einsatz dieser Verfahren für beliebige Maschinentypen setzt weiterhin auf den Anwender orientierte Programme mit hoher Effektivität voraus.

Für die dreidimensionalen reibungsbehafteten Verfahren müssen realistische Turbulenzmodelle entwickelt werden.

Ziel theoretischer und experimenteller Arbeiten auf dem Gebiet der dreidimensionalen Strömung ist die Beschaffung von Unterlagen und Erkenntnissen über schwierig erfaßbare Strömungsvorgänge (z. B. Spaltströmungen, Sekundärströmungen) u. a. in Niederdruckstufen, Radialrädern und asymmetrischen Strömungsführungen. Parallel dazu sind leistungsfähige Rechenverfahren für die dreidimensionale Strömung zu erstellen, die mit Hilfe einfacher Verfahren optimierte Auslegungen zu überprüfen und gegebenenfalls zu korrigieren gestatten. Der Einsatz für Parameterstudien im Sinne einer Optimierung wird der ferneren Zukunft vorbehalten bleiben.

Lösungsvoraussetzungen

Die Berechnung der räumlichen reibungsbehafteten Strömung in Turbomaschinen erfordert Rechenanlagen, deren Leistungsfähigkeit eine bis zwei Größenordnungen höher liegt als die heute vorhandener Rechner.

Forschungsthemen

- *Kopplung von Meridian- und Gitterberechnungsverfahren (quasi-dreidimensionale Verfahren)*
- *Erweiterung bewährter zweidimensionaler Berechnungsverfahren auf räumliche, kompressible, reibungsfreie Strömungen in ein- und mehrstufigen Turbomaschinen*
- *Berücksichtigung der Reibungseffekte in Verfahren für die dreidimensionale reibungsfreie Strömung*
- *Berechnung der dreidimensionalen reibungsbehafteten Strömung (Navier-Stokes) in axialen und radialen Turbomaschinen*
- *Analyse der dreidimensionalen Strömung mit besonderer Berücksichtigung der Stoßfronten, der Sekundär- und Spaltströmungen.*

2.2 Instationäre Strömung

Die Strömung durch eine Turbomaschine ist instationär; die Fluktuationen wirken sich vornehmlich auf die Problembereiche

Anregung von Schaufelschwingungen,

Strömungsverluste und Arbeitsbereich der Maschine und

Schallentstehung

aus. Diese instationären Effekte in Turbomaschinen werden verursacht durch

Turbulenz, Fluktuation,

Unsymmetrien auf dem Umfang,

Nachlaufdellen von Schaufeln,

potentialtheoretisches Flattern und

periodisches Abreißen der Grenzschicht.

Die Schaufel ist das durch instationäre Effekte am stärksten beanspruchte Bauteil der Turbomaschine. Sie hat im allgemeinen Fall über die Schaufelhöhe unterschiedliche

Profilgeometrie (Wölbung, Profildicke, Teilung, Staffelung),

An- und Abströmverhältnisse (Strömungswinkel und -geschwindigkeiten),

Bewegungsabläufe (Biegung, Torsion, gekoppelte Bewegungen),

Mechanische Dämpfung (Bindedrähte, Spoiler, Deckplatten) und aerodynamische Dämpfung.

Die reale Strömung ist reibungsbehaftet, kompressibel und teilweise transsonisch oder auch supersonisch. Zur Behandlung der anstehenden Probleme muß bisher eine Vielzahl von Vereinfachungen vorgenommen werden. Darüber hinaus treten die angeführten Effekte selten isoliert auf, so daß in den meisten Fällen der Charakter der Strömung durch Kopplung verschiedener Einflüsse geprägt wird.

Die allgemeine Untersuchung und Beschreibung der instationären Strömung ist Voraussetzung für die Lösung der nachfolgenden Problemkreise 2.2.1 bis 2.2.3. In künftigen Forschungsvorhaben sind

zunächst die oben angeführten Einflüsse für sich isoliert „beschreibbar" zu machen,

bisherige vereinfachende Annahmen schrittweise aufzugeben,

hiernach die Kopplung der Effekte untereinander zu erfassen, sodann die instationäre Strömung durch Schaufelgitter unter realen Randbedingungen zu berechnen und schließlich

bei allen Entwicklungsschritten der Vergleich von Theorie und Experiment zur Verifizierung der Rechenmethoden heranzuziehen.

2.2.1 Anregung von Schaufelschwingungen

Stand der Forschung

Die an einer Schaufel bei stationärem Betrieb angreifenden Fluidkräfte setzen sich aus

zeitlich konstanten Anteilen und

periodisch und regellos schwankenden Anteilen

zusammen. Die regellos schwankenden Kräfte werden z. B. durch eine turbulente Zuströmung zu den Schaufeln erzeugt. Andere Entstehungsursachen für stochastische Fluidkräfte sind unregelmäßige Wirbelablösungen an den Schaufelhinterkanten, Turbulenz in der Schaufelgrenzschicht und Sekundärströmungen.

Die im Hinblick auf die hier zu behandelnden Schaufelschwingungen besonders interessanten periodischen Gaskräfte entstehen vor allem durch eine nicht rotationssymmetrische Zuströmung zu den Schaufelreihen (Distorsion, Nachlaufgebiete). Gleiche Wirkungen werden durch die Interferenz der Potentialfelder von Lauf- und Leitrad hervorgerufen.

Unsymmetrien der Strömung werden ebenso durch Fertigungsungenauigkeiten von Gehäuseteilen und Schaufelreihen sowie durch Abblaseschlitze bei Verdichtern und Entnahmeöffnungen bei Gas- und Dampfturbinen erzeugt. Instationäre Strömungsvorgänge wie *rotating stall* oder das periodische Abreißen der Schaufelgrenzschicht spielen bei der Anregung periodischer Schaufelschwingungen ebenfalls eine große Rolle. Durch Zusammenwirken von mechanischen Kräften der verformten Schaufel und den Strömungskräften (aero-elastische Probleme) kann es auch bei einer ungestörten Zuströmung durch Abreißflattern oder potentialtheoretisches (klassisches) Flattern zu Schwingungen eines Schaufelkranzes kommen. Bei transsonischer oder supersonischer Strömung treten noch instationäre Stoß-Grenzschicht-Wechselwirkungen hinzu.

Die bisherigen Untersuchungen sind als erste Schritte auf dem Weg zu einer umfassenden Lösung des Problems anzusehen. Die Berechnungsverfahren vernachlässigen fast immer den dreidimensionalen Charakter der Vorgänge. Die strömungsbedingten Effekte werden in einen rein potentialtheoretischen und in einen durch die Viskosität beeinflußten Vorgang aufgespalten. Die Beschreibung des Problems gliedert man in die Fälle:

starrer Schaufeln bei fluktuierender Strömung und

schwingender Schaufeln bei homogener Anströmung.

Der Einfluß der Turbulenz äußert sich stochastisch und kann bisher nur experimentell erfaßt werden.

Die Auswirkungen von Unsymmetrien und Nachlaufdellen werden für die ebene, reibungsfreie, inkompressible Strömung um Schaufelgitterprofile mit Hilfe von Singularitätenverfahren und für kompressible Strömung mit Feldmethoden (Finite-Differenzen, bzw. Finite-Elemente) berechnet. Die schwierigsten Probleme liegen bei den z. Z. verwendeten Feldmethoden in der exakten Formulierung der Randbedingungen.

Die potentialtheoretische Wechselwirkung zwischen stehenden und drehenden Gittern wird in quasi-stationärer Näherung und teilweise auch instationär vorwiegend mit Hilfe von Singularitätenverfahren für ebene, reibungsfreie, inkompressible Strömung um reale Profile berechnet.

Potentialtheoretisches Flattern wird bisher für reine Unter- bzw. Überschallströmung um dünne Profile mit geringer Umlenkung behandelt, wobei Entropieerhöhungen durch Verdichtungsstöße vernachlässigt werden. Ähnliche Vereinfachungen werden für das periodische Abreißen der Profilgrenzschicht angenommen.

Die experimentellen Untersuchungen wurden bisher vorwiegend an vereinfachten Modellen durchgeführt. Die in neuerer Zeit verfügbaren hochauflösenden Meßwertgeber erlauben die Fortsetzung der Untersuchungen in der realen Turbomaschine. Die wenigen veröffentlichten Experimente an Maschinen orientieren sich jedoch zu sehr am Einzelfall und ermöglichen noch nicht die Aufstellung allgemeingültiger Korrelationen.

Problembeschreibung und Zielsetzung

Die unter Berücksichtigung der Strömungs- und Einspanneinflüsse auf die Schaufel ausgeübten Kräfte sind in den Rechenverfahren zu erfassen.

Die Schwingungsamplitude und die aerodynamische Belastung der Einzelschaufel soll berechnet werden können.

Um diese recht verwickelten aero-elastischen Zusammenhänge theoretisch aufklären und voraussagen zu können, müssen die künftigen Forschungsaktivitäten die bisher üblichen vereinfachenden Annahmen schrittweise aufgeben. So bedeutsame Probleme wie die gleichzeitige Berücksichtigung von Reibungseinflüssen und potentialtheoretischer Interferenz benachbarter Schaufelreihen und die Interaktion zwischen instationärer Strömung und schwingender Schaufel (einschl. der Selbsterregung) sind zu lösen. In der Endphase muß der 3-d-Charakter der Strömung in den Rechenverfahren enthalten sein.

Neben diesen theoretischen Forschungsarbeiten sind insbesondere experimentelle Vergleichsuntersuchungen dringend erforderlich, um die erarbeiteten theoretischen Grundlagen kritisch an realen Maschinen überprüfen zu können.

Lösungsvoraussetzungen

Die theoretische Behandlung dieser umfassenden Problematik verlangt große Rechnereinheiten, die im Augenblick nur in sehr begrenzter Zahl vorhanden und nicht allen infrage kommenden Forschungsstellen zugänglich sind. Auf dem experimentellen Sektor müssen vorhandene Prüfstände ausgebaut bzw. neue Prüfstände zur gezielten Untersuchung spezieller Einzeleffekte einschließlich der entsprechenden Meßtechniken aufgebaut werden.

Forschungsthemen

- *Weiterentwicklung der Methoden zur Berechnung instationärer Strömungsvorgänge im Schaufelgitter (Nachlaufdellen, potentialtheoretische Wechselwirkung, Flattern, rotating-stall, Pumpen u. a.)*
- *Weiterentwicklung der Methoden zur Berechnung der dreidimensionalen instationären Strömungsvorgänge in Schaufelreihen*
- *Analyse instationärer Schaufeldruckverteilungen*
- *Verfahren zur Berechnung dynamischer Druckverteilungen bei schwingenden Stößen in transsonischer und supersonischer Strömung*
- *Berechnungsverfahren für instationäre Strömungsvorgänge im Schaufelgitter mit schwingenden Schaufeln*
- *Untersuchungen über die verschiedenen Formen von Flattern und deren Vermeidung*
- *Methoden zur Berechnung des transsonischen Flatterverhaltens in Axialbeschaufelungen*
- *Untersuchung der aero-elastischen Wechselwirkungen zwischen Strömung und schwingenden Schaufeln*
- *Erforschung der Wechselwirkung zwischen stehenden und rotierenden Schaufelreihen bei ein- und mehrstufigen Maschinen*
- *Ermittlung der durch die instationäre Strömung – infolge Einlaufstörungen, rotierender Abreißströmung (rotating stall) und Pumpen – hervorgerufenen Schaufelerregungskräfte.*

2.2.2 Verluste und Arbeitsbereich

Stand der Forschung

Die Auswirkungen der instationären Strömung auf die Profil- und Wandgrenzschichten und somit auf die Verluste und den Arbeitsbereich von mehrstufigen Turbomaschinen sind noch weitgehend unerforscht. Durch Reibungseinflüsse und potentialtheoretische Wechselwirkung entsteht eine zeitlich veränderliche Zuströmung zu den Schaufelreihen. Diese Strömung setzt sich aus einem fluktuierenden Anteil und aus stochastischen Turbulenzbewegungen zusammen, die durch Wirbelablösungen und durch den Ausgleich der Nachläufe entstehen. Diese turbulenten Schwankungen erzeugen in der Grenzschicht einen intermittierenden laminar-turbulenten Umschlag. Zwischen den zeitlich veränderlichen Umschlagpunkten entstehen periodisch laminare bzw. turbulente Grenzschichtzustände. Einen weiteren erheblichen Einfluß auf Verluste und Arbeitsbereich haben Unsymmetrien der Strömung infolge von Einlaufstörungen. Intermittierend veränderliche Zuströmwinkel und Anströmgeschwindigkeiten erhöhen z. B. beim Verdichter die Gitterbelastung und bestimmen weitgehend die Auslösung von rotating-stall bzw. das Erreichen der Abreißgrenze der Schaufeln.

Der Einfluß von Nachlaufdellen wird bisher nur durch die Erhöhung der Turbulenz, nicht aber in der Auswirkung auf das Ablöseverhalten berücksichtigt.

Unsymmetrien der Strömung (insbesondere die Wirkung von Eintrittsstörungen von Druck und Temperatur) werden in ersten Ansätzen quasi-stationär mit dem Parallel-Kompressor-Modell und mit linearisierten Theorien behandelt.

Sofern bei diesen linearisierten Theorien die instationären Bewegungsgleichungen berücksichtigt werden, können dann neben der Wirkung von Eintrittsstörungen auch instabile Strömungsvorgänge (Bestimmung der Abreißgrenze) behandelt werden. Obwohl hier erste Erfolge vorliegen, kann man noch nicht von einer befriedigenden, allgemein gültigen Lösung sprechen.

Die Auswirkungen der potentialtheoretischen Wechselwirkung und des periodischen Abreißens der Profilgrenzschicht sind der theoretischen Berechnung noch weitgehend entzogen. Sie werden im wesentlichen durch Experimente erforscht und über empirische Funktionen berücksichtigt.

Problembeschreibung und Zielsetzung

Zusätzlich zu den bei stationärer Strömung auftretenden Verlusten müssen die durch instationäre Einflüsse entstehenden Zusatzverluste ermittelt werden, um sie in den Auslegungs- und Nachrechnungsverfahren zu berücksichtigen. Hierzu sind vor allem begleitende Experimente notwendig, um die erstellten Korrelationen abzusichern. Die realistischere Erfassung dieser Verlustanteile ermöglicht dann auch zuverlässigere Angaben über den Arbeitsbereich.

Forschungsthemen

- *Entwicklung von Turbulenzmodellen für Strömungen in Turbomaschinen*
- *Untersuchungen über das dynamische Grenzschichtverhalten bei instationärer Strömung*
- *Bestimmung der Verluste und Abströmwinkel bei instationärer Profilumströmung*
- *Ermittlung von Ablösekriterien bei instationärer Profilumströmung*
- *Ermittlung der Ablösekriterien und Verluste für transsonische Beschaufelungen mit Stoß-Grenzschicht-Wechselwirkungen*
- *Erarbeitung von Strömungsmodellen zur Berücksichtigung von Unsymmetrien, z. B. Einlaufstörungen*
- *Untersuchungen der Auswirkungen von instationären Strömungsvorgängen auf die rotierende Abreißströmung und auf das Pumpen von Verdichtern.*

2.2.3 Schallentstehung

Stand der Forschung

Das Lärmspektrum axialer Turbomaschinen setzt sich aus verschiedenen Komponenten zusammen. Wirbel- und Turbulenzgeräusche sind die Hauptursachen für den breitbandigen Anteil. Das Interferenzgeräusch ist eine der maßgebenden Komponenten des hervorstechenden schmalbandigen Geräuschanteils (Drehton). Das gesamte Spektrum wird im einzelnen durch folgende Entstehungsmechanismen erzeugt:

Breitband-Lärm
- *Wirbelablösungen an den Schaufelhinterkanten,*
- *Turbulenz in der Zuströmung der Schaufelgitter,*
- *Körperschall-erregte Geräusche,*
- *Strömungsrauschen bei Freistrahlaustritten und Armaturen,*

Dreh-Ton
- *Laufrad-Leitrad-Interferenz,*
- *Einlaufstörungen,*
- *ggfs. Verdichtungsstöße an den Schaufeln,*

Tieffrequenter Lärm
- *Diffusorbrummen.*

Die Haupteinflußparameter der gesamten Lärmabstrahlung sind:

Umfangs- und Strömungsgeschwindigkeiten,

Axialabstand zwischen Lauf- und Leitschaufelgittern,

aerodynamische Belastung (Anstellwinkel),

Verhältnis der Schaufelzahl von Lauf- und Leitrad,

Schaufelform, Nabenverhältnis und Kanalform,

Turbulenz in der Anströmung.

Der Einfluß der Turbulenz, der sich – wie erwähnt – im Strömungsrauschen äußert, kann bisher noch nicht befriedigend berechnet werden, während für das Auftreten von Schaufeltönen durch Nachlaufdellen und potentialtheoretische Wechselwirkung Berechnungsansätze vorliegen. Schaufelschwingungen liefern keinen nennenswerten Beitrag zum Schallspektrum der Turbomaschine.

Das periodische Abreißen der Profilgrenzschicht (z. B. nahe der Pumpgrenze eines Verdichters) spielt im Zusammenhang mit der Schallentstehung keine so bedeutende Rolle, da dieser Strömungszustand nicht zum normalen Arbeitsbereich zu zählen ist.

Der Schwerpunkt bisheriger Untersuchungen liegt auf dem Gebiet der Verdichteraeroakustik von Triebwerken. Trotz der großen Fortschritte, die bei der Schallminderung gemacht wurden, sind viele Schallentstehungsmechanismen noch ungeklärt. Außerdem sind die auf experimentellen Korrelationen beruhenden Schallberechnungsmethoden auf Triebwerksgebläse zugeschnitten und können nicht ohne weiteres auf vielstufige stationäre Turbomaschinen übertragen werden.

Für radiale Turbomaschinen wurden erst sehr wenige Forschungsarbeiten mit zudem stark empirischem Charakter bekannt.

Problembeschreibung und Zielsetzung

Die Ursachen des Breitband-Lärms sind sehr vielfältig, wobei es sich in der Regel um zufällig verteilte, instationäre Strömungszustände handelt. Deshalb kommt nach dem heutigen Stand des Wissens nur ein halb-empirisches Verfahren in Frage. Zur Untersuchung der Ton-Lärm-Emission kann aus bereits vorliegenden, stark vereinfachenden Lösungsansätzen und Berechnungsmethoden ein geeignetes Verfahren ausgewählt und weiterentwickelt werden. Das resultierende Verfahren sollte es dem Anwender erlauben, aufgrund der ihm bei der Auslegung und Konstruktion bekannten Daten einer Turbomaschine deren Lärmemission bei diskreten Frequenzen vorauszuberechnen. Die Erfassung der wichtigsten Einflußgrößen sollte dabei gewährleistet sein.

Zur experimentellen Überprüfung der theoretischen Resultate und auch zur Bereitstellung empirischer Zusammenhänge sind umfangreiche Messungen an realen Stufen unter realen Belastungsverhältnissen unumgänglich.

Forschungsthemen

- *Erstellung eines empirischen Modells zur Berechnung des Breitband-Lärms*
- *Weiterentwicklung der Methoden zur Berechnung des Drehton-Lärms axialer Turbomaschinen*
- *Analyse der instationären Strömungsvorgänge zur Klärung der Lärm-Entstehungsmechanismen sowie der gegenseitigen Beeinflussung von Lärmquellen*
- *Untersuchung der Schallentstehung in Turbomaschinen, insbesondere Radialmaschinen*
- *Entwicklung von Maßnahmen zur Verringerung der Schall-Emission durch aerodynamische und konstruktive Gestaltung*
- *Entwicklung geräuscharmer Ventile und Armaturen*
- *Untersuchung von Maßnahmen zur Verminderung des Strömungsrauschens bei Freistrahlaustritten.*

2.3 Strömungen in Grenzschichten und Randzonen

Abweichungen von der idealen Strömung treten vorwiegend in den Grenzschichten und Randzonen der Turbomaschinen auf. Diese Bereiche, in denen Reibungseffekte, Strömungsablösungen, Sekundär- und Spaltströmungen vorherrschen und außerordentlich verwickelte Strömungsformen entstehen, bestimmen maßgebend

die Leistung und den Wirkungsgrad sowie

den stabilen Betriebsbereich der Turbomaschine.

Das Ziel entsprechender Forschungsarbeiten besteht darin, Auslegungsrichtlinien für die Gestaltung der Schaufelprofile, der Gittergeometrie, der Ringraumgeometrie und der Lauf-Leitradkombination sowie für Maßnahmen der direkten Beeinflussung zu entwickeln, die geeignet sind, die durch Grenzschichten und Randströmungen verursachten schädlichen Effekte zu mildern, d. h. die Strömungsverluste zu vermindern, die aerodynamische Belastung zu erhöhen und die Abreißgrenzen der Strömung zu erweitern. Einen wichtigen Bestandteil dieser Arbeiten bilden umfangreiche experimentelle Untersuchungen, um zuverlässige quantitative Daten über die komplizierten räumlichen und instationären Strömungsvorgänge im Bereich der Grenzschichten und Randzonen bereitzustellen, die es gestatten, die in Ansätzen vorhandenen Strömungsmodelle schrittweise zu verfeinern und zu vervollständigen.

2.3.1 Profilgrenzschicht

Stand der Forschung

Die Ermittlung des Reibungsverlustes und des Wärmeübergangs (z. B. an gekühlten Schaufeln), die Vorausberechnung von Grenzschichtablösungen und des Abströmwinkels sowie die Gestaltung neuer leistungsfähiger Schaufelprofile verlangen zuverlässige Verfahren der Grenzschichtberechnung. Die Entwicklung der bisher angewandten Methoden beruht auf Untersuchungen ebener Plattengrenzschichten (einschließlich Druckgradienten in Strömungsrichtung), wobei durch Windkanalmessungen gefundene empirische Umschlag- und Ablösekriterien und einfache Turbulenzmodelle zugrunde gelegt wurden. Trotz dieser Einschränkungen gelingt es damit, die Profilverluste in ebener Gitterströmung bereits recht genau zu bestimmen, sofern keine Strömungsablösungen und Stoß-Grenzschicht-Wechselwirkungen auftreten.

Für die Beschreibung der komplexen räumlichen Strömung in Turbomaschinen genügen diese Verfahren nicht, da die Effekte starker Stromlinienkrümmungen, zur Hauptströmung normaler Druckgradienten, der Systemrotation, der Wechselwirkung Außenströmung-Grenzschicht (u. a. Verdichtungsstöße), der instationären Zuströmung (u. a. Lauf-Leitrad-Wechselwirkung) und der Kühlluftausblasung durch die vereinfachten Lösungsansätze nicht erfaßt werden. Das z. Z. noch übliche Vorgehen, diese Effekte wenigstens näherungsweise in das Turbulenzmodell einzubeziehen, genügt keinesfalls, um die tatsächlichen Strömungsvorgänge mit der erforderlichen Präzision zu beschreiben. Verfeinerte Strömungs- und Turbulenzmodelle, aber auch neuartige Ansätze für die Berechnung räumlicher Grenzschichten unter Einbeziehung der genannten Effekte sind daher dringend erforderlich.

Problembeschreibung und Zielsetzung

Der Klärung grundlegender Vorgänge in ebenen Gittern sollte bei zukünftigen Untersuchungen angemessener Raum gewährt werden, da nach wie vor gesicherte quantitative Unterlagen über Umschlag- und Ablöseverhalten der Profilgrenzschichten selbst in ebener Gitterströmung – vor allen Dingen auch bei variablem Massenstromdichteverhältnis – fehlen. Weitgehend unklar ist heute auch noch die Wirkung der Profilgrenzschicht auf den Abströmwinkel. Dieses Grundlagenstudium muß naturgemäß Untersuchungen über die Übertragbarkeit der gewonnenen Erkenntnisse und Ergebnisse auf das Grenzschichtverhalten in ruhenden und rotierenden Schaufelreihen von Turbomaschinen einschließen.

Wichtigster Bestandteil zukünftiger Forschungsarbeiten sind jedoch entsprechende Untersuchungen in ausgeführten Maschinen, in denen die zuvor genannten vielfältigen Parameter der räumlichen Strömung den entscheidenden Einfluß auf das

Grenzschichtverhalten ausüben. Besondere versuchstechnische Probleme ergeben sich bei Untersuchungen der Grenzschicht- und Randströmungen (vgl. 2.3.2) in den Laufrädern der Turbomaschinen; hier kommt, wie unter „Lösungsvoraussetzungen für alle Problemkreise" näher erläutert, der Entwicklung geeigneter Meßtechniken zentrale Bedeutung zu.

Mit der Vervollständigung der experimentell gewonnenen Unterlagen wächst die Chance, die Modelle für die komplizierten Strömungsvorgänge in den räumlichen und instationären Grenzschichten der Turbomaschine (u. a. Umschlag- und Ablöseverhalten, Stoß-Grenzschicht-Wechselwirkung) zu verfeinern, daraus wirksame Maßnahmen der Leistungssteigerung abzuleiten und verbesserte Rechenverfahren zu entwickeln.

Forschungsthemen

- *Weiterentwicklung der Differenzenverfahren für Grenzschichten in ebenen und rotationssymmetrischen Gittern (einschl. Wärme- und Stoffübergang)*

- *Erarbeitung von Verfahren zur Berechnung der räumlichen Grenzschichten in stehenden und rotierenden Kanälen*

- *Erarbeitung zuverlässiger Kriterien für Grenzschichtumschlag und -ablösung unter Turbomaschinenbedingungen*

- *Analyse der Grenzschichtentwicklung in ebenen Verdichter- und Turbinengittern bei Unter-, Transsonik- und Überschallströmung (u. a. auch Stoß-Grenzschichtinterferenz)*

- *Untersuchungen über den Verlauf der räumlichen Grenzschichten in Schaufelgittern einschl. abgelöster Strömungen*

- *Analyse der Grenzschichtströmung in rotierenden Schaufelreihen und Entwicklung von entsprechenden Strömungsmodellen.*

2.3.2 Wandgrenzschicht, Ecken- und Spaltströmung

Stand der Forschung

In den Randzonen an Nabe und Gehäuse von Turbomaschinen existieren sehr komplexe räumliche Strömungsfelder, die vornehmlich durch die Wechselwirkung zwischen den Wandgrenzschichten, den Profilgrenzschichten, den Spaltströmungen und den Relativbewegungen von Gitter und Wand gekennzeichnet sind. In diesen Gebieten entstehen Sekundärströmungen; durch diese Gebiete werden die Meridianströmung sowie das Umlenk- und Abreißverhalten der Gitterströmung in den wandnahen Zonen nachhaltig beeinflußt. Trotz intensiver Arbeiten gilt dieser Problemkreis als weitgehend unerforscht, da bisher die notwendigen experimentellen Voraussetzungen fehlten.

Erste erfolgversprechende Ansätze für die Lösung von Teilproblemen zeichnen sich ab; so gibt es heute neben den üblichen empirischen Korrelationen Grenzschicht-Integralverfahren, die bereits wertvolle Aussagen über die Verdrängungswirkung der Wandgrenzschichten und über die im Randgebiet auftretenden integrierten Schaufelkraftdifferenzen erlauben. Die Kenntnis der Kraftdifferenzen ermöglicht es nun ihrerseits, die Randverluste bzw. die damit verbundene Wirkungsgradeinbuße angenähert zu berechnen. Die integrale Form der Grenzschicht-Gleichungen gestattet jedoch keine detaillierte Erfassung der Strömungsvorgänge in den Randzonen. Außerdem liegen den Integralverfahren vereinfachende Annahme zugrunde, die bislang wegen des Mangels an geeigneten experimentellen Daten nicht ausreichend überprüft werden konnten. Bei der Anwendung der Integralverfahren auf Kennfelduntersuchungen in vielstufigen Verdichtern zeigen sich erste Erfolge, die zur weiteren Bearbeitung dieses Teilaspekts ermutigen; für Turbinen erweisen sich die Verfahren jedoch als wenig geeignet, weil das gewählte Modell offensichtlich den starken druck-saugseitigen Querströmungen in Turbinenbeschaufelungen nicht gerecht wird.

Für die Vorhersage des Spalteinflusses existieren einfache empirische Korrelationen, deren Entwicklung auf Untersuchungen an ebenen Gittern, Ringgittern und Versuchsmaschinen zurückgeht. Diese Methoden eignen sich für eine erste Abschätzung des Spalteinflusses auf Strömungsverluste und -umlenkung; sie berücksichtigen allerdings nicht die starke Wechselwirkung zwischen den Wandgrenzschichten und den Spaltströmungen. Es erweist sich als dringend notwendig, die Spaltströmungen in entsprechende Rechenverfahren für die Randströmung einzuarbeiten.

Problembeschreibung und Zielsetzung

Zur Vertiefung des grundlegenden Wissens auf dem Gebiet der Randströmungen sind wiederum Untersuchungen an ebenen Verdichter- und Turbinengittern notwendig, wobei dem Einfluß der Eintrittsgrenzschicht, der Gittergeometrie, der aerodynamischen Belastung und bei Turbinengittern der Kühlluftausblasung in Wandnähe besondere Aufmerksamkeit geschenkt werden sollte. Entsprechende Untersuchungen in ausgeführten Maschinen, besonders auch Radialverdichtern und -turbinen mit kleinen Abmessungen, dienen vor allem der Klärung der maschinentypischen Erscheinungsformen der Randströmungen (Strömungsverluste, Umlenkung, Stabilität), wobei die Beeinflussung u. a. durch Stufengeometrie, Spaltdichtung, Deckbänder und Kühlluftausblasung in Wandnähe zu berücksichtigen ist.

Auf dem Gebiet der Methodenentwicklung kommt es für die industrielle Praxis kurzfristig darauf an, zuverlässige Verfahren zur Vorhersage der Sekundär- und Spaltverluste sowie Maßnahmen zu ihrer Reduzierung abzuleiten und die bekannten

Rechenverfahren für die Meridianströmung auf mehrstufige Turbomaschinen unter Einbeziehung der Randströmungen und Profilgrenzschichten zu erweitern.

Das wichtige Ziel, die Randströmungen insgesamt sicher zu beherrschen, verlangt die vollständige dreidimensionale Behandlung des Problems in- und außerhalb der Wandgrenzschichten, und ist wohl nur langfristig zu verwirklichen. Der Erfolg der Bemühungen wird vornehmlich auch davon abhängen, wie schnell es gelingt, in der experimentellen Erforschung der Randströmungen Fortschritte zu erzielen.

Forschungsthemen

- *Verbesserung der Integralverfahren für Wandgrenzschichten und Erweiterung auf räumliche Grenzschichten*
- *Entwicklung von Methoden zur Vorhersage der Sekundär- und Spaltverluste und von Maßnahmen zu ihrer Reduzierung*
- *Lösung der Navier-Stokes-Gleichungen, insbesondere im Hinblick auf Randströmungen in rotierenden Kanälen*
- *Untersuchungen über die Entwicklung der Wandgrenzschichten, vorwiegend in mehrstufigen Turbomaschinen*
- *Untersuchungen von Ecken- und Sekundärströmungen in ebenen Verdichter- und Turbinengittern*
- *Analyse der Sekundär- und Spaltströmungen in stehenden und rotierenden Schaufelreihen.*

2.3.3 Nachlaufströmungen

Stand der Forschung

Die Schaufelnachläufe tragen – insbesondere in vielstufigen Turbomaschinen – wesentlich zur Lärmerzeugung, zur Turbulenzentstehung und zur Ausbildung instationärer Schaufelkräfte bei. Die zur Zeit laufenden Untersuchungen, die sich vornehmlich auf die Mischungs- und Ausgleichsvorgänge am Einzelgitter und in der vielstufigen Maschine konzentrieren, stehen weitgehend am Anfang und müssen mit Nachdruck weitergeführt werden.

Problembeschreibung und Zielsetzung

Soweit die Wechselwirkung benachbarter Schaufelreihen angesprochen ist, bestehen bei Leit-Laufrad- und Lauf-Leitradkombinationen grundsätzliche Strukturunterschiede in den Nachläufen, die sich wahrscheinlich auch unterschiedlich auf das Verlust- und Abreißverhalten der jeweils nachfolgenden Schaufelreihe auswirken. Im Vordergrund experimenteller Arbeiten werden deshalb die Klärung dieser instationären Strömungserscheinungen, aber auch die für mehrstufige Maschinen bedeutsame Frage der Nachlaufausmischung stehen; die Ermittlung der Profil- und Mischungsverluste sind darin eingeschlossen, wobei die aerodynamische Schaufelbelastung, die Schaufelhinterkantendicke und die Außenturbulenz als einflußreiche Parameter zu nennen sind. Die so gewonnenen Erkenntnisse dienen in erster Linie dazu, gesicherte Strömungsmodelle vornehmlich für die Mischungsvorgänge abzuleiten und die Vorhersagemethoden für Profil- und Mischungsverluste in instationärer Strömung weiter zu verfeinern.

Forschungsthemen

- *Verfeinerung der Methoden für die Vorhersage der Profil- und Mischungsverluste*

- *Klärung der Strömungs- und Mischungsvorgänge in Schaufelnachläufen; Einfluß der Schaufelbelastung (Grenzschichtzustand), der Außenturbulenz; Auswirkungen der instationären Strömung (Wechselwirkung)*

- *Ermittlung der Strömungsumlenkung, der Profil- und Mischungsverluste in Abhängigkeit der Schaufelbelastung (insbesondere auch mehrstufige Maschinen), der Hinterkantendicke; Einfluß der instationären Strömung*

- *Untersuchungen über die Wechselwirkung benachbarter ruhender und rotierender Schaufelreihen, Nachlauftransport, Wechselwirkung mit Profilgrenzschichten und Verdichtungsstößen (aerodynamische Anregung, Lärm, Außenturbulenz).*

2.3.4 Beeinflussung von Grenzschicht- und Randströmungen

Stand der Forschung

In der Vergangenheit sind vielfältige Maßnahmen der Beeinflussung von Grenzschicht- und Randzonenströmungen in Turbomaschinen erprobt worden; u. a. wurden durch Energetisierung der Schaufelgrenzschicht (Einblasung mit großer Geschwindigkeit) und durch besondere Gehäusegestaltung (casing treatment) erste erfolgversprechende Ansätze gefunden.

Problembeschreibung und Zielsetzung

Das Gebiet der direkten Beeinflussung sollte experimentell und theoretisch verstärkt behandelt werden, um das dort vorhandene, heute noch weitgehend unbekannte Potential für Verbesserungen der Leistung und Wirtschaftlichkeit von Turbomaschinen voll auszuschöpfen. Maßnahmen, wie Grenzschichtabsaugung,

Grenzschichtzäune, über die zur Zeit wenig Klarheit besteht, sind zu entwickeln und zu erproben. Die direkte Beeinflussung der Grenzschichten und Randströmungen erfordert im allgemeinen Energie, die dem jeweiligen Prozeß entzogen werden muß; es ist deshalb stets zu prüfen, ob der zu erwartende Nettogewinn in einem vernünftigen Verhältnis zum erhöhten konstruktiven Aufwand steht.

Forschungsthemen

- *Untersuchungen über Maßnahmen der Stabilisierung von Profilgrenzschichten (u. a. Absaugung, Energetisierung durch Einblasen, künstliche Rauhigkeit, gezielte instationäre Effekte)*

- *Untersuchungen über Methoden der aktiven Beeinflussung der Wandgrenzschichten, der Sekundär- und Spaltströmungen (z. B. „casing treatment").*

Lösungsvoraussetzungen für alle Problemkreise

Es stehen heute keine ausreichenden Unterlagen über die Strömungen in Grenzschichten und Randzonen zur Verfügung. Gefordert sind Meßverfahren, die in unmittelbarer Wandnähe und dazu in rotierenden Kanälen zuverlässige Daten der wichtigsten Strömungsgrößen liefern. Fortschritte auf dem hier diskutierten Forschungsgebiet hängen entscheidend von der Entwicklung und vom Einsatz qualifizierter Meßmethoden ab; insbesondere kommen optische Verfahren für räumliche Strömungsvektoren, für Temperatur oder Dichte, miniaturisierte Geber für instationäre Drücke, oberflächenintegrierte Geber für Schubspannungen, Wärmeübergang und Drücke sowie miniaturisierte konventionelle Sonden in Frage (weitere Einzelheiten vgl. Abschnitt 7).

2.4 Fluidverhalten

In thermischen Turbomaschinen durchläuft das Arbeitsfluid gasförmige Zustände und/oder Zustände im Koexistenzgebiet mehrerer Phasen. Das Arbeitsfluid kann ein technisch reiner Stoff sein, z. B. Wasserdampf in Dampfturbinen, Stickstoff, Helium oder Kohlendioxid in geschlossenen Gasturbinenanlagen, oder aus mehreren Komponenten bestehen. Beispiele hierfür sind Luft, Verbrennungsgase, Erdgas und Gase in chemischen Prozessen (vgl. Abschnitt 1).

In diesem Abschnitt werden im wesentlichen die Auswirkungen des unterschiedlichen Fluidverhaltens in Turbomaschinen behandelt. Dazu ist es notwendig, das Zustandsverhalten (Zustandsdaten) der Fluide zu kennen, worüber ausführlich in Abschnitt 1.1.4 „Arbeitsmittel" berichtet wird. Bei Verwendung unterschiedlicher, auch idealer Gase in der gleichen Maschine oder im gleichen Apparat ergeben sich unterschiedliche Zustandsänderungen und damit auch unterschiedliche Geschwindigkeitsfelder mit allen Folgen für Leistung und Durchsatz. Dies gilt streng genommen auch für ein Fluid, das in unterschiedlichen Betriebsbereichen unterschiedliche Eigenschaften hat. Die Ergebnisse von Versuchen lassen sich also unmittelbar nur dann auf ähnliche Maschinen oder Apparate übertragen, wenn sich auch die Fluide ähnlich verhalten. Umrechnungen sind nur angenähert durchführbar (vgl. Abschnitt 2.6).

Die genaue Kenntnis des Fluidverhaltens ist schon dann notwendig, wenn die in den Maschinen oder Apparaten ablaufenden Zustandsänderungen quasi-statisch, d. h. als Folge von Gleichgewichtszuständen betrachtet werden dürfen. Ein Problem des Fluidverhaltens ist daher die genaue Beschreibung von Gleichgewichtszuständen, die von der Art des Fluids und seiner Zusammensetzung abhängen. Ein anderes Problem sind kinetische Effekte, die bei Zustandsänderungen mit chemischen Umwandlungen, insbesondere auch bei solchen mit Phasenübergängen (Kondensation, Verdampfung) eine Rolle spielen.

2.4.1 Realgaseffekte

Stand der Forschung

Die gesicherte Auslegung von Turbomaschinen, die Bestimmung ihres Leistungsverhaltens und die Beschreibung der darin ablaufenden Strömungsvorgänge setzen voraus, daß das Zustandsverhalten, also der Zusammenhang zwischen Druck, Temperatur und Dichte des verwendeten Fluids weitgehend bekannt ist.

Für technisch wichtige Stoffe und Stoffgemische können die Zusammenhänge zwischen Druck, Temperatur und Dichte im Gleichgewicht aus Zustandsgleichungen, -diagrammen oder -tafeln, ermittelt werden, wobei diese Daten für Luft und die wichtigsten technisch reinen Stoffe wie Wasserdampf, Helium, Kohlendioxid, Ammoniak und Stickstoff durch Versuche in einem weiten Temperatur- und Druckbereich abgesichert sind. Auch für Kohlenwasserstoffe, Fluorchlorkohlenwasserstoffe (Kältemittel), Gemische verschiedener Kohlenwasserstoffe und Gemische von Kohlenwasserstoffen mit nicht polaren oder assoziierenden Stoffen lassen sich die Zustandsgrößen im Gleichgewicht, auch für Zustände im Koexistenzgebiet von Gas und Flüssigkeit, recht genau berechnen.

Ist die Verweilzeit des Fluids in der Maschine oder in Teilen (Stufen) der Maschine kleiner als die zur Einstellung von Gleichgewichtszuständen benötigte Zeit, so darf die Zustandsänderung nicht mehr als quasistatisch betrachtet werden. Bei Kondensationsvorgängen treten z. B. Unterkühlungen des Dampfes gegenüber dem Gleichgewichtszustand auf. Das Maß der Unterkühlung hängt nach heutiger Erkenntnis vom Fluid selbst, von der Entspannungsschnelligkeit und von der Konzentration an Fremdkeimen im expandierenden Fluid wesentlich ab.

Problembeschreibung und Zielsetzung

Zur Absicherung der Zustandsbeziehungen sind für viele Stoffe weitere Untersuchungen notwendig. Neben unmittelbaren Messungen des Druck-, Dichte-, Temperaturzusammenhanges und des Siedeverhaltens von reinen Stoffen und Gemischen sind zur Bestimmung von Differentialquotienten z. B. auch Messungen der spezifischen Wärmekapazität, der Schallgeschwindigkeit und anderer Größen notwendig, um die Beschreibung des Fluidverhaltens zu verbessern.

Kondensationsvorgänge sind vor allem für Turbinen bedeutsam; für Verdichter spielen sie dann eine Rolle, wenn Zwischenkühlung vorgesehen ist oder beim Verdichten von bestimmten Arbeitsmedien die Phasengrenze überschritten wird (retrograde Fluide). Die bei der Kondensation auftretenden metastabilen Zustände (Unterkühlungen) sind von Bedeutung, weil während ihres Andauerns andere Zusammenhänge zwischen den Zustandsgrößen bestehen als unter Gleichgewichtsbedingungen. Die Frage des kritischen Massendurchsatzes mit Phasenwechsel sowohl in Stufen als auch in Stellgliedern und – aus Gründen der Sicherheit – in Strömungsbegrenzern bedarf weiterer Untersuchungen. Das Ausmaß der Abweichung vom Gleichgewicht beeinflußt auch die thermodynamischen Verluste bei der Zustandsänderung sowie die Größe und die Konzentration der schließlich gebildeten Tropfen (u. a. Erosion, vgl. Abschnitt 5 und 6).

Die vorhandenen Ansätze zur Beschreibung der Keimbildung und des Keimwachstums bei homogener Kondensation sind zwar geeignet, die Zustandsänderung bei einfachen, quasi-eindimensionalen Strömungsvorgängen mit rascher Druckabsenkung (Düsenströmung) zu beschreiben, bis zu einer befriedigenden Beschreibung der Realgaseffekte in Turbomaschinen sind jedoch weitere theoretische und experimentelle Untersuchungen notwendig.

Lösungsvoraussetzungen

Bei der experimentellen Untersuchung der Realgaseffekte in Turbomaschinen kommt es besonders darauf an, die Auswirkungen des komplexen Strömungsfeldes, der Turbulenz und ihrer Struktur, der Beladung des Arbeitsfluides mit Fremdkeimen oder mit die Keimbildung beeinflussenden Fremdsubstanzen genau zu erfassen. Die optischen Meßtechniken, die dafür zur Verfügung stehen, sind weiter zu verfeinern, damit höhere Auflösung erzielt und auch instationäre Vorgänge analysiert werden können.

Forschungsthemen

- *Einsatz alternativer Fluide für verschiedene Anwendungen (Solarenergie-, Abwärmenutzung); konstruktive Auswirkungen bei Radial- und Axialmaschinen*

- *Einsatzmöglichkeiten alternativer Fluide in hochbelasteten Turbinen kleiner Abmessungen*

- *Leistungs- und Betriebsverhalten mehrstufiger/mehrwelliger Verdichter unter Berücksichtigung des Realgasverhaltens (vgl. Abschnitt 2.6)*

- *Überkritische Ventil- und Düsenströmungen*

- *Kondensationsprobleme beliebiger relevanter Fluide in Turbinen und Rohrleitungselementen.*

2.4.2 Chemische Reaktionen

Stand der Forschung

Chemisch-kinetische Effekte bei der Strömung realer Gase in Turbomaschinen, die bis heute kaum beachtet wurden, können in Zukunft eine Rolle spielen, wenn in Gasturbinen auch solche Brennstoffe eingesetzt werden müssen, die in der Brennkammer nicht ausreagieren können. Gleiches gilt auch für die Verdichtung reaktionsfähiger Gasgemische.

Während der Zustandsänderung in einer Turbomaschine verändern sich, dem „Gesetz des kleinsten Zwangs" folgend, die chemischen Gleichgewichte zwischen untereinander reaktionsfähigen Komponenten des Arbeitsfluids. Bei genügend hoher Konzentration reaktionsfähiger Komponenten kann die wirkliche Zustandsänderung wegen der chemischen Reaktionen wesentlich anders verlaufen, als man unter Annahme eingefrorener Zusammensetzung und unter Vernachlässigung der Reaktionsenthalpien erwarten würde. Die chemischen Umwandlungen können durch katalytische Wirkung von Komponenten des Fluids oder von Legierungsbestandteilen der Konstruktionswerkstoffe beschleunigt werden. Für den Betrieb der Turbomaschine können die chemischen Umwandlungen auch schon bei geringer Konzentration reaktionsfähiger Komponenten kritisch werden, wenn dabei ablagerungsfähige Feststoffe entstehen (Stichwort: gum-Bildung in Verdichtern).

Problembeschreibung und Zielsetzung

Es müssen die chemisch-kinetischen Vorgänge bei Zustandsänderungen mit stofflichen Änderungen untersucht werden, um unerwünschten Beeinträchtigungen des Betriebsverhaltens vorbeugen zu können.

Forschungsthemen

- *Modellierung von Zustandsänderungen mit chemischen Reaktionen in Turbomaschinen*

- *Untersuchungen an Verdichtern und Turbinen für Prozeßgase.*

2.4.3 Mehrphasenströmung

Stand der Forschung

Die praktisch bedeutsamsten Mehrphasenströmungen in Turbomaschinen findet man als Naßdampfströmung im Hochdruckteil von Dampfturbinen in Nuklearanlagen sowie generell im Niederdruckteil von Dampfturbinen. Bei der Expansion wird die Phasengrenze überschritten und es tritt nach bestimmter Unterkühlung (Wilson-Unterkühlung) die Kondensation ein.

Auch nach Abschluß der Tropfenbildung verbleibt eine Restunterkühlung, von deren Größe die Geschwindigkeit des Tropfenwachstums bei fortschreitender Expansion abhängt. Auch diese Unterkühlung trägt zum thermodynamischen Anteil am Nässeverlust bei. Weitere Einzelursachen des Nässeverlustes folgen aus dem Schlupf zwischen den Phasen („Schleppverlust") und aus der Kraftwirkung von Tropfen, die entgegen der Drehbewegung auf die Laufschaufeln der Turbine auftreffen („Bremsverlust").

Die Beladung eines überwiegend gasförmigen Arbeitsfluids mit festen (Brennstoffe mit hohem Aschegehalt) und/oder flüssigen Partikeln kann zu Schäden an den Bauelementen von Maschinen und Apparaten infolge von Erosion, Erosions-Korrosion und Ablagerungen führen. Außerdem mindern Schleppverluste, Bremsverluste und thermodynamisches Ungleichgewicht zwischen den Phasen den Wirkungsgrad der Energieumwandlung. Von der Partikelgrößenverteilung und -konzentration hängen die Verluste bei der Expansion, die Erosionsgefahr für die Turbomaschinenbauteile und die Abscheidung der Flüssigkeit oder des Feststoffes bei einem bestimmten Massenverhältnis der Phasen ab.

Durch werkstoffspezifische Maßnahmen (ausführlich in Abschnitt 6) und durch geeignete aerodynamische Auslegung der Strömungswege versucht man, die negativen Auswirkungen auf die Standzeiten der Maschinen und Apparate zu minimieren. Darüber hinaus werden Einrichtungen zur Abscheidung der flüssigen oder festen Partikel eingesetzt.

Das Ausmaß und die Folge von Ablagerungen läßt sich bisher nur qualitativ abschätzen, weil das Haft- oder Benetzungsverhalten von einmal auf die Begrenzungen des Strömungsfeldes aufgetroffenen Partikeln weitgehend unklar ist.

Die vielfach noch üblichen, global als Grenzwerte des zulässigen Massenverhältnisses der Partikelbeladung zur Gasströmung angegebenen Kriterien sind für sich allein ungeeignet zur Bewertung der Wirkungsgradminderung, der Erosionsgefahr und damit der Zuverlässigkeit von Turbomaschinen für Mehrphasenströmungen.

Problembeschreibung und Zielsetzung

Die Analyse des Nässeverlustes nach den genannten Anteilen und die Ableitung geeigneter Maßnahmen zu ihrer Minderung erfordert vor allem eine Kenntnis des Tropfengrößenspektrums. Neben den beim Phasenübergang entstandenen Tropfen spielen insbesondere solche Tropfen eine Rolle, die aus den Flüssigkeitsfilmen an Schaufeln und Gehäusewänden als Sekundärtropfen wieder in das Strömungsfeld gelangen. Um den Anteil an diesen Sekundärtropfen zu bestimmen, müssen weitere Untersuchungen über die Auffangrate, das Verhalten der Filme an den Wänden und das Wieder-Abreißen durchgeführt werden.

Ansätze zur Beschreibung der Ablagerungen und der Erosion durch Tropfen und Feststoffpartikel berücksichtigen bereits den Einfluß des Auftreffimpulses, des -winkels und der -frequenz der Teilchen; die Weiterentwicklung und Absicherung dieser Verfahren verlangen jedoch genauere Kenntnisse über die Teilchenbahnen im strömenden Fluid, als sie bisher vorliegen. Die Wirkung von Feststoffpartikeln auf die Maschinenbauteile wird jedoch noch zusätzlich durch die Struktur, die Härte und die Konsistenz der Partikel stark beeinflußt. Wegen der zunehmenden Bedeutung aschehaltiger Brennstoffe für den Gasturbinenbetrieb sind theoretische und experimentelle Untersuchungen auf diesem Gebiet besonders wichtig. Dabei müssen nicht nur meßtechnische Probleme (Partikelgröße, -konzentration und -bahn) gelöst, sondern auch eindeutige Bezugswerte und klare Begriffe zur Charakterisierung der Partikeleigenschaften (z. B. ihrer Haftfähigkeit an Oberflächen) definiert werden.

Ziel der Arbeiten ist u. a. die Bereitstellung von Unterlagen und Verfahren, die es ermöglichen, den Effekten von Korrosion, Erosion und von Ablagerungen schon im Auslegungsstadium vorzubeugen.

Forschungsthemen

- *Grundlegende Untersuchungen an Zweiphasenströmungen*
- *Verfahren zur Berechnung von turbulenten Zweiphasenströmungen für die Verbrennung von Kraftstofftropfen und Kohlestaub, auch im Hinblick auf partikelbeladene Turbinenströmungen*
- *Entwicklung von Methoden zur Berechnung der Teilchenbewegungen in Mehrphasenströmungen*
- *Untersuchungen über trägheits-, turbulenz- und diffusionsbedingte Stoffablagerungen in Beschaufelungen*

- *Analyse der Auswirkungen von Verschmutzung und Erosion auf Strömungsprofil und Grenzschichtentwicklung in Beschaufelungen sowie auf das Betriebsverhalten von Verdichtern und Turbinen*

- *Analyse des Leistungsverhaltens von Maschinen mit partikelbeladenen Gasströmen*

- *Ermittlung des Impuls-, Wärme- und Stoffaustausches zwischen den Phasen in Mehrphasenströmungen*

- *Analyse der Nässeverluste bei kondensierbaren Fluiden*

- *Untersuchungen über das Abscheiden von Festpartikeln bei hohen Temperaturen.*

2.5 Auslegung und Optimierung

Wie schon in der Einleitung zu diesem Abschnitt 2 dargelegt, bedeutet der Entwurf einer Tubomaschine angesichts der vielfältigen Anforderungen und Randbedingungen stets einen Kompromiß. Um diesen für die jeweilige Anwendung geeigneten Entwurf zu finden, wird zunächst im Rahmen einer Grobauslegung das Maschinenkonzept festgelegt. Aus dieser Grobauslegung resultieren zum einen die Hauptströmungsrichtung (axial/radial), die Bauart (z. B. die Zahl der Wellen, Fluten und Gehäuse), die Hauptabmessungen, die Stufenzahl, die charakteristischen Stufendaten und die Drehzahl. Die Komponenten der Maschine werden dann in der sich anschließenden Detailauslegung in allen Einzelheiten gestaltet; insbesondere werden der Querschnittsverlauf der Strömungsführung, die radialen Drallverteilungen, die Gitterparameter, das Beschaufelungskonzept, die aerodynamische und mechanische Belastungsverteilung der Beschaufelung festgelegt.

Allgemein ist man bestrebt, die Turbomaschine so auszulegen, daß die Energieumsetzung sowohl im Auslegungspunkt als auch im geforderten Betriebsbereich mit möglichst gutem Wirkungsgrad erfolgt; dabei muß die Beschaufelung so dimensioniert sein, daß sie im gesamten Betriebsbereich den statischen und dynamischen Beanspruchungen widersteht. Oft sind jedoch zusätzliche Randbedingungen hinsichtlich des Betriebsbereichs, der Leistungsdichte bzw. des Bauvolumens, durch besondere Prozeßerfordernisse bei stationären Maschinen, durch Fertigungs- und Umweltgesichtspunkte zu berücksichtigen. Die Aufgabe der Optimierung besteht darin, neben der bestmöglichen Gestaltung der einzelnen Maschinenkomponenten, die Hauptparameter dieser einzelnen Elemente so aufeinander abzustimmen, daß jede Forderung weitestgehend erfüllt wird.

Die in den Abschnitten 2.1 bis 2.4 dargelegten Grundlagen der stationären und instationären Strömungsvorgänge sowie der verlustverursachenden Vorgänge bilden die Basis für die aero-thermodynamische Auslegung und Optimierung von Turbomaschinen. Sie fließen in Form von Berechnungsverfahren, theoretisch erarbeiteten und experimentell überprüften Modellvorstellungen über Einflußgrößen in den Auslegungsprozeß ein.

2.5.1 Auslegungsunterlagen

Stand der Forschung

Die für die Auslegung und Optimierung von Turbomaschinen angewendeten Verfahren sind aufgrund der vielfältigen Aufgaben sehr unterschiedlich. So werden für die Entwicklung und Optimierung von Einzelstufen bzw. deren Komponenten wie Lauf- und Leitradbeschaufelungen heute überwiegend nicht gekoppelte Verfahren für die Berechnung der Meridian- und Gitterströmung (s. Abschnitt 2.1) eingesetzt. Bei diesen Verfahren sind zuverlässige Unterlagen über die Gittercharakteristiken (Verluste und Umlenkeigenschaften) notwendig. Die bisher verfügbaren Unterlagen wurden aus systematischen Gitter- und Maschinenmessungen gewonnen.

Immer noch ihre Berechtigung in der praktischen Auslegung, auch im Hinblick auf das Betriebsverhalten, haben einfache, meist eindimensionale Rechenverfahren. Oft genügen sie und sind schon ihrer besseren Übersichtlichkeit und physikalischen Anschaulichkeit wegen den komplizierten Rechenverfahren vorzuziehen. Dies gilt insbesondere für die Auslegung und Optimierung mehrstufiger Turbomaschinen, die zum größten Teil noch mit Hilfe von Einzelstufencharakteristiken erfolgt (s. Abschnitt 2.6.1).

Problembeschreibung und Zielsetzung

Da Strömungsberechnungsverfahren, die alle Effekte der realen Strömung zutreffend beschreiben, in näherer Zukunft noch nicht zur Verfügung stehen werden, andererseits die Anwendung sehr komplexer und rechenzeitintensiver Verfahren in der Auslegungsphase zu unhandlich und aufwendig ist, werden auch in Zukunft einfache Verfahren mit empirischen Unterlagen für Verluste und Umlenkung eine wichtige Rolle bei der Optimierung spielen.

Die Gesamtverluste in Turbomaschinenschaufelgittern werden formal unterteilt in Profilverluste, Verdichtungsstoßverluste, Sekundärströmungsverluste, Rand- und Spaltverluste und Mischungsverluste (vgl. Abschnitt 2.3). Diese Einzelverluste werden heute mit Hilfe von Verlustansätzen auf vorwiegend empirischer Grundlage ermittelt, die jedoch noch keineswegs den hohen Ansprüchen einer treffsicheren Vorausberechnung der Turbomaschinenströmung genügen. Eine ähnliche Situation ergibt sich bei der Vorhersage des Umlenkverhaltens. Zur Verbesserung dieser Methoden muß die Wirkung der wichtigsten geometrischen und strömungsphysikalischen Parameter in geeigneter Weise einbezogen werden. Hierzu gehören:

Zu- und Abströmwinkel,

Verzögerungs- bzw. Beschleunigungsverhältnis und axiales Massenstromdichteverhältnis,

Staffelungswinkel, Teilungsverhältnis und Profilform,

Ringraum, Schaufelhöhenverhältnis und Spaltweiten,

Kühlluftausblasung und Kühlluftbeimischung,

Machzahl und Reynoldszahl,

Strömungsturbulenz und relative Rauhigkeit.

Vor allem für die durch Sekundär- und Spaltströmungen in den Randzonen hervorgerufenen Verluste liegen z. Z. keine zuverlässigen Verlustkorrelationen vor. Weiterhin existieren nur unzureichende, schon in der Auslegungsphase anwendbare Unterlagen über die gegenseitige Beeinflussung der Energieumsetzung benachbarter Maschinenkomponenten (Vorgeschichte !) und über instationäre Wechselwirkungen. Vielfach gelten die Unterlagen nur für einen eingeschränkten Anwendungsbereich.

Das Ziel der Arbeiten zu diesem Problemkreis besteht darin, die z. Z. vorhandenen Auslegungsunterlagen durch Analyse vorliegender und neuer Forschungsergebnisse laufend zu verbessern und für bisher nur unvollkommen berücksichtigte Effekte entsprechende Daten bereitzustellen. Die Verlust- und Umlenkkorrelationen sowie die Belastungskriterien müssen in stärkerem Maße als bisher

Allgemeingültigkeit besitzen,

für stark vom Auslegungspunkt abweichende Bedingungen gültig sein,

im Bereich extremer Mach- und Reynoldszahlen zutreffend sein und

Realgaseffekte einschließen.

Für die Auslegung mehrstufiger Maschinen fehlen gesicherte Unterlagen, die

den Einfluß der Seitenwandgrenzschichten und der radialen Mischung auf das radiale Gleichgewicht,

die Auswirkungen von inhomogenen Zuströmbedingungen für die Folgestufen und

die durch instationäre Wechselwirkungen hervorgerufenen Effekte

abzuschätzen erlauben.

Da es sich bei den Umlenkvorgängen in Verdichterbeschaufelungen stets um Strömungen mit Druckanstieg handelt, müssen geeignete Kriterien für die zulässige aerodynamische Belastung (Abreißkriterien) erarbeitet werden. Auch für die örtliche Verzögerung auf den Schaufelprofilen existieren Grenzen, so daß die Frage der optimalen Schaufeldruckverteilung für das gewählte Gitter von großer Bedeutung ist; wobei Sekundäreffekte, z. B. Grenzschichtbeeinflussung durch Ausblasung (Kühlluftausblasung), zu beachten sind.

Lösungsvoraussetzungen

Voraussetzung für die Verbesserung und Erweiterung der bestehenden Auslegungsunterlagen bilden vertiefte Kenntnisse der z. T. sehr verwickelten Strömungsmechanismen, wie sie als Ergebnis der in den Abschnitten 2.1 bis 2.4 geschilderten Arbeiten erwartet werden. Die dort zu entwickelnden Rechenverfahren eignen sich für die Nachrechnung ausgeführter Maschinen, sind jedoch gegenwärtig für umfangreiche Parameterstudien in der Auslegungsphase zu unhandlich, dienen aber sehr wohl dazu, einfache physikalische Modellbeziehungen zur Beschreibung bestimmter Effekte zu überprüfen bzw. sie – in Abhängigkeit der wichtigsten Einflußparameter – durch Korrekturbeziehungen zu ergänzen.

Forschungsthemen

- *Auslegungsunterlagen für stark belastete Axialbeschaufelungen (u. a. Anwendung neuer Beschaufelungskonzepte)*
- *Praxisrelevante Auslegungsverfahren für ungekühlte und gekühlte Turbinenstufen*
- *Auslegungsunterlagen für Zentripetalturbinen*
- *Analyse von Messungen zur Verbesserung von Verlust- und Umlenkkorrelationen unter Berücksichtigung der Randeffekte*
- *Untersuchungen über den Einfluß der Gitterparameter und der aerodynamischen Kenndaten auf das Abreißverhalten sowie auf die Schaufelschwingungsanfachung und Schallentstehung*
- *Untersuchungen über den Einfluß von Konizität, Axialabstand, Drallverteilung auf Schluckfähigkeit, Wirkungsgrad und Betriebsbereich von Axialbeschaufelungen.*

2.5.2 Optimierung

Stand der Forschung

Die Optimierung einer Turbomaschine betrifft zunächst den Auslegungspunkt und bedeutet die Berücksichtigung einer Vielzahl von Fall zu Fall unterschiedlicher Randbedingungen. Die gesuchte Optimallösung erhält man aus der Betrachtung der gesamten Maschine unter Berücksichtigung der jeweils gültigen Betriebserfordernisse und Randbedingungen, z. B. Wirkungsgrad, Festigkeit und Arbeitsbereich. Ausgedehnte Parameterstudien zu optimaler Drehzahl, Stufenzahl, Aufteilung von spezifischer Arbeit und Reaktionsgrad auf die einzelnen Stufen sowie zur Kanal-, Gitter- und Schaufelgeometrie legen dann die optimale Gestaltung der einzelnen Komponente fest.

In den meisten Fällen ist die Optimierung nicht nur auf den Auslegungspunkt beschränkt, sondern umfaßt das gesamte Kennfeld der Turbomaschine. Für die sichere Kennfeldvorausberechnung und besonders für die Kennfeldoptimierung sind deshalb zuverlässige Rechenverfahren einschließlich der notwendigen Verlustmodelle und Stabilitätskriterien erforderlich (s. Abschnitt 2.6).

Die für die Optimierung benötigten Kenntnisse über die Arbeitsumsetzung und über das Umlenk- und Verlustverhalten von Stufenelementen stützen sich im allgemeinen auf empirische und halbempirische Unterlagen, die in der Literatur zugänglich sind, jedoch in der Regel firmenintern durch eigene Entwicklungsmessungen und durch Vergleiche mit ausgeführten Maschinen modifiziert und erweitert werden. Diese Unterlagen können im Bereich der experimentell untersuchten Geometrien als ziemlich gesichert gelten.

Um die Anzahl der Parameter einzuschränken, werden bei der Auslegung oft gewisse Hauptdaten (z. B. Schaufelwinkel, Nabenverhältnisse am Ein- und Austritt, Form der Meridiankontur) von vornherein festgelegt; darüber hinaus werden Geometriefamilien in Form von Profilsystematiken oder standardisierten Laufradreihen eingeführt. Die so gefundenen bestmöglichen Auslegungen werden selten im wirklichen Optimum liegen, sondern nur optimal im Rahmen der getroffenen Voraussetzungen sein.

Problembeschreibung und Zielsetzung

Das Auffinden eines Auslegungsoptimums erfordert breitgefächerte Parametervariationen, was, um den Aufwand in vertretbaren Grenzen zu halten, schnelle und übersichtliche Berechnungsverfahren und Optimierungsstrategien verlangt, die jeweils mehrere Parameter unabhängig voneinander zu variieren erlauben und so schneller als herkömmliche Verfahren eine Auswahl der wichtigsten Optimierungsparameter bereitstellen. Die Summe der mit üblichen Verfahren berechneten Strömungsverluste gestattet heute zwar ausreichend genaue Voraussagen über das Leistungsverhalten einer Turbomaschine, z. B. des Wirkungsgrades, beantwortet jedoch nicht die für die Gesamtoptimierung wichtige Frage nach der lokalen Verteilung der Einzelverluste mit verschiedener Entstehungsursache und der daraus resultierenden Falschanströmung der Beschaufelungen.

Größere Unsicherheiten sind auch bei den Unterlagen über das Durchflußverhalten von Turbinenbeschaufelungen vorhanden. Die Abweichungen des gemessenen vom gerechneten Durchsatz (bei gegebenem Druckverhältnis) erreichen durchaus einige Prozente und verlangen oft kostspielige Änderungen an ausgeführten Gas- und Dampfturbinen.

Zur Erfüllung der hohen Forderungen an Wirkungsgrad und Arbeitsbereich bei hochbelasteten Maschinen befinden sich neue Entwurfskonzepte für die Beschaufelungen in der Entwicklung, durch die die bisher weitgehend verwendeten, empirisch entwickelten Profilfamilien schrittweise ersetzt werden können. Diese neuen

Entwurfskonzepte erlauben eine individuelle Anpassung an die jeweilige Umlenkaufgabe unter Berücksichtigung aller wichtigen Randbedingungen, z. B. des axialen Stromdichteverhältnisses. Sie gehen von der Profildruckverteilung aus und ermöglichen so eine Optimierung der Profilform unter Einbeziehung der Grenzschichtentwicklung. Da diese Profile dann weitgehend analytisch gefunden werden, hängt die Optimallösung ganz wesentlich von der Zuverlässigkeit der eingesetzten Rechenverfahren für das Strömungsfeld und für die Grenzschichtentwicklung ab (s. Abschnitt 2.1 und 2.3).

Das Ziel der Forschung zu diesem Problemkreis besteht darin, die vorhandenen Auslegungsunterlagen über die Energieumsetzung in den einzelnen Turbomaschinenkomponenten und über die gegenseitigen Wechselwirkungen zwischen den Komponenten so aufzubereiten, daß bei der Maschinenauslegung aussagefähige Parametervariationen auf einfache Weise durchgeführt werden können.

Die Vielzahl der frei wählbaren aero-thermodynamischen und geometrischen Parameter und die damit verbundene große Zahl von Auslegungsrechnungen zur Auffindung des gesuchten Optimums zwingen dazu, schnelle und übersichtliche Verfahren zu entwickeln, die unterschiedliche Einflüsse durch Korrelationen in einem weiten Bereich möglicher Auslegungen mindestens der Tendenz nach richtig wiedergeben.

Eine Turbomaschine wird allgemein nicht allein für den Auslegungspunkt optimiert, sondern ihr Verhalten bei abweichenden Betriebsbedingungen ist oft ebenso ausschlaggebend für die Wahl der endgültigen Auslegungsparameter. Deshalb müssen die Gittercharakteristiken und die damit eng verknüpften Rand- und Spaltverluste in einem möglichst großen Bereich der Zuströmung hinreichend genau bekannt sein (vgl. Abschnitt 2.6).

Durch Entwicklung und Einsatz von Verfahren zur Berechnung der räumlichen reibungsbehafteten Strömung können in Zukunft die heute verwendeten empirischen Verlust- und Umlenkkorrelationen hinsichtlich ihrer Genauigkeit und Allgemeingültigkeit erheblich verbessert werden.

Lösungsvoraussetzungen

Entsprechend Abschnitt 2.6 müssen leicht handhabbare Kennfeldrechenprogramme entwickelt werden, die für eine in weiten Grenzen vorgebbare Maschinengeometrie korrekte Ergebnisse liefern.

Forschungsthemen

- *Entwicklung von rechenzeit- und aufwandoptimierten Berechnungsverfahren zur Auslegung von Turbomaschinen*

- *Optimale Wahl der Auslegungsparameter (Aufteilung der spezifischen Arbeit, Reaktionsgrad) bei ein- und mehrstufigen Turbomaschinen*

- *Optimale Gestaltung von Beschaufelungen für Radial- und Axialmaschinen, auch unter Berücksichtigung von Einbaueffekten (inhomogene Zuströmung)*

- *Optimierung der Laufrad-Diffusor-Kombination bei Radialverdichtern*

- *Optimierung von Turbomaschinen für extreme Randbedingungen (z. B. sehr kleine oder große Massenströme, begrenzte Baulänge)*

- *Optimierung von Einlaufgehäusen und Rückführkanalgeometrien sowie bei Axialturbinen von Turbine-Austrittsdiffusorkombinationen.*

2.6 Betriebsverhalten der Maschine

Das Betriebsverhalten ein- und mehrstufiger Verdichter und Turbinen kann entsprechend den sehr unterschiedlichen Anforderungen an die Gitterströmung und der damit verbundenen Komplexität der Rand- und Spaltströmungen unterschiedlich gut vorausberechnet werden. Während das Verhalten konventioneller ein- und mehrstufiger Turbinen einwelliger Bauart mit Unterschallströmung bereits recht gut durch vorhandene Rechenmethoden beschrieben wird, bereitet die Vorausberechnung des Verhaltens mehrstufiger Verdichter große Probleme und gelingt derzeit nur befriedigend für weitgehend modellmäßige Veränderungen bekannter Stufen oder Stufengruppen.

2.6.1 Kennfeldrechenverfahren

Die zuverlässige Vorausberechnung der Betriebskennfelder ein- oder mehrstufiger Verdichter und Turbinen ist von außerordentlicher Bedeutung für Turbomaschinen aller Anwendungsarten, um während der Auslegungsphase durch zwischengeschaltete Kennfeldrechnungen rechtzeitig überprüfen zu können, ob projektierte Lösungen die geforderten Leistungspunkte erfüllen können.

Stand der Forschung

Die Berechnung des Kennfelds ein- oder mehrstufiger Verdichter erfolgt heute überwiegend durch Überlagerung der integralen Kennlinien einzelner Stufen oder Stufengruppen, die entweder aus Messungen ähnlich ausgelegter Stufen bzw. Stufengruppen umgerechnet oder aus eindimensionalen Betrachtungen in einem repräsentativen Mittelschnitt gewonnen werden. Rechnungen mit Mehrschnittprogrammen auf der Basis von Meridianströmungsrechenverfahren (s. Abschnitt 2.1) liefern bisher noch keine zuverlässige Vorhersage der Gesamtkennlinien, erlauben aber eine Beurteilung der radialen Verteilung der Strömungsgrößen. Insbesondere bei transsonischen Gittern mit kleinen nutzbaren Zuströmwinkelbereichen sind einerseits die Erfassung der Kanalseitenwandeffekte und des Seitenwandgrenzschichtwachstums sowie andererseits die verfügbaren Korrelationen für Umlenkeigenschaften und Verluste der Beschaufelung noch unzureichend.

Die Kennfeldberechnung von Radialverdichterstufen bedient sich weitgehend der Hilfe von Stromfadenrechenmodellen, in die entsprechende Korrelationen für die Energiedissipation und die Grenzschichtverdrängung eingebaut sind. In der industriellen Praxis werden die Kennfelder von mehrstufigen Radialverdichtern aufgrund sorgfältig vermessener Einzelstufen unter Berücksichtigung geometrischer und aerodynamischer Ähnlichkeitsparameter ermittelt.

Wegen der stabilen Strömung gelingt die Vorausberechnung des Betriebsverhaltens von Turbinen wesentlich treffsicherer, solange man von extremen Betriebsbedingungen absieht, z. B. sehr kleine Drehzahlen oder Durchsätze nahe Null. Gewisse Schwierigkeiten existieren noch bei der Ermittlung der Leistungsgrenze sowie der Erfassung der Einflüsse variabler Geometrie in Form der Schaufelverstellung. Die Effekte unterschiedlicher Formen der Kühllufteinblasung in die Hauptströmung können derzeit nur sehr unbefriedigend erfaßt werden. Als Rechenverfahren kommen ebenfalls die bekannten Meridianströmungsrechenverfahren zur Anwendung, wobei für geringe Genauigkeitsansprüche auch eindimensionale Mittelschnittsrechnungen befriedigende Ergebnisse liefern. Verbesserungen sind in der Weiterentwicklung der Verlustmodelle und der Methoden zur Bestimmung der Abströmwinkel notwendig.

Das Betriebsverhalten eng gekoppelter, zweiwelliger Verdichter- bzw. Turbinenanordnungen ist nur unzureichend geklärt und theoretisch derzeit nicht zufriedenstellend lösbar.

Problembeschreibung und Zielsetzung

Das teilweise Versagen verfügbarer Meridianströmungsberechnungsverfahren zur Bestimmung der Betriebscharakteristiken mehrstufiger Turbomaschinen hat seine Ursache in einer Reihe noch unzureichend bekannter Zusammenhänge, die dringend weiterer Klärung bedürfen. Die entscheidende Rolle spielen dabei:

die generell sehr schmalen nutzbaren Anstellwinkelbereiche von Verzögerungsgittern, die im Trans- und Überschallbereich auf wenige Grade beschränkt sind,

die noch nicht ausreichende Kenntnis der Gittercharakteristiken ebener Profilschnitte hinsichtlich ihrer Umlenkung und Verluste in Abhängigkeit aller maßgebenden Parameter, die mangelhafte allgemeingültige physikalische Beschreibung der Verluste und Versperrungswirkungen in den Schaufelrandzonen von axial durchströmten Maschinen oder die unzureichende Kenntnis der Verteilung der Energiedissipation entlang der Stromröhren in Radialmaschinen und innerhalb der Beschaufelung von Axialmaschinen und

das Stabilitätsproblem verzögernder, d. h. zur Ablösung neigender Strömungen.

Die generelle Komplexität der Verdichterströmung mit ausgeprägten Seitenwandgrenzschichtanteilen kann derzeit mit verfügbaren, nicht gekoppelten Meridian- und Schaufelumströmungsberechnungsverfahren nicht genau nachgebildet werden, insbesondere fehlen gesicherte Kriterien für die Stabilität der Seitenwandströmung sowie Ansätze für die radialen Mischvorgänge. Das Verhalten ein- und mehrstufiger Turbomaschinen wird zusätzlich von vor- und nachgeschalteten Kanälen wie Einlaufgehäusen, Rohrleitungen und Diffusoren beeinflußt. Die Kenntnis dieser lange Zeit unterschätzten Effekte gewinnt in dem Maße Bedeutung, wie sich die interne aerodynamische Güte herkömmlicher Turbomaschinen vervollkommnet. Ausgeprägte aerodynamische Interferenzprobleme existieren in eng gekoppelten mehrwelligen, gleich- oder gegenläufigen Verdichter- und Turbinenanlagen, die meist zur Steigerung der Energiekonzentration eingesetzt werden. Maschinen dieser Art neigen zu Instabilität und erleiden oft erhebliche Wirkungsgradeinbußen im Teillastbetrieb.

Große Schwierigkeiten bei der Berechnung des Betriebsverhaltens bereiten nicht ideale Arbeitsmedien, z. B. Gase mit stark realem Verhalten, Naßdampf mit veränderten thermodynamischen Eigenschaften oder mit Feststoffpartikeln angereicherte Rauchgase von Gasturbinenanlagen mit Wirbelschichtfeuerung (vgl. Abschnitt 2.4.1).

Eine echte Verbesserung der bekannten Kennfeldberechnungsmethoden ist durch die zunehmende Ersetzung unzureichend allgemeingültiger empirischer Beziehungen durch geeignete Verfahren zur Berechnung der Gittereigenschaften zu erwarten. Die vorhandenen und in Entwicklung befindlichen Berechnungsmethoden für die reibungsfreie Unter-, Trans- und Überschallgitterströmung, an die Grenzschichtberechnungsverfahren angekoppelt sind, werden derzeit wegen der z. T. sehr hohen Rechenzeiten noch nicht angewendet. Hier sind wesentliche Fortschritte mit einer drastischen Senkung der Rechenzeiten in Zukunft durch verbesserte numerische Lösungsverfahren und leistungsfähigere Rechenanlagen zu erwarten.

Die Berücksichtigung radialer Mischvorgänge als Folge der Sekundärströmungen kann von großer Bedeutung sein. Hier sind vertretbar einfache Beziehungen zu finden, die die wesentlichen Vorgänge beschreiben. Zur Berechnung der Verluste und Versperrungswirkungen durch die Kanalseitenwandgrenzschichten steht neuerdings für Verdichter ein zweidimensionales Grenzschichtberechnungsverfahren zur Verfügung, das die Wirkungen der Schaufelkräfte auf die Grenzschicht beinhaltet. Die bisher erzielten Ergebnisse lassen erwarten, daß damit die Ermittlung der Randeffekte künftig erheblich besser gelingt (vgl. Abschnitt 2.3.2).

Die wünschenswerte vollständige, dreidimensionale Beschreibung der Grenzschichten und Sekundärströmungen erscheint für die Anwendung in Kennfeldprogrammen für mehrstufige Maschinen im überschaubaren Zeitraum aus Gründen der notwendigen Rechenkapazitäten unwahrscheinlich.

Ziel der Arbeiten ist die Erstellung zuverlässiger Kennfeldrechenverfahren; sie bilden die Voraussetzung für die Konstruktion leistungs-, aufgaben- und kostenoptimaler Maschinen, die nicht wie bisher entweder oft zu aufwendig konstruiert sind oder eine lange, kostspielige Entwicklung benötigen. Die Verfügbarkeit zuverlässiger Kennfeldberechnungsmethoden kann das Risiko fortschrittlicher Neuentwicklungen verringern oder die Schrittweite beabsichtigter Technologiesprünge erheblich erweitern. Um dieses Ziel zu erreichen, ist eine allgemeingültigere Erfassung der Umlenkeigenschaften und Verluste der Gitter über einen großen Betriebsbereich sowie eine treffsichere Beschreibung der Randzonenströmung notwendig.

Lösungsvoraussetzungen

Die Verknüpfung der geschilderten umfangreichen Teilrechenprogramme erfordert die Verfügbarkeit sehr leistungsstarker Rechenanlagen, die heute nur wenigen Instituten zur Verfügung stehen und über den bisher üblichen Ausstattungen der Firmen liegen.

Die Erforschung der Strömung vor allem in mehrstufigen Turbomaschinen, u. a. der Kopplungseffekte in gegenläufigen Verdichter- und Turbinenanlagen, ist durch Sichtung aller verfügbaren Unterlagen zu unterstützen und durch gezielte experimentelle Untersuchungen auf einem Mehrstufen-/Mehrwellenprüfstand zu ergänzen. Da derzeit in Deutschland kein solcher Forschungsprüfstand existiert, ist die Errichtung einer entsprechenden Anlage notwendige Voraussetzung.

Forschungsthemen

- *Entwicklung zuverlässiger Kennfeldberechnungsmethoden für mehrstufige Axialverdichter und hochbelastete Turbinen*

- *Entwicklung zuverlässiger Kennfeldberechnungsmethoden für Radial- und Axial/Radialverdichter*

- *Untersuchungen über die Wechselwirkung zwischen Axialverdichterstufen und Stufengruppen (vgl. Abschnitt 2.2)*

- *Analyse des Leistungs- und Betriebsverhaltens von Turbomaschinen (einschließlich Sonderprobleme bei kleinen Abmessungen, gegenläufigen Rotoren)*

- *Untersuchungen über die Rückwirkung zwischen- und nachgeschalteter Kanäle und Diffusoren auf das Betriebsverhalten von Verdichtern und Turbinen.*

2.6.2 Strömungsinstabilitäten

Strömungsinstabilitäten treten in Turbomaschinen bei allen Verdichtern, ganz selten jedoch bei Turbinen auf. Die Vorausberechnung der Stabilitätsgrenze ein- und vor allem mehrstufiger Verdichter gelingt heute nur sehr unvollkommen, ist aber sowohl für stationäre Verdichteranlagen als auch für Gasturbinenanlagen außerordentlich wichtig.

Stand der Forschung

In Turboverdichtern ist die Aufrechterhaltung stabiler Strömungszustände in weiten Betriebsbereichen wegen der zur Ablösung neigenden Strömung mit Druckanstieg ein generelles Problem. Entsprechend den Dämpfungseigenschaften des Gesamtsystems, d. h. des Verdichters mit seinen einzelnen Stufen und der umgebenden Volumina, zeigt sich die Instabilität entweder in Form rotierender Ablösezellen *(rotating stall)*, die einen Teil des Umfangs bedecken, oder in der Form periodischer Abreißvorgänge mit kurzzeitiger Rückströmung durch den Verdichter, allgemein als *Verdichterpumpen* bekannt (vgl. auch Abschnitt 2.2).

Sowohl die rotierende Abreißströmung als auch das periodische Verdichterpumpen bedeuten eine einschneidende Begrenzung des nutzbaren Betriebsbereiches und zugleich für die meisten Maschinen wegen der großen auftretenden Gaskräfte bzw. der möglichen Resonanzen mit natürlichen Schwingungsformen der Beschaufelung eine erhebliche mechanische Gefährdung.

Rotierende Ablösung tritt in ein- und mehrstufigen Axial- und Radialverdichtern auf und bedeutet die entsprechend der Zellenzahl stufenweise Anpassung des Verdichters an einen stärkeren Drosselgrad als die stationäre Gitterströmung aufrechtzuerhalten vermag. Die rotierende Abreißströmung ist gekennzeichnet durch eine mit zunehmender Drosselung in Umfangs- und Schaufelspannweitenrichtung sich erweiternde ein- oder mehrzellige Ablösezone, in der eine hochgradig instationäre Strömung mit erheblichem statischem Druckanstieg, aber global betrachtet annähernd Null-Durchsatz herrscht. Die Ablösezellen bewegen sich relativ zum betrachteten Gitter mit 50 – 85 % der Umfangsgeschwindigkeit gegen die Maschinendrehrichtung.

Die Strömungsvorgänge innerhalb rotierender Ablösezellen sind nur global, aber nicht im Detail bekannt. Große Unsicherheit besteht bei der Vorausberechnung des Beginns dieser Ablösung. Sie erfolgt für ein- und mehrstufige Verdichter meist mit Hilfe des einfachen Kriteriums der statischen Druckerhöhung als Funktion des Volumenstroms oder dem Erreichen des doppelten Verlustbeiwertes einzelner Schaufelgitter als Folge erhöhten Anstellwinkels. Der Einfluß geometrischer Parameter wie z. B. Gestaltung der Außenwand, spezieller Profilformen und des Schaufelhöhenverhältnisses ist nur der Tendenz, nicht dem Betrag nach bekannt.

Für die Bestimmung der Grenzen der rotierenden Abreißströmung und die Ermittlung der Gesamtsystemstabilität werden unterschiedliche Verfahren eingesetzt, obwohl eine Gesamtsysteminstabilität fast immer durch eine rotierende Abreißströmung ausgelöst wird.

Periodisches Abreißen mit kurzzeitiger Rückströmung *(Verdichterpumpen)* ist die Folge einer Gesamtsysteminstabilität. Die dabei auftretenden Strömungsvorgänge haben vorwiegend eindimensionalen Charakter. Mit neueren Verfahren, die auf der Lösung der instationären Erhaltungssätze für Masse, Impuls und Energie in einem System gekoppelter Volumina basieren und in die integrale Kennlinien der Einzelstufen eingehen, kann die Stabilitätsgrenze auch im Hinblick auf die Wirkung vor-, zwischen- oder nachgeschalteter Kanäle besser ermittelt werden als mit einfachen Kriterien, wie der maximalen Verzögerungsrate auf der Profilsaugseite, der zulässigen Druckanstiegsrate eines dem Schaufelgitter äquivalenten, ebenen oder dreidimensionalen Diffusors oder des Druck-Durchsatzgradienten der Gesamtkennlinie.

Gelegentliches Auftreten von Instabilitäten, vor allem im Zulaufbereich von Turbinen, führen bei der beschleunigten und daher im allgemeinen stabilen Strömung nur zu geringen Störungen, während wirbelartige Störungen bei Druckabsenkung sich jedoch verstärken können. Eine Ausnahme stellt auch die stark pulsierende Zuströmung bei Turbinen für Abgasturbolader von Verbrennungskraftmaschinen dar. Die hierfür existierenden Berechnungsverfahren befriedigen wegen der fehlenden Zeitabhängigkeit noch nicht in jedem Falle.

Problembeschreibung und Zielsetzung

Die Vorausberechnung der rotierenden Ablöseströmung erfordert noch intensive Forschungsarbeit, da die instationären Strömungsphänomene innerhalb rotierender Ablösezellen keineswegs ausreichend bekannt sind. Verfahren zur Vorhersage der Ablösegrenze basieren teilweise auf linearisierten Theorien kleiner Störungen, die mit begrenzter Genauigkeit Hinweise über eine Anfachung der Störungen, d. h. Auslösung der rotierenden Abreißströmung liefern. Die tatsächlich nicht kleinen Störungen in rotierenden Ablösezellen müssen durch nichtlineare mathematische Modelle beschrieben werden, die mit zeitabhängigen Lösungsverfahren Dämpfung oder Anfachung von Störungen verfolgen. Die bisher bekannt gewordenen Modelle beschränken sich auf Einzelrotoren und Einzelstufen; die mathematischen Schwierigkeiten bei der Realisierung der Laufrad-Leitrad-Übergangsbeziehungen sind erheblich, erscheinen aber grundsätzlich lösbar.

Diese neuerdings formulierten nichtlinearen Rechenmodelle zur Beschreibung der rotierenden Abreißströmung vermögen typische Hystereseeffekte, die zwischen Entstehung und Auslöschung der rotierenden Ablösezellen auftreten, richtig wiederzugeben. Trotz dieser Fähigkeiten werden eine Reihe typischer Eigenschaften der rotierenden Abreißströmung noch nicht erfaßt. Eine Erweiterung auf dreidimensionale Strömung in Verbindung mit intensiver experimenteller Forschung verspricht langfristig Aussicht auf eine ausreichende Beschreibung der komplizierten instationären Phänomene.

Der Betriebsbereich, in dem rotierendes Abreißen auftritt, kann durch entsprechende Gestaltung der Gehäusewand – z. B. durch ringförmige Nuten, schräge Schlitze oder Taschen (casing treatment) – erheblich beeinflußt werden (vgl. Abschnitt 2.3.4). Die umfassende theoretische Durchleuchtung dieser Vorgänge steht aus. Intensive experimentelle und theoretische Forschungsarbeit ist notwendig, um tiefere Einblicke in die verwickelten Vorgänge zu gewinnen, die oft zusätzlich durch Vorgänge im Bereich der Randzonenströmung weiter kompliziert werden. Letztere hat ausgeprägt dreidimensionalen Charakter. Die Lösungsvoraussetzungen sind im Bereich der experimentellen Forschung durch eine hochentwickelte instationäre Meßtechnik weitgehend gegeben. Auf theoretischem Gebiet sollte die Formulierung dreidimensionaler zeitabhängiger Strömungsmodelle ein wesentlich tieferes Verständnis ermöglichen.

Die Zielsetzung der Arbeiten besteht darin, eine zuverlässige Vorausberechnung der Abreißgrenze und der Gebiete, in denen rotierende Abreißströmung erwartet werden muß, zu gewährleisten. Entsprechende Methoden erlauben rechtzeitige Eingriffe in die konstruktive und aerodynamische Gestaltung eines Verdichters während der Projektphase. Damit kann einerseits eine optimale Anpassung des Verdichters an das gestellte Betriebsspektrum mit Vermeidung energetisch ungünstiger Betriebsbedingungen wie Zwischenstufenabblasung oder saugseitiger Drosselung erreicht werden und andererseits rechtzeitig Vorsorge gegen schwingungstechnische Gefährdung der Beschaufelung getroffen werden. Erhebliches Interesse kommt der besseren und vor allem allgemeingültigeren Erfassung rein geometrischer Parameter, wie axialer Gitterabstand, Schaufelstreckungsverhältnis, relative Radialspaltweite usw. auf die Strömungsstabilität ein- und mehrstufiger Verdichter zu.

Forschungsthemen

- *Vorausberechnung des Verhaltens der rotierenden Abreißströmung in Axial- und Radialverdichtern*

- *Vorausberechnung der Abreißgrenze von Axial- und Radialverdichtern*

- *Analyse der instationären Strömungsvorgänge in rotierenden Abreißströmungen und kurz vor bzw. während des Verdichterpumpens (vgl. Abschnitt 2.2)*

- *Beeinflussung der Stabilitätsgrenze und der rotierenden Abreißströmung durch Strukturierung der Gehäusewände oder der Rotortrommel (s. Abschnitt 2.3).*

2.6.3 Einbau- und Oberflächeneffekte

Stationäre und nicht ortsgebundene Verdichter und Turbinen werden häufig in räumlich beengten Platzverhältnissen hinter Rohrkrümmern, kurzen Einlaufgehäusen mit starker Strömungsrichtungsänderung, Lufteinlaufkanälen in Flugzeugen, Brennkammern usw. installiert. Die daraus resultierenden Inhomogenitäten der Zulaufströmung in Form von radialen oder zirkularen Druck-, Temperatur- und Winkelstörungen, die stationären oder instationären Charakter haben können, beeinträchtigen im allgemeinen die Leistung der Turbomaschinen hinsichtlich des Schluckvermögens und des Wirkungsgrades, besonders aber die Stabilitätsgrenzen der Verdichter im Sinne einer Einschränkung des stabilen Betriebsbereiches. Außerdem gefährden Inhomogenitäten der Eintrittsströmung die mechanische Integrität der Beschaufelung, falls dadurch Schaufelschwingungen in natürlichen Frequenzen angeregt oder vorzeitig rotierende Ablösung oder periodisches Abreißen initiiert werden.

Unzulässige Oberflächenrauhigkeit, Erosion und Verschmutzung beeinträchtigen die Leistungsfähigkeit der Turbomaschinen in erheblichem Maße.

Stand der Forschung

Die Vorausberechnung der Wirkung einer nichthomogenen Eintrittsströmung in Form von Totaldruck-, Geschwindigkeits- oder Winkelstörungen gelingt mit Hilfe vorhandener zweidimensionaler, kompressibler Theorien nur teilweise; die Möglichkeiten der Theorie beschränken sich meist darauf, die annähernde Deformation der Störung beim Durchgang durch den Verdichter bzw. durch das System gekoppelter Verdichter zu beschreiben. Schlechter gelingt die Bestimmung der Reaktion der Verdichter auf eine bestimmte Störungsform im Hinblick auf die Einschränkung des stabilen Arbeitsbereichs (vgl. auch Abschnitt 2.2).

Die Oberflächengüte einer sauberen Beschaufelung beeinflußt den Reibungswiderstand entsprechend der jeweils vorliegenden Grenzschichtströmung und dem Typ der Rauhigkeitsform nach bekannten Gesetzmäßigkeiten und kann daher recht zuverlässig abgeschätzt werden, wobei die Vielzahl technischer Oberflächenformen volle Allgemeingültigkeit ausschließt.

Die im allgemeinen mit der Betriebszeit auftretende Veränderung der Oberfläche durch Verschmutzung, Korrosion oder Erosion ist abhängig vom Aufstellungsort und den Betriebsbedingungen und führt teilweise zu gravierenden Leistungseinbußen hinsichtlich Durchsatz und Wirkungsgrad. Aufgrund umfangreicher Messungen an Verdichtern und Turbinen mit systematisch variierter Schaufelrauhigkeit kann der Einfluß der dabei auftretenden Rauhigkeit einigermaßen befriedigend abgeschätzt werden; die außerordentliche Vielfalt der auftretenden Rauhigkeitsformen verhindert aber in stärkerem Maße als bei sauberen Oberflächen genauere allgemeingültige Aussagen.

Problembeschreibung und Zielsetzung

Um die Auswirkungen nicht-homogener Eintrittsströmung auf das Betriebsverhalten ein- und mehrstufiger Verdichter einschließlich der Beeinträchtigung der Abreißgrenze ausreichend genau beschreiben zu können, ist es notwendig, nichtlineare mathematische Modelle zu entwickeln, die darüber hinaus auf dreidimensionale Strömungen ausgedehnt werden müssen. Dies bedeutet eine außerordentliche Ausweitung der Komplexität der Rechenverfahren. Die Formulierung der zeitabhängigen Finite-Volumen-Elemente-Verfahren stößt auf große Schwierigkeiten beim Übergang Laufrad/Leitrad. Zur Lösung sind intensive Anstrengungen auf theoretischem Gebiet notwendig; auf experimentellem Gebiet müssen zuverlässige Messungen durchgeführt werden, die die radialen und zirkularen Mischvorgänge erfassen, um die theoretischen Modelle daran prüfen zu können.

Die Auswirkungen technischer Oberflächenrauhigkeiten können von modernen Grenzschichtberechnungsmethoden zunehmend besser erfaßt werden, solange eine Beziehung zur äquivalenten Sandrauhigkeit hergestellt werden kann. Dagegen ist die Berechnung der Einflüsse durch Erosion und Verschmutzung (Änderung der Profilform) wesentlich schwieriger, da die Vielfalt auftretender Formen nicht übersehbar ist. Heute verfügbare Berechnungsmethoden zur Bestimmung der Geschwindigkeitsverteilung um Schaufelprofile mit angekoppelten Grenzschichtberechnungsverfahren sind geeignet, mindestens Tendenzen bestimmter, häufig auftretender großflächiger Deformationen durch Ablagerung und Erosion zu erkennen.

Angestrebt werden im Rahmen dieses Problemkreises bessere Berechnungsmethoden zur Erfassung der Auswirkungen inhomogener Zuströmung, die es einerseits erlauben, die potentiellen Leistungsverluste durch geeignete Formgebung der Einlaufkanäle zu minimieren bzw. rechtzeitig konstruktive Abhilfemaßnahmen zu ergreifen, und die es andererseits ermöglichen, die aerodynamischen Koppelungseffekte mehrwelliger Systeme durch geeignete Anordnung positiv auszunutzen, die meistgefährdete Komponente richtig zu gestalten oder das System zu entkoppeln. Außerdem können große Schäden als Folge von Schaufelbrüchen vermieden werden.

Die allgemeingültigere Beschreibung der Auswirkung von rauhen technischen Oberflächen sowie durch Erosion, Korrosion und Ablagerungen erheblich deformierter Profile mit Hilfe analytischer Verfahren ist notwendig, um zu erwartende Leistungseinbußen besser abschätzen zu können. Die Entwicklung spezieller Profilformen mit einem verringerten Verlustanstieg bei Deformation der Eintrittskante bzw. geringerer Neigung zur Staubablagerung steht an.

Lösungsvoraussetzungen

Die Beschreibung der Auswirkungen dreidimensionaler nicht-homogener Eintrittsbedingungen auf das Betriebsverhalten von ein- und mehrstufigen Turbomaschinen bedingt große Anstrengungen auf theoretischem und experimentellem Gebiet. Die dazu notwendigen großen Rechenanlagen und weit entwickelten Meßverfahren stehen nur an wenigen Stellen zur Verfügung.

Forschungsthemen

- *Analyse der Auswirkungen einer inhomogenen Zuströmung (Druck-, Temperatur- und Winkelstörungen) auf das Kennfeld ein- und mehrstufiger Axial- und Radialverdichter*
- *Untersuchungen über den Einfluß der Zuströmbedingungen auf Wirkungsgrad und Schluckfähigkeit von Überdruck- und Gleichdruckturbinenstufen*
- *Untersuchungen über die Auswirkungen von Profilveränderungen durch Fertigungstoleranzen auf das Kennfeld ein- und mehrstufiger Axial- und Radialverdichter*
- *Ermittlung des Einflusses der technischen Rauhigkeit, hervorgerufen durch Bearbeitung, Verschmutzung und Erosion, auf die Strömung in Beschaufelungen und Kanälen, u. a. auch bei Ablagerung von Feststoffpartikeln in Gasturbinen mit Wirbelschichtfeuerung (vgl. Abschnitt 2.4).*

2.6.4 Ähnlichkeit

Thermische Turbomaschinen folgen der Reynolds'schen und Mach'schen Ähnlichkeit; der Wärmeübergang wird durch Prandtl- und Nusselt-Zahl charakterisiert. Mit Hilfe der Ähnlichkeitstheorie wird die Übertragung von Ergebnissen aus Modellversuchen auf Großausführungen ermöglicht. Sie dient auch zur Umrechnung der Kennfelder bei geänderten Eintrittsbedingungen wie Eintrittstemperatur und Eintrittsdruck.

Stand der Forschung

Die Umrechnung von Kennlinien auf veränderte Drehzahlen gelingt mindestens im Bereich niedriger und mäßiger Mach-Zahl unter Beachtung der auf die Umfangsgeschwindigkeit bezogenen Axialgeschwindigkeit und der auf die kinetische Energie der Umfangsgeschwindigkeit bezogenen spezifischen Arbeit.

Da in vielen Fällen die Reynolds'sche Ähnlichkeit bei Versuchsmaschinen nicht gewahrt werden kann, müssen empirische Korrekturen für das Kennfeld angegeben werden.

Bei der Verwendung von Fluiden, deren Verhalten erheblich von dem idealer Gase abweicht, können die Ähnlichkeitsbedingungen während der Prüfstandserprobung mit herkömmlichen Gasen, z. B. Luft, nur angenähert und mit steigendem Druckverhältnis immer weniger exakt eingehalten werden (s. Abschnitt 2.4).

Problembeschreibung und Zielsetzung

Die bekannten Ähnlichkeitsparameter gelten streng nur für die geometrisch exakt ähnliche Maschine. Die geometrischen Einflußgrößen wie axialer Gitterabstand, Radialspalt, Schaufelstreckungsverhältnis usw. sind in ihrer strömungsphysikalischen Zuordnung zu einer geeigneten Bezugsgröße meist nur unbefriedigend bekannt, üben aber einen starken Einfluß auf den Wirkungsgrad von Verdichtern und Turbinen sowie die Stabilitätsgrenze von Verdichtern aus. Letzteres wirkt sich in der Zahl der notwendigen Stufen, in verstärktem Maße in der Zahl der Schaufeln und damit auf die Herstell- und die langjährigen Unterhaltungskosten aus.

Die Erarbeitung zuverlässiger Aufwertungsbeziehungen für Reynolds-Zahl bedingte Leistungsunterschiede sind notwendig, um Vergleiche unterschiedlicher Maschinen unter veränderten Ansaugbedingungen durchführen zu können. Dies gilt in verstärktem Maße für Maschinen, die mit Gasen betrieben werden, die ein stark reales Verhalten zeigen.

Die korrekte Berücksichtigung geometrischer Unterschiede der Beschaufelung ist Voraussetzung für alle Vergleiche unterschiedlicher Maschinen.

Forschungsthemen

- *Erarbeitung allgemeingültiger Ähnlichkeitsbeziehungen für geometrische Hauptparameter in Verdichter- und Turbinenbeschaufelungen*

- *Methoden zur genaueren Erfassung der Reynoldszahl-Einflüsse auf das Kennfeld von ein- und mehrstufigen Verdichtern und Erarbeitung allgemeingültiger Aufwertungsformeln*

- *Untersuchungen zur besseren Erfassung des Reynolds- und Machzahl-Einflusses in Turbinen.*

2.6.5 Variable Geometrie, Teilbeaufschlagung

Stand der Forschung

Die Anwendung variabler Geometrie zur Erweiterung des Betriebsbereichs schnelllaufender Verdichter und Turbinen beschränkt sich bisher auf die Verstellung der Leitschaufeln, die erfolgreich in Flug-, Fahrzeug- und Industriegasturbinen sowie in stationären Verdichteranlagen Eingang gefunden hat. Die Verstellung der Laufschaufeln kann aus Festigkeitsgründen im allgemeinen nur bei relativ langsam laufenden Ventilatoren und vereinzelt in speziellen Luftfahrtantrieben (Propeller) Anwendung finden. Eine andere, häufig verwendete Form der variablen Geometrie stellt die Mengenregelung durch Teilbeaufschlagung von Gleichdruckturbinen dar, die vornehmlich als Regelstufen in Dampfturbinen zur Anwendung kommen. Ihr Wirkungsgrad ist funktionsbedingt noch unbefriedigend.

Variable Geometrie in Form verstellbarer Leit- und Laufschaufeln stellt eine besonders wirksame Maßnahme dar, den nutzbaren Betriebsbereich ein- und mehrstufiger Verdichter wesentlich auszudehnen. Dabei ist die Verstellung der Laufräder besonders effektiv, aber aus konstruktiven Gründen nur begrenzt einzusetzen und generell sehr aufwendig. Verstellbare Leitschaufeln erlauben einerseits in stationären Verdichteranlagen eine wesentliche Erweiterung des Durchsatzbereiches bei konstantem Druckverhältnis und andererseits die Verwirklichung sehr großer Druckverhältnisse auf einer Welle mit einem ausreichend weiten stabilen Betriebsbereich, so daß die geforderten kurzen Beschleunigungszeiten von Fluggasturbinen erfüllt werden können. Ein weiterer wesentlicher Grund für die Anwendung der variablen Geometrie liegt in der Möglichkeit, den Wirkungsgrad eines Verdichters über einen weiten Betriebsbereich auf hohem Niveau halten zu können und energetisch ungünstige Betriebsarten wie Zwischenabblasung zu vermeiden.

Trotz unumstrittener Vorteile werden variable Beschaufelungsgeometrien im Turbinenbau wegen der auf die Verstellmechanismen einwirkenden hohen Temperaturen und den daraus folgenden thermischen Dehnungen noch selten benutzt. Jedoch erfordert die optimale Abstimmung der Einzelkomponenten eines mehrwelligen Turbinentriebwerks oder einer mehrteiligen Industrieturbine im Interesse einer weitgehenden Energienutzung langfristig auch die Einführung der variablen Geometrie im Turbinenbereich.

Problembeschreibung und Zielsetzung

Neben der Erforschung des Verhaltens transsonischer Verdichter- und Turbinenstufen und Stufengruppen mit variabler Geometrie, der Optimierung und Minimierung der Zahl der konstruktiv aufwendigen Verstellstufen, der Erarbeitung geeigneter Optimierungsunterlagen hinsichtlich der bestgeeigneten Drallverteilungsgesetze liegt ein Schwerpunkt in der Entwicklung funktionsfähiger Konstruktionen für verstellbare Turbinen. Gleichzeitig ist auch die Erarbeitung anströmwinkelunempfindlicher Verdichter- und Turbinenschaufelgitter weiterzuführen, um vor allem bei Maschinen mit kleinem Nabenverhältnis große lokale Verluste bei extremen Verstellwinkeln vermeiden zu können.

Die aerodynamische Güte teilbeaufschlagter Turbinenstufen ist aufgrund der besonderen Strömungsverhältnisse noch verbesserungsfähig. Eine detaillierte Erforschung der Verlustquellen ist für eine Verbesserung dieser für die Regelung großer Anlagen wichtigen Stufen Voraussetzung.

Ein wesentliches Entwicklungsziel ist die Verringerung der Zahl der variablen Gitter mit kleinstmöglichen Leistungseinbußen durch eine optimale Aufteilung der spezifischen Stufenarbeiten und die Wahl bestgeeigneter radialer Drallverteilungen. Weitere Verbesserungen sind durch Verringerung der Leck- und Spaltverluste durch geeignete konstruktive Lösungen möglich. Letzteres gilt besonders in Turbinen, wo als Folge der großen Temperaturdehnungen eine exakte Spalthaltung auf Schwierigkeiten stößt. Die Verbesserung teilbeaufschlagter Regelstufen in Dampfturbinenanlagen ist für die Steigerung der Effektivität großer Anlagen für die Stromerzeugung wichtig.

Lösungsvoraussetzungen

Der Entwurf kosten- und leistungsoptimierter Turbomaschinen mit variabler Geometrie hängt in besonderem Maße von der Qualität und Zuverlässigkeit der verfügbaren Kennfeldberechnungsverfahren, einschließlich der Bestimmung der Stabilitätsgrenze ab. Die Erarbeitung leistungsfähiger Kennfeldrechenmethoden auf der Basis von Meridianströmungsrechenverfahren, aus denen radiale Strömungsverteilungen hervorgehen, ist deshalb unbedingt notwendig (vgl. Abschnitt 2.6.1).

Die erfolgreiche Anwendung variabler Geometrie ist zu einem großen Teil ein konstruktives Problem. Die Entwicklung geeigneter konstruktiver Lösungen für variable Turbinenleitgitter mit Luftkühlung ist notwendig, um die Effektivität von Gasturbinenanlagen und Flugtriebwerken zu verbessern.

Forschungsthemen

- *Untersuchungen über den Einfluß der variablen Geometrie auf das Leistungs- und Betriebsverhalten ein- und mehrstufiger Axial-, Axial/Radial- und Radialverdichter sowie ein- und mehrstufiger Axial- und Radialturbinen*
- *Erforschung der Verlustquellen in teilbeaufschlagten Turbinenstufen*
- *Untersuchung des Übergangs von Regelstufen (teilbeaufschlagt) auf nachfolgende Beschaufelungen (vollbeaufschlagt).*

2.6.6 Schallausbreitung und -dämpfung

Stand der Forschung

Der Turbomaschinenlärm breitet sich auf seinem Weg nach außen durch Strömungskanäle mit veränderlichem Querschnitt, durch Rohrkrümmer, Schalldämpfer und schließlich durch Ansaug- oder Abblaseöffnungen aus. Der Schall wird hierbei an Kanalquerschnittsänderungen und Krümmern, am Schalldämpfereintritt sowie an den Ansaug- und Abblaseöffnungen reflektiert und im Schalldämpfer absorbiert. Bei der Bestimmung der von den Ansaug- oder Abblaseöffnungen emittierten

Schalleistung wird im allgemeinen angenommen, daß sich die Schallquelle und die einzelnen Strömungselemente sowie die Strömungselemente untereinander nicht beeinflussen. In diesem Fall erhält man den Leistungspegel der Schallemission durch Subtraktion der sogenannten Schalldämpfungsmaße der Strömungselemente vom Leistungspegel der Schallquelle. Die Schalldämpfungsmaße lassen sich hierbei mit analytischen und empirischen Rechenverfahren ermitteln.

Problembeschreibung und Zielsetzung

Grundlegend für die Durchführung von Schalldämpfungsmaßnahmen an Turbomaschinen sind Kenntnisse über die Ausbreitungseigenschaften des Turbomaschinenschalls sowohl innerhalb als auch außerhalb der Turbomaschine.

Die Schallausbreitung innerhalb der Turbomaschine, d. h. der Schalldurchgang durch Turbomaschinenstufen und die damit verbundenen Wechselwirkungen ist für die Schallabstrahlung der Strahltriebwerke ebenso von Bedeutung wie für die ortsfesten Turbomaschinen.

Die Lärmabstrahlung von ortsfesten Anlagen wird durch die Schallausbreitung in angeschlossenen Rohrleitungen entscheidend beeinflußt; denn der durch die Rohrleitung transportierte Schall kann durch die Rohrwandung und durch die Rohrleitungsöffnungen nach außen gelangen. Die Schallausbreitung in Rohrleitungen erfolgt in Form einer Vielzahl von spiralförmig verlaufenden Wellen (Moden), die unterschiedliche Ausbreitungseigenschaften aufweisen. Zur Erfassung der Schallausbreitungseigenschaften ist es deshalb erforderlich, das Schallfeld in seine modalen Anteile zu zerlegen und die Ausbreitung einzelner Moden zu beschreiben.

Für die modale Ausbreitung des Schalles sowohl durch Turbomaschinenstufen wie auch durch Rohrleitungen gibt es theoretische Modelle, die mit vereinfachenden Annahmen verbunden sind und deshalb durch Experimente verifiziert werden müssen. Darüber hinaus sind Maßnahmen erforderlich, um die Schallausbreitung und die Schallabstrahlung zu verhindern, bzw. zu reduzieren, wobei die Fragen nach Schallausbreitung durch Turbomaschinenstufen, die dabei auftretenden Wechselwirkungen zwischen Schall und Strömung und die Schallabstrahlung von den Rohrleitungswandungen und -öffnungen wesentlich sind.

Es sind experimentell abgesicherte Grundlagen zu erarbeiten, um die Zusammenhänge zwischen der Schallausbreitung und den entscheidenden Einflußgrößen quantitativ zu beschreiben.

Ziel dieser Arbeiten ist es, wirksame Maßnahmen zur Bekämpfung des Turbomaschinenlärms im Hinblick auf

Reduzierung der Schallabstrahlung durch die Turbomaschine,

Herabsetzung der Schallabstrahlung durch Rohrleitungswandungen,

Optimierung der Rohrleitungsschalldämpfer unter Berücksichtigung der für den Turbomaschinenschall typischen Merkmale und

Entwicklung von neuartigen Schalldämpfern

anzugeben.

Forschungsthemen

- *Untersuchungen über die modale Ausbreitung des Schalles in durchströmten Rohrleitungen*
- *Ermittlung des Einflusses von Rohrleitungsdiskontinuitäten auf die Schallausbreitung*
- *Analyse der Schallabstrahlung durch Rohrleitungswandungen und Rohrleitungsöffnungen*
- *Untersuchungen über die Schallausbreitung durch Turbomaschinenstufen*
- *Entwicklung von Maßnahmen zur Dämpfung von Drehklang und Strömungsrauschen.*

3. Strömung und Verbrennung in Brennkammern

Einleitung

Aufgabe der Brennkammer ist es, die Temperatur des Arbeitsmediums durch Verbrennung eines Brennstoffs auf die gewünschte Turbineneintrittstemperatur anzuheben. Die dabei zu erfüllenden Anforderungen verursachen bei der Realisierung mehr oder weniger Schwierigkeiten. Der Trend der künftigen Entwicklung ist dabei durch folgende Probleme gekennzeichnet:

Der Zwang zu bestmöglicher Energieausnutzung führt sowohl auf steigende Drücke in der Brennkammer als auch auf steigende Temperaturen am Brennkammeraustritt. Dadurch erhöht sich die auf die Brennkammerwand eingestrahlte Wärmemenge, und die verfügbare Kühl- und Mischluftmenge geht zurück. Dies zwingt wiederum zu einer Verminderung der zu kühlenden Brennkammerfläche und führt auf kleinere Brennkammervolumina.

Bedingt durch die Entwicklung der Drücke und Temperaturen stellen die Heißteile einen zunehmenden Anteil an den Gesamtkosten einer Gasturbine dar. Um diese in Grenzen zu halten, muß größtmögliche Flammrohrlebensdauer gefordert werden, nicht zuletzt um Folgeschäden an der Turbine zu vermeiden.

Vielerorts sind strenge Vorschriften zur Reduzierung der Umweltbelastung durch Schadstoffe (oder auch Lärm) erlassen oder in Vorbereitung, ohne deren Erfüllung Gasturbinen künftig kaum noch absatzfähig sein dürften.

Die wirtschaftliche Ausnutzung aller verfügbaren Energieträger erfordert die Verbrennung einer sehr breiten Palette von Brennstoffen mit zum Teil sehr ungünstigen Eigenschaften. Erschwerend kommt hinzu, daß künftige Brennkammern in weitem Bereich viellstoffähig sein müssen.

Die bisher benutzten Ausführungsformen der Brennkammern sind teils von der Beschränkung der verfügbaren Baulänge bzw. des Bauvolumens bei Flugtriebwerken geprägt, teils wurden sie auch vom Bau atmosphärisch betriebener Kesselfeuerungen abgeleitet. Ihr Entwicklungspotential reicht nicht mehr aus, alle neu hinzugekommenen Energie-, Schadstoff- bzw. Brennstoff-Forderungen zu erfüllen. Neue Konzepte sind notwendig, für die auch neue Kenntnisse über Detailvorgänge in Brennkammern bereitgestellt werden müssen. Dies hat, insbesondere im Ausland, zu einer Wiederbelebung der Brennkammerforschung geführt. Neben zahlreichen Arbeiten zur besseren Klärung der physikalischen Vorgänge wurden auch schon neue Konzepte für künftige schadstoffarme Brennkammern sowie neue Möglichkeiten der Gemischaufbereitung oder der Flammrohrkühlung untersucht. Insbesondere seien hier das auf die Verminderung der Schadstoff-Emission ausgerichtete amerikanische Pollution Reduction Technology Program (PRTP) und das auf

Flugtriebwerke zielende NASA-Experimental Clean Combustor Program (ECCP) genannt, wobei in letzteres auch schon andere Brennstoffe als Flugkerosin einbezogen sind. Trotz des dadurch verbesserten Kenntnisstands sind doch viele für die Brennkammerentwicklung wesentliche Probleme immer noch ungeklärt. In der Bundesrepublik sind ähnliche Ansätze zur Intensivierung der Verbrennungsforschung auf Grund der verfügbaren geringen Forschungskapazität noch in den Anfängen. Deshalb besteht hier ein erheblicher Nachholbedarf.

Die Brennkammer ist heute diejenige Gasturbinenkomponente, deren Entwicklung sich am wenigsten auf treffsichere Vorausberechnungsmöglichkeiten abstützt. Empirisches Vorgehen und versuchsmäßige Erprobung stehen nach wie vor im Vordergrund. Deshalb ist Brennkammerentwicklung auch heute noch zum großen Teil eine „Kunst", wobei die Erfahrungen des Entwicklungsingenieurs und die Verfügbarkeit von Ergebnissen vorausgegangener Baureihen noch immer die dominierende Rolle spielen. Diese Vorgehensweise reicht für die Entwicklung von Brennkammern auf der Basis neuer Konzepte, ohne die die Anforderungen hinsichtlich Schadstoffe oder alternativer Brennstoffe nicht erfüllt werden können, nicht mehr aus. Sie würde zu einem starken Anstieg von Entwicklungszeiten und -kosten führen, ohne daß man das Ergebnis im voraus abschätzen kann. Dies kann schon aus Gründen der Wettbewerbsfähigkeit nicht zugelassen werden. Deshalb muß der Prozeß der Brennkammer-Entwicklung selbst verbessert werden. Ohne die Erfahrung des Entwicklungsingenieurs und ohne Versuche wird man auch künftig nicht auskommen. Sie müssen aber möglichst rasch durch neue und treffsichere Auslegungs- und Berechnungsverfahren ergänzt werden, die die Beurteilung von Entwürfen und ihres zu erwartenden Betriebsverhaltens erlauben, noch ehe eine kostspielige Brennkammer-Entwicklung begonnen wird. Die Praxis muß sich damit anfreunden, daß dabei auch kompliziertere Rechenverfahren eingesetzt werden müssen.

Der skizzierte Trend auf dem Brennkammergebiet stellt eine Herausforderung dar, der man sich nicht entziehen kann, wenn man die Marktposition halten will. Die Lösung der Probleme erfordert die Inangriffnahme eines Forschungsprogramms, das die drei Problemkreise

Analyse der Vorgänge in Flammen und Brennkammern,

Verbesserung von Methoden für die Auslegung und Nachrechnung von Brennkammern,

Entwicklung und Erprobung von Brennkammerelementen und neuen Brennkammerkonzepten,

umfaßt und im folgenden näher beschrieben wird. Dabei sind entsprechend der Gliederung des Orientierungsrahmens Fragen der Flammrohrkühlung und der Werkstoffe in den betreffenden Abschnitten 4 und 6 behandelt.

Der wirtschaftliche Nutzen einer verstärkten Brennkammerforschung liegt auf der Hand. Gasturbinen, die zu hohen Brennstoffverbrauch haben oder die nicht in der Lage sind, erlassene Schadstoffvorschriften zu erfüllen, werden keine Abnehmer mehr finden. Alle Bemühungen zur entsprechenden Reduktion der Schadstoffe tragen aber auch gleichzeitig zur Verminderung der Umweltbelastung bei. Die aus der Verbrennungsforschung zu erwartenden, verbesserten Kenntnisse werden es ermöglichen, eine Vielzahl neuer Energieträger, auch solche mit geringem Heizwert, in Gasturbinen oder im Verbund mit Dampfturbinen noch rationell auszunutzen. Damit tragen sie unmittelbar zur Entschärfung der Energiesituation bei. Mit einer besseren Beherrschung des Lärmproblems können betriebliche Einschränkungen oder Auflagen und damit zusätzliche Kosten vermindert oder vermieden und die Umwelt von unerwünschten Einflüssen entlastet werden.

Wesentlicher Nutzen läßt sich aber auch für die Entwicklung von Brennkammern selbst erwarten. Vertiefte Einblicke in die Physik der komplizierten Vorgänge und ihrer Wechselwirkungen werden den Entwicklungsingenieur in die Lage versetzen, seine Maßnahmen im Entwicklungsgang einer Brennkammer mit größerer Erfolgswahrscheinlichkeit anzusetzen. Verläßliche Rechenmethoden werden es ermöglichen, Parameterstudien zur Optimierung von Konfigurationen noch in der Konzeptphase durchzuführen, so daß die praktische Entwicklung einer Brennkammer zielsicherer angesetzt und durchgeführt werden kann. Dadurch werden der zeitliche Aufwand für eine Brennkammerentwicklung und die erforderlichen Kosten sinken. Auch wird sich damit das Risiko bei der Anwendung neuer Konzepte vermindern. Dies wird zur Erhaltung bzw. Verbesserung der Marktposition im wirtschaftlichen Wettbewerb beitragen, aber auch dort, wo dies geboten ist, die Fähigkeit zur Kooperation mit anderen Firmen stärken.

3.1 Analyse der grundlegenden Vorgänge in Flammen und Brennkammern

3.1.1 Strömung und Verbrennung

Stand der Forschung

Ausgelöst durch Schadstoffvorschriften und Energieprobleme, wurden im vergangenen Jahrzehnt verstärkt Forschungsarbeiten auf dem Verbrennungsgebiet in Angriff genommen. Trotz verbesserten Kenntnisstands sind noch viele Fragen offen, so daß z. B. auch weiterhin Brennkammerdimensionierungen auf empirischen Korrelationen aufbauen. Exakte Aussagen fehlen über das komplexe Zusammenwirken der Teilvorgänge untereinander und darüber hinaus, inwieweit einzelne Vorgänge maßgebend für den Gesamtprozeß sind. So kann z. B. in einer turbulenten Diffusionsflamme der Verdampfungsprozeß nicht separat behandelt werden, da er von der Wärmefreisetzung in der Umgebung, dem turbulenten Massentransport zum Tröpfchen sowie vom Weg des Tröpfchens durch das Strömungsfeld stark beeinflußt wird. Weiterhin ist zur Zeit nicht geklärt, inwieweit Ergebnisse, die an einfachen, atmosphärischen, laminaren oder turbulenten Diffusions- und Vormischflammen gewonnen werden, auf die Verbrennungsprozesse in zum Teil hochbelasteten Brennkammern übertragbar sind.

Ein großer Unterschied besteht in der Auslegungsphilosophie von Brennkammern für Turbomaschinen verschiedener Anwendungsbereiche. So sind z. B. bei Fluggasturbinen Gewicht und Bauvolumen entscheidende Faktoren. Da die Brennkammer in der Fluggasturbine zwischen Verdichter und Turbine integriert ist, führen bereits geringfügige Verlängerungen der Brennkammer zu unerwünschten Gewichtssteigerungen der Gasturbine. Kürzere Brennkammern müssen aber über höheren Druckverlust und damit ungünstigeren Brennstoffverbrauch erkauft werden. Bei stationären Gasturbinen spielen oftmals Beschränkungen hinsichtlich der Abmessungen, insbesondere der Länge der Brennkammer, eine untergeordnete Rolle. In diesen Fällen kann man den Druckverlust relativ klein halten.

Hieraus ergeben sich grundsätzlich verschiedene Strömungs- und Verbrennungsprozesse, wobei diejenigen in den großen Brennkammern Ähnlichkeiten zu den Kesselfeuerungen aufweisen. Erkenntnisse, die an kleinen hochbelasteten Brennkammern gewonnen wurden, können sich durchaus als falsch bzw. nicht anwendbar für große Brennkammern mit niedrigen Druckverlusten erweisen. Dies zeigt, daß viele Erscheinungen bei der Verbrennung nur phänomenologisch bekannt, die physikalischen Ursachen aber noch nicht erforscht sind.

Problembeschreibung und Zielsetzung

Bei einem Verbrennungsprozeß handelt es sich um ein äußerst kompliziertes Zusammenwirken von strömungsmechanischen, thermodynamischen und reaktionskinetischen Vorgängen, das der Erforschung nur mit sehr großem Aufwand zugänglich ist. Voraussetzung für Berechnungsverfahren, die auf Idealisierungen, d. h. auf Modellen, basieren, ist die Kenntnis der erwähnten Wechselwirkungen. Hierbei wird es notwendig sein, aufgrund der Komplexität nur die dominierenden Vorgänge zu betrachten. Diese dominierenden Vorgänge sind jedoch nicht für alle Verbrennungstypen gleich.

Daraus ergibt sich ein wichtiger Forschungsschwerpunkt, der sich mit der Analyse der dominierenden Vorgänge für die verschiedenen Verbrennungsarten von einfachen laminaren Flammen bis zu hochbelasteten Brennkammern beschäftigt, wobei die Gültigkeitsgrenzen von Aussagen deutlich abgesteckt werden müssen. Solche Untersuchungen sollen insbesondere das Zusammenwirken zwischen den turbulenten Transportprozessen und den Wärmefreisetzungsreaktionen sowie den Schadstoffbildungsreaktionen klären. Hierfür sind fortschrittliche berührungslose Meßverfahren angebracht. Erst mit dieser exakten Kenntis können Flammrohrauslegungskriterien zur Schadstoffreduzierung und zur Temperaturfeldbeeinflussung erarbeitet werden.

Brennkammerschwingungen sowie Instabilitäten bei der Verbrennung spielen in der Praxis eine wichtige Rolle; sie haben ihre Ursachen in der Koppelung zwischen der Strömung und der Wärmefreisetzung, wobei die Wärmefreisetzung wiederum von der Brennstoffinjektion abhängig ist. Anfachungsmechanismen sollten deshalb rechnerisch und experimentell untersucht werden, um Dämpfungsmaßnahmen ableiten zu können. Auch die Lärmreduzierung muß weiter erforscht werden. Sie ist eng mit den Erscheinungen der Schwingungsvorgänge verknüpft. Besonderes Gewicht muß bei der Dämpfung tiefer Frequenzen liegen, wie sie bei großen Verbrennungsanlagen auftreten und wo oft größere Schwierigkeiten bei der Lärmbekämpfung bestehen. Eine Brennkammerentwicklung, bei der die Lärmentstehung im ganzen Betriebsbereich durch kontrollierte Strömungs- und Verbrennungsführung weitgehend unterbunden und der Rest nach außen abgeschirmt wird, ist für den gesamten Anwendungsbereich besonders wichtig.

Einen weiteren Untersuchungsschwerpunkt bei der Verbrennungsanalyse bildet die Brennstoffaufbereitung bzw. -führung. Hierbei muß zwischen der bekannten Vorverdampfung und Vormischung zur NO_X-Reduzierung (Vormischflamme) und der direkten Injektion des Brennstoffes in den Brennraum (Diffusionsflamme) unterschieden werden. Bei der Diffusionsverbrennung sollte der Einfluß der Zerstäubungsgüte sowie die Anpassung der Brennstoffinjektion an das Strömungsfeld ermittelt werden, wobei die Rückwirkung auf die Schadstoffemission und die Ausbildung des Temperaturfeldes von Interesse sind.

Grundlegende Untersuchungen sind im Hinblick auf die neuen Brennkammerkonzepte bei der von der Hauptreaktionszone abgetrennten Gemischbildung notwendig. Verdampfungsgradbestimmungen als Funktion der Zuströmbedingungen und der Tröpfchencharakteristiken sind Voraussetzungen für die Auslegung von Vormisch-Vorverdampfungsstrecken. Aber auch der Einfluß des Grades der Verdampfung und des Grades der Homogenität der Vormischung auf die resultierenden Verbrennungseigenschaften (Schadstoffemission, Stabilität, Zündung) müssen erforscht werden. Wegen der stets vorhandenen Wechselwirkungen sollten die Verdampfungsvorgänge vor allem am Tropfenkollektiv erforscht werden, und zwar unter realistischen Bedingungen hinsichtlich Strömungszuständen, Druck und Temperatur.

Ziel der vorgeschlagenen Aktivitäten zu diesem Problemkreis ist es, einen vertieften Einblick in die komplexen Zusammenhänge eines Verbrennungsprozesses zu gewinnen, der für laufende Verbesserungen an Brennkammern bzw. Brennern und ihre Neuentwicklung notwendig ist, um in Zukunft zielsicherer verfahren zu können. Wichtig ist hierbei eine gründliche Erforschung der Ursachen. Wesentlich sind diese Untersuchungen auch für die Entwicklung von Rechenmodellen für Verbrennungsprozesse. Sie sollen Aufschluß darüber geben, welche Vereinfachungen zulässig sind. Sie können auch diejenigen empirischen Daten liefern, auf die sich viele Rechenverfahren stützen müssen (Transportkoeffizienten, Geschwindigkeitskonstanten der Reaktionskinetik etc.).

Lösungsvoraussetzungen

Moderne berührungslose Meßtechniken zur Konzentrationsmessung bieten die Möglichkeit, die Einzelvorgänge bei der Verbrennung besser analysieren zu können. Hierbei sei auf die vielversprechenden Möglichkeiten des CARS-Systems (Coherent Anti-Stokes Raman Spectroscopy) hingewiesen. Prüfstände für hohe Druck- und Temperaturbedingungen sind notwendig, da viele Vorgänge sehr stark druckabhängig sind. Hierbei können sogar Einzelvorgänge unter hohem Druck dominierend sein, die unter atmosphärischen Bedingungen vernachlässigbar sind. Untersuchungen zur Brennstoffaufbereitung können mit dem Laser-Streulicht- und dem Laser-Zweifocus-Verfahren durchgeführt werden, die zur Zeit an mehreren Forschungsstellen zum Einsatz gelangen.

Forschungsthemen

- *Grundlagenuntersuchungen an für Brennkammern wichtigen Flammentypen im Hinblick auf die dominierenden Vorgänge und ihre Wechselwirkungen sowie den Einfluß wesentlicher Parameter (Strahlflammen, Drallflammen, Verbrennungszonen mit extremer Rückvermischung, Diffusions- und Vormischverbrennung)*

- *Untersuchungen über die für praktisch wichtige Flammentypen erforderlichen Reaktionsvolumina in Abhängigkeit von den Zuströmbedingungen und des Druckverlustes*

- *Untersuchungen über instabile Verbrennungsvorgänge und über Schwingungen in Brennkammern und angeschlossenen Systemen; Analyse der Ursachen und Möglichkeiten zur Beeinflussung*

- *Untersuchungen über die Brennstoffaufbereitung (Zerstäubung, Verdampfung und Gemischbildung) bei technisch wichtigen Brennstoffen sowohl im Hinblick auf grundlegende Kenntnisse als auch hinsichtlich der Anwendung in praktisch wichtigen Anordnungen*

- *Grundlagenuntersuchungen zur Flammenstabilität von Vormischflammen in Abhängigkeit von den Brennstoffeigenschaften und zu Möglichkeiten der Stabilitätsverbesserung*

- *Grundlagenuntersuchung zur Zündung von Flammen bei schwerer flüchtigen (höher siedenden) Brennstoffen sowie bei Brennstoffen minderer Qualität*

- *Bereitstellung verläßlicher Meßdaten über die Verbrennung in Brennkammern zwecks Nachprüfung bzw. Entwicklung von Auslegungs- und Nachrechnungsverfahren*

3.1.2 Reaktionskinetik, Brennstoffe

Stand der Forschung

Der Zerfall von Brennstoffen in der ersten Reaktionsphase ist ein äußerst komplexer reaktionskinetischer Vorgang, der bis heute noch wenig übersehen wird. Erste Ansätze existieren mit einem sog. „quasi-globalen" Reaktionsmechanismus für höhere Kohlenwasserstoffe. Die Differentialgleichungen, die sich aus einem Reaktionsmechanismus ergeben, können nur mit aufwendigen numerischen Verfahren gelöst werden, die jedoch noch nicht weit genug entwickelt sind.

Hinsichtlich der Schadstoffentwicklung wurden in der Vergangenheit Fortschritte vorwiegend bei der Bildung des thermischen NO_X erzielt. Relativ wenig bekannt sind noch die Mechanismen bei der NO_X-Bildung während des Brennstoffzerfalls. Insbesondere gilt dies für die NO_X-Bildung aus Stickstoff, der organisch im Brennstoff gebunden ist.

Die Bildung von Ruß bzw. Rauch ist ebenfalls noch wenig erforscht. Zwar sind auch hierbei Einzeleinflüsse bekannt, jedoch nicht deren kompliziertes Zusammenwirken sowie die Dominanz der einzelnen Vorgänge. Deshalb sind heute zuverlässige Vorhersagen über das Auftreten von Ruß oder Rauch kaum möglich.

Die zunehmende Energieverknappung führte zu den eingangs erwähnten Überlegungen, alternative Brennstoffe für die verschiedenen Gasturbinen einzusetzen. Deren Auswirkungen auf das Betriebsverhalten und die Schadstoffemissionen sind noch wenig erforscht. Sie müssen in die vorgeschlagenen reaktionskinetischen Untersuchungen einbezogen werden.

Problembeschreibung und Zielsetzung

Der Einsatz aufwendiger Rechenverfahren setzt die Ermittlung der notwendigen empirischen Größen der Reaktionskinetik voraus. Reaktionsmechanismen müssen erarbeitet werden, die im Hinblick auf Rechenzeiten optimiert sind. Hierbei bietet sich für den Zerfall des Kohlenwasserstoffes das Konzept eines quasi-globalen Mechanismus an, der im Gegensatz zum bisherigen Stand der Technik brennstoffabhängig sein sollte. Außerdem sind Einflüsse von Mischungsverhältnis, Druck und Temperatur noch zu wenig experimentell untersucht.

Alternative Brennstoffe, vor allem solche aus Ölschiefern oder Teersanden, weisen außergewöhnlich hohe Anteile von im Brennstoff gebundenem Stickstoff auf. Wegen des höheren C/H-Verhältnisses tendieren solche Brennstoffe auch zu höheren Rußemissionen. Dies bedeutet, daß Grundsatzuntersuchungen zur Entwicklung von Rußbildungsmechanismen durchgeführt und Mechanismen der NO_X-Bildung aus brennstoffgebundenem Stickstoff erarbeitet werden müssen. Ruß wird in einer

Brennkammer nicht nur gebildet, sondern auch wiederum abgebaut bzw. verbrannt. Hier sind Untersuchungen über den Rußabbau und seine Grenzen notwendig. Auch sind Experimente über den Abbau des brennstoffgebundenen Stickstoffes in der ersten brennstoffreichen Verbrennungszone einer Zweistufenverbrennung von großem Interesse. Bei den stationären Gasturbinen bedeutet weiterhin die Emission an NO_2 eine erhebliche und teilweise nicht tolerierbare Umweltbelästigung. Die vielfältigen Abhängigkeiten der Stickstoffdioxidbildung und des -abbaus bedürfen einer gründlichen Untersuchung.

Der Zwang zur stärkeren Nutzung von schweren Brennstoffen, wie Rückstandsölen etc. mit ihrer Neigung zum Verkoken während der Aufbereitung des Gemisches, erfordert, daß auch Pyrolyse-Reaktionen in der flüssigen Phase erforscht werden müssen. Auch Fragen des thermischen Zerfalls von Destillationsprodukten müssen bei den heute im Brennstoffsystem von Fluggasturbinen auftretenden Temperaturen mit einbezogen werden, weil dadurch die Betriebssicherheit des Triebwerkes bei Verwendung höhersiedender Brennstoffe beeinträchtigt werden kann.

Bei der Entwicklung neuer Brennkammerkonzeptionen, insbesondere für Vormischbrenner, sind Flammenrückschlag und Selbstzündung kritische Größen. Für den Flammenrückschlag ist die turbulente Flammengeschwindigkeit maßgebend, deren Größe in Abhängigkeit des Brennstoffes und der Betriebsbedingungen (Druck, Temperatur, Mischungsverhältnis und Druckverlust) ermittelt werden muß. Die Selbstzündungseigenschaften von Kohlegasen bzw. anderen alternativen Brennstoffen müssen ebenfalls untersucht werden.

Für die Zukunft kann die Durchführung der Verbrennung mit Katalysatoren sehr interessant werden, weil sich damit ein Weg zu niedriger Schadstoffemission bei gleichzeitig sehr homogener Temperaturverteilung und niedriger Lärmentwicklung eröffnet. Im Ausland gibt es bereits erste Untersuchungen über Katalysatoren in Brennkammern. Ähnliche Arbeiten müssen in Deutschland aufgegriffen werden. Dabei müssen zunächst grundlegende Fragen zum Wirkungsmechanismus, zur Leistungssteigerung und Lebensdauererhöhung von Katalysatoren im Vordergrund stehen.

Für stationäre Gasturbinen stehen eine große Anzahl möglicher Brennstoffe zur Diskussion. Sie reichen von Kohlegasen unterschiedlicher Zusammensetzungen (je nach Vergasungsverfahren) über flüssige Brennstoffe aus Kohle bis hin zu Schwerölen oder Alkoholen. Bei den Flugtriebwerken sind in Zukunft aromatenreichere Brennstoffe zu erwarten. Obwohl das Band der einsetzbaren Brennstoffe schmaler als bei stationären Anlagen sein wird, beeinträchtigen bei Flugtriebwerksbrennkammern wegen der härteren Betriebsbedingungen bereits geringere Änderungen der Brennstoffeigenschaften die Funktion und Lebensdauer erheblich.

Die unterschiedlichen Brennstoffe werden teilweise starke Veränderungen im Verhalten der Brennkammer zur Folge haben, was in Grundlagenversuchen studiert werden muß. Dabei sollten Fragen der Brennstoffaufbereitung, Vormischung und Selbstzündung sowie der Kohlenmonoxid- und Stickoxidbildung im Vordergrund stehen. Auch wichtige Verbrennungseigenschaften, wie z. B. die laminare und die turbulente Flammengeschwindigkeit, die Zündgrenzen, der Zündverzug, die Neigung zum Flammenrückschlag, einschließlich ihrer Abhängigkeit von den wichtigsten Betriebsparametern, wie Druck, Temperatur und Mischungsverhältnis, müssen ermittelt werden. Für die Benutzung in einfachen Auslegungsverfahren wären auch globale Reaktionsgeschwindigkeiten, wie sie in chemischen Reaktoren mit extremer Rückvermischung*) bestimmt werden können, nützlich. In solche Arbeiten sollten auch grundsätzliche Untersuchungen über die Verbrennung in Arbeitsmedien mit hohem Inertgasanteil einbezogen werden, wie sie für die Nachverbrennung in Flugtriebwerken und in Gas- und Dampfprozessen interessant ist.

Ziel der reaktionskinetischen Forschungsaktivitäten sollte es sein, durch eine Verbesserung der reaktionskinetischen Modelle in Verbindung mit neuentwickelten Strömungsfeldmodellen zu besseren Voraussagen über das Brennverhalten in einer Gasturbinenkammer zu gelangen. Die Untersuchungen mit neuen, für Gasturbinen bisher nicht üblichen Brennstoffen sollen als Unterstützung für die Neuentwicklungen von Verbrennungssystemen dienen. Hieraus wird eine Senkung des Entwicklungsrisikos sowie der Entwicklungskosten erwartet.

Lösungsvoraussetzungen

Eine wesentliche Voraussetzung ist die Neu- bzw. Weiterentwicklung geeigneter Versuchs- und Meßtechniken. Bei den Versuchstechniken ist in erster Linie an Strömungsreaktoren und an die Stoßwellentechnik gedacht. In meßtechnischer Hinsicht werden berührungsfreie optische Meßverfahren benötigt.

Forschungsthemen

- *Untersuchungen über die Kinetik der Reaktionen höherer Kohlenwasserstoffe und technisch wichtiger Brennstoffe mit Luft, insbesondere auch im Hinblick auf den Brennstoffzerfall; Bereitstellung geeigneter Reaktionsschemata und reaktionskinetischer Daten*

---

*) Ein solcher chemischer Reaktor wird im angelsächsischen Schrifttum als „Well-Stirred-Reactor" bezeichnet. Er wurde zuerst von Longwell benutzt. Im Idealfall unendlich schneller Mischung (Perfectly-Stirred-Reactor) hängt das Betriebsverhalten eines chemischen Reaktors bei gegebener Aufenthaltszeit nur von der Reaktionskinetik ab.

- *Untersuchungen über die Kinetik der Rußbildung und der Rußoxidation bei Kohlenwasserstoff-Luft-Verbrennungen unter Brennkammerbedingungen, einschließlich des Studiums von Pyrolysevorgängen in der flüssigen Phase*

- *Untersuchungen über Schadstoffbildung und -abbau bei praktisch wichtigen Flammentypen und unter Brennkammerbedingungen, insbesondere auch hinsichtlich NO_2 und brennstoffgebundenem Stickstoff*

- *Grundlegende Untersuchungen zur Katalyse von Reaktionen technisch wichtiger Brennstoffe mit Luft unter Gasturbinenbedingungen*

- *Untersuchungen an neuen Brennstoffen, wie z. B. Produkten der Kohlevergasung, -hydrierung, hinsichtlich ihres Brennverhaltens (u. a. Flammengeschwindigkeiten, Zündgrenzen, spezielle Reaktionskinetik, Selbstzündung, Emissionsverhalten usw.)*

3.2 Verbesserung von Methoden für die Auslegung und Berechnung von Brennkammern

Für die Entwicklung und Forschung auf dem Brennkammergebiet benötigt man je nach dem Verwendungszweck – Auslegung oder Nachrechnung – Berechnungsmethoden von unterschiedlicher Komplexität. Gemeinsame Grundlage aller Methoden sind geeignete mathematische Modelle, mit denen die Strömungsvorgänge, die Brennstoffaufbereitung und die Verbrennung sowie ihr Zusammenwirken möglichst realistisch beschrieben werden können. Weil diese Vorgänge auch heute noch nur unvollkommen verstanden werden und ihre mathematische Beschreibung sehr schwierig ist, ist das rechnerische Rüstzeug für den Brennkammerentwurf bis jetzt unterentwickelt. Dieser Umstand trägt erheblich zu dem heute beobachteten Anstieg von Aufwand und Risiko bei Brennkammerentwicklungen bei. Gegenüber den umfangreichen Aktivitäten des Auslandes zur Verbesserung der Situation besteht im eigenen Land erheblicher Nachholbedarf auf diesem auch mit „Combustor Modelling" bezeichneten Gebiet.

3.2.1 Auslegung von Brennkammern

Stand der Forschung

Die für die Dimensionierung von Brennkammern und ihren Elementen benutzten Korrelationen beruhen auf stark vereinfachenden Annahmen oder sind aus Statistiken über ausgeführte Brennkammern abgeleitet und mit Hilfe experimenteller Daten kalibriert. Sie erfassen vielfach nur Zusammenhänge zwischen einzelnen Einflußgrößen, ohne Wechselwirkungen mit anderen zu berücksichtigen. Deshalb sind sie zwar einfach anwendbar, aber nur von beschränkter Treffsicherheit und Genauigkeit; auch gelten sie zumeist nur für den Auslegungspunkt. Für manche Zwecke sind Korrelationen, wie z. B. für Zündgrenzen, entweder noch nicht vorhanden oder stehen noch ganz am Anfang. Vereinfachte Beziehungen zur Berechnung der Schadstoffemission sind stark konfigurationsabhängig und damit kaum universell anwendbar. Wenn man den gestiegenen Anforderungen an künftige Entwicklungen gerecht werden will, müssen die Korrelationen so verbessert werden, daß die Auswahl günstiger Konfigurationen und erste Abschätzungen über das Teillastverhalten möglich werden.

Problembeschreibung und Zielsetzung

Die gestiegenen Anforderungen an Brennkammern verlangen, daß schon bei der Auslegung eine im Hinblick auf das Betriebsverhalten günstige Brennkammerkonfiguration ausgewählt werden kann. Deshalb müssen die Korrelationen durch Einbeziehung von Betriebszuständen im Teillastbereich und durch Berücksichtigung von praktisch bedeutsamen Wechselwirkungen mit anderen Einflußgrößen erweitert werden. Sie müssen auf Brennkammerkonzepte mit neuen Primärzonengeometrien anwendbar sein und ein breites Spektrum unterschiedlicher Brennstoffe berücksichtigen können. Dies wird gegebenenfalls auch die Neuentwicklung entsprechender Beziehungen erfordern. Genauigkeit und Treffsicherheit sind zu verbessern. Die Konfigurationsoptimierung und die Abschätzung des Teillastverhaltens verlangt darüber hinaus, die für die Auslegung wichtigen Korrelationen zu einem Entwurfsverfahren zu verbinden, das mit vertretbarem Rechenaufwand auskommt.

Im einzelnen sind folgende Aufgaben hervorzuheben: Die Korrelationen für das Brennkammer- bzw. Primärzonenvolumen, die auf einer angepaßten, pauschalen Beziehung für die Reaktionsgeschwindigkeit aufbauen (z. B. Luftbelastungszahl), müssen im Hinblick auf Ausbrand und Brenngrenzen, insbesondere im Luftmangelbereich, verbessert und zuverlässiger gestaltet werden. Dazu muß die wechselseitige Beeinflussung von Mischung und Verbrennung, insbesondere auch bei den höheren Lastzuständen, besser in der Korrelation berücksichtigt werden. Weiterhin muß ein Verfahren für die Abschätzung von Zündgrenzen entwickelt werden, das Zerstäubungscharakteristiken und Brennstoffeigenschaften berücksichtigen kann.

Die heute verfügbaren, teilweise firmeninternen Korrelationen zwischen Brennkammerlänge, Druckverlust und Temperaturungleichförmigkeit am Brennkammeraustritt, die auf statistischem Wege aus dem Verhalten älterer Brennkammern abgeleitet wurden, sollten auf einer physikalisch sinnvolleren Basis neu- bzw. weiterentwickelt werden, insbesondere unter Benutzung von Ergebnissen aus der turbulenten Strahlauflösung. Dabei ist eine Anpassung an aktuelle Gemischaufbereitungssysteme (z. B. Luftzerstäubung oder Vormischung) und an die Primärzonenabströmung notwendig. Bei der Berechnung der auf das Flammrohr auftreffenden Wärmestrahlung müssen Temperatur- und Gemischverteilung in der Brennkammer besser berücksichtigt werden als das bisher möglich ist, und zwar auch für neue Primärzonenkonzepte (Luftzerstäubung, Stufenverbrennung etc.) und den Teillastbereich. Dabei wird auch eine zuverlässigere Methode zur Erfassung der Rußstrahlung, insbesondere bei den höher siedenden Brennstoffen, benötigt.

Weitere Verbesserungen erscheinen bei der Berechnung der Filmkühlung durch Berücksichtigung des flammrohrseitigen Wärmeübergangs und der Turbulenz in der Heißgasströmung möglich. Für neue Kühlkonzepte (Konvektions- und Prallkühlung) sind entsprechende Korrelationen zu erarbeiten (vgl. Abschnitt 4).

Für die Verbesserung der ingenieurmäßigen Korrelationen müssen auch neue Modellvorstellungen entwickelt und verfolgt werden. Sie sollten auch Schadstoff-, Ruß- oder Zündgrenzvorhersagen ermöglichen. Ferner müßten damit auch treffsichere Regeln für die Übertragung von Prüfstandsergebnissen auf Gasturbinenbedingungen zu erstellen sein.

Ziel der Verbesserung der Auslegungsmethoden muß sein, die bisher stark empirisch geprägte Vorgehensweise systematischer zu gestalten. So sollten Parameterstudien mit Hilfe eines zusammengesetzten Entwurfsverfahrens schon weitgehend optimierte Brennkammerkonfigurationen liefern können, noch ehe eine Hardware-Entwicklung aufgenommen wird. Auch sollten dann Prüfstandsergebnisse zuverlässiger auf Betriebszustände in der Gasturbine bzw. im Triebwerk umzurechnen sein.

Lösungsvoraussetzungen

Experimentelle Ergebnisse aus Brennkammerversuchen müssen in genügender Zahl verfügbar sein, um sowohl den gesamten Betriebsbereich als auch ein breites Spektrum an Konfigurationen abzudecken. Auch wenn sich die Praxis auf zunehmenden Rechenaufwand bei der Brennkammerentwicklung einstellt, sind Einfachheit, Schnelligkeit und möglichst problemlose Handhabung Voraussetzung für den Einsatz von Auslegungsverfahren. Dies muß vom Beginn der Bearbeitung an beachtet werden.

Forschungsthemen

- *Verbesserung bekannter und Entwicklung neuer, treffsicherer Korrelationen für die Auslegung von Brennkammern und Zusammenfassung von Korrelationen für Teilvorgänge zu einem möglichst vollständigen Entwurfsverfahren für Brennkammern, das auch das Teillastverhalten beschreiben kann*

- *Entwicklung und Überprüfung von neuen Modellvorstellungen über die wichtigen Vorgänge in der Brennkammer zwecks Nutzung in Auslegungsverfahren*

- *Weiterentwicklung von Schadstoff-Korrelationen, insbesondere im Hinblick auf künftig wichtige Brennstoffe*

- *Verbesserung der Möglichkeiten zur Umrechnung des Betriebsverhaltens der Brennkammern von Prüfstands- auf Maschinenbedingungen*

3.2.2 Berechnung der Vorgänge in Brennkammern

Stand der Forschung

Die detaillierte Berechnung von Strömungs-, Temperatur- und Konzentrationsfeldern in Brennkammern erfordert naturgemäß wesentlich kompliziertere Berechnungsmethoden. Auch hier gibt es schon verschiedene numerische Verfahren von unterschiedlicher Qualität. Die Schwierigkeit bei diesen, im allgemeinen mehrdimensionalen Verfahren, liegt bei der gleichzeitigen Erfassung von Strömungs- und Reaktionsvorgängen. Solange heute noch nicht absehbar ist, wie Strömungs- und detaillierte reaktionskinetische Rechnungen mit vertretbarem Aufwand miteinander verknüpft werden können, sind gewisse Vereinfachungen nicht zu umgehen. Sie führen entweder auf Strömungsfeldmodelle oder auf Reaktorberechnungen, die zumindest Trendvorhersagen ermöglichen.

Bei den Strömungsfeldmodellen bereitet heute die realistische Berücksichtigung der Wärmefreisetzung durch chemische Reaktion und ihrer Wechselwirkung mit der turbulenten Strömung Schwierigkeiten. Eine verläßliche Anwendung auf praxisnahe Brennkammergeometrien steht noch aus. Immerhin sind erste Schritte in Richtung auf echt dreidimensionale Strömungsfelder mit Rezirkulation und chemischer Reaktion im Gang. Die zweite Gruppe von Rechenverfahren, die auf der Berechnung der Vorgänge in chemischen Reaktoren basiert, bietet die Möglichkeit, detaillierte Reaktionsschemata zu benutzen. Das wesentlichste Problem bei ihrer Anwendung besteht darin, daß notwendige Randbedingungen wie Aufenthaltszeiten oder Gemischverteilung nicht a priori bekannt sind. Auch können die heute verfügbaren reaktionskinetischen Modelle die Phase des Brennstoffzerfalls für die meisten technisch wichtigen und auch künftig interessanten Brennstoffe noch nicht oder nur ungenügend erfassen.

Die Modellierung von Gemischbildungsvorgängen baut noch weitgehend auf den Vorgängen am Einzeltropfen auf; auch wird vielfach die Wechselwirkung mit dem Strömungsfeld stark vereinfacht oder vernachlässigt. Mit dem heutigen Stand können deshalb Tropfenverteilungen, wie sie mit modernen, für die Praxis wichtigen Zerstäuberorganen erzielt werden, kaum oder nur ungenügend erfaßt werden.

Problembeschreibung und Zielsetzung

Für die Berechnung der Strömung, der Gemischaufbereitung und der Verbrennung in Brennkammern werden problemangepaßte Verfahren unterschiedlicher Komplexität benötigt und entwickelt. Fernziel aller Arbeiten ist die Entwicklung eines 3D-Berechnungsverfahrens, das sowohl Rezirkulation als auch lokale Luftzufuhr und -vermischung und die Reaktionskinetik realistisch berücksichtigen kann. Die Erreichung dieses Ziels läßt sich aber heute noch nicht übersehen. Deshalb muß man die bereits verfügbaren oder in Arbeit befindlichen etwas einfacheren Verfahren schrittweise verbessern.

Für die Weiterentwicklung dieser erfolgversprechenden, zeitgemittelten Rechenverfahren auf der Basis der Strömungsfeldmodelle werden insbesondere die Ausdehnung auf dreidimensionale Strömung sowie verbesserte Modelle für die Wärmefreisetzung in Flammen und die Wechselwirkung zwischen Turbulenz und Wärmeproduktion benötigt. Anzustreben wäre die Benutzung vereinfachter Einschritt- oder Zweischritt-Reaktionsmodelle oder später von quasi-globalen Mehrschritt-Modellen. Der damit verbundene höhere Rechenaufwand erfordert sicher auch eine Weiterentwicklung der numerischen Lösungsverfahren einschließlich der Rechennetze, dies auch im Hinblick auf künftige, neue Großrechner. Auch müssen die Rechenverfahren schrittweise in Richtung auf die Berücksichtigung realistischer Brennkammergeometrien erweitert werden. Die Lösung der vorgenannten Aufgaben ist nicht einfach und erfordert Zeit. Deshalb wird man inzwischen die Erarbeitung bzw. Verbesserung von Berechnungsverfahren für Teilvorgänge und für Brennkammerabschnitte (Strömungsfeld ohne Reaktion, Mischzone etc.) weiterführen müssen. Für den Erfolg solcher Teilmodelle ist die Berücksichtigung realistischer Anfangsbedingungen wichtig.

Weiter sind verbesserte Berechnungsverfahren für die Gemischaufbereitung sowohl für den Einbau in Strömungsfeldmodelle als auch zur selbständigen Anwendung zu entwickeln. Die Effekte neuer Injektorsysteme (wie z. B. Luftzerstäubung) hinsichtlich der Tropfenspektren, die Verdampfung von Tropfenkollektiven, wie auch der Einfluß höher siedender Brennstoffe, müssen dabei mit erfaßt werden

Die zweite Gruppe der Rechenverfahren, die umfangreichere reaktionskinetische Rechnungen zulassen, scheint z. Z. an Bedeutung zu verlieren, weil man zur Festlegung der Randbedingungen entweder auf experimentelle Daten der zu berechnenden Brennkammer oder auf Ergebnisse von Strömungsfeldrechnungen zurückgreifen muß. Dennoch sollte man auf die Dauer die Entwicklung solcher Verfahren bei Stellen im Ausland im Auge behalten. Ganz generell ist aber für den Einsatz in reaktionskinetischen Berechnungen die Weiterentwicklung der Reaktionsschemata wichtig, vor allem im Hinblick auf den Brennstoffzerfall, die Rußbildung und die Rußoxidation, insbesondere bei technisch wichtigen Brennstoffen.

Ziel der Aktivitäten zu diesem Problemkreis ist es, Vorgänge in Brennkammern überhaupt oder wo dies schon möglich ist, treffsicherer und genauer berechnen zu können. Die komplexeren Nachrechnungsverfahren sollen im Anschluß an die Auslegung einer Brennkammer angewendet werden, um die Vorgänge in einer voroptimierten Konfiguration genauer zu berechnen. Auch können damit das Verhalten neuer Konzepte oder die Auswirkungen von während einer Entwicklung anstehenden Maßnahmen besser abgeschätzt werden. So wird man z. B. mit Strömungsfeldmodellen parametrische Studien über die Ausbildung des Strömungsfeldes in Brennkammern schneller und billiger durchführen können als mit den heute üblichen Plexiglas-Wassermodellen, wenn sie auch diese nicht voll ersetzen können. Sie dienen darüber hinaus der Analyse von Vorgängen in Flammen und Brennkammern und unterstützen damit Forschung und Entwicklung.

Lösungsvoraussetzungen

Für die aufwendigeren Berechnungsverfahren muß auch nach neuen numerischen Lösungsmethoden gesucht werden. Komplizierte 3D-Verfahren werden vermutlich auch größere und schnellere Computer als heute verfügbar erfordern. Die personelle Kapazität zur Bearbeitung der numerischen Verfahren muß gegenüber heute aufgestockt werden, wenn mit dem Ausland Schritt gehalten werden soll. Enger Kontakt mit der Entwicklung des Arbeitsgebietes im Ausland ist unverzichtbar; er muß durch Erfahrungsaustausch und Beteiligung an internationalen Gemeinschaftsaktionen, die absehbar sind, gepflegt werden.

Forschungsthemen

- *Weiterentwicklung der heute bekannten Berechnungsverfahren für Strömungsfelder mit Wärmezufuhr, insbesondere für die Behandlung echt dreidimensionaler Vorgänge sowie in Richtung auf realistische Brennkammergeometrien*

- *Entwicklung schneller Lösungsalgorithmen für 3D-Nachrechnungsverfahren, zugeschnitten auf die Möglichkeiten absehbarer Großrechnerentwicklungen*

- *Schaffung geeigneter Reaktionsschemata für die Verbrennung höherer Kohlenwasserstoffe mit Luft zur Nutzung in Strömungsfeldmodellen und in Reaktornetzwerken*

- *Entwicklung geeigneter Rechenverfahren für Teilvorgänge in Brennkammern, wie Gemischbildung, Luftzumischung etc.*

3.3 Entwicklung und Optimierung von Brennkammerelementen und neuen Brennkammerkonzepten

3.3.1 Entwicklung und Optimierung von Brennkammerelementen

Stand der Forschung

Brennkammern von Gasturbinen werden üblicherweise in einige mehr oder weniger gut abgrenzbare Elemente unterteilt. Man unterscheidet

das Luftzufuhrsystem (Diffusor, teilweise auch der Drallapparat),

das Brennstoffzufuhrsystem (meist nur das Einspritzsystem),

die Verbrennungszone (Primärzone),

die Misch- bzw. Übergangszone,

das Kühlsystem (vgl. Kapitel 4).

In der Praxis hat sich eine Vielfalt der Formen dieser Elemente entwickelt, was vom Aufwand her eine systematische grundlegende Erforschung ihres Verhaltens erschwert. Man hat sich deshalb zumeist auf stark vereinfachte Modelle der isolierten Elemente beschränkt; die erhaltenen Ergebnisse sind jedoch wegen der in der Praxis stets vorhandenen Wechselwirkungen mit Nachbarelementen für die Brennkammerentwicklung nur beschränkt verwendbar.

Beim Luftzufuhrsystem ist das Zusammenwirken mit den anschließenden Volumina der Brennkammer schlecht erforscht, obwohl gerade hier viele Brennkammerprobleme entstehen. Auch der Einfluß von Einbauten, Luftentnahmen etc. ist wenig bekannt; für neue Luftzufuhrelemente, bei denen z. T. ungewöhnliche Anordnungen nötig waren, liegen kaum Kenntnisse vor.

Besonders wichtig für das Brennstoffzufuhrsystem ist die Einspritzvorrichtung. Hier hat neben dem klassischen Druckzerstäuber in Simplex- oder Duplex-Ausführung der Luftzerstäuber an Bedeutung gewonnen; andere Formen wie Verdampferrohre oder rotierende Zerstäuber haben in Spezialfällen, zumeist beim Flugtriebwerk, Anwendung gefunden. Der Kenntnisstand über die Zerstäubungscharakteristik dieser Elemente ist sehr unterschiedlich und teils nicht ausreichend. Wenig bekannt ist über das Zusammenwirken von Zerstäuber und Verbrennungszone, d. h. über Gemischbildung und -verteilung in realistischen Anordnungen. Auslegungsunterlagen für neue Brennstoffzufuhrsysteme, wie sie z. B. für schadstoffarme Brennkammern erforderlich werden, sind praktisch nicht vorhanden.

Verbrennungszonen sind bisher hauptsächlich an vereinfachten Anordnungen studiert worden, wie z. B. am Reaktor mit extremer Rückvermischung oder an Strahl-

oder Drall-Diffusionsflammen. Die dort gesammelten Kenntnisse sind nur bedingt auf Brennkammerprimärzonen anwendbar. Insbesondere fehlen gesicherte Aussagen über die bei unterschiedlichen Betriebsbedingungen jeweils dominierenden Vorgänge. Die vor allem für die Schadstoffentwicklung wichtigen Wechselwirkungen zwischen Einspritzsystem, Drallapparat und Verbrennungszone sowie die Auswirkungen unterschiedlicher Flammrohr-Lochkonfigurationen auf die Verbrennungszone sind nicht genügend bekannt.

Für die Luftzumischung stromab von der Verbrennungszone wurden neuerdings Rechenverfahren erarbeitet. Sie schließen aber nicht die für die Temperaturverteilung am Turbineneintritt wichtige Primärzonenabströmung ein. Auch fehlen Kenntnisse über die Beeinflussung der Luftzumischung durch die von der nachfolgenden Turbine hervorgerufene Drosselung, insbesondere im Hinblick auf instationäre Effekte.

Steigende Brennkammer- und Turbineneintrittstemperaturen sowie steigende Strahlungsbelastungen der Brennkammerwände stellen wachsende Anforderungen an das Kühlsystem der Brennkammer. Der heutige Kenntnisstand auf diesem Gebiet wird in Kapitel 4, Bauteilkühlung, behandelt.

Problembeschreibung und Zielsetzung

Für *Luftzufuhrsysteme* herkömmlicher Bauart müssen bessere Unterlagen über das Zusammenwirken von Verdichter, Diffusor und Flammrohr bzw. Brennraum erstellt werden, die auch den Einfluß von Einbauten, Luftentnahmen etc. berücksichtigen. Besonderes Gewicht kommt dabei den Wechselwirkungen zwischen Diffusor und Flammrohr bzw. Brennraum zu. Praktisch wichtige Konfigurationen, z. B. mit stark unterschiedlichen Verdichter- und Turbinendurchmessern, sind dabei einzubeziehen. Vor allem für Flugtriebwerke werden Diffusoren benötigt, die auch bei höheren Eintrittsmachzahlen guten Druckrückgewinn und geringe Verluste aufweisen. Neue Möglichkeiten zur Senkung des Druckverlustes im Diffusorbereich (z. B. Controlled Vortex-System o. ä.) müssen verfolgt werden. Konzepte für neue Luftzufuhrsysteme, z. B. mit Vorverdampfung/Vormischung, Stufenverbrennung oder variabler Geometrie, müssen erarbeitet und erprobt werden.

Für eine optimale Anpassung des *Brennstoffzufuhrsystems* an die Verbrennung in der Primärzone, insbesondere hinsichtlich der Schadstoffemission, müssen bessere Kenntnisse vom Zusammenwirken zwischen Einspritzelementen und der Strömung in der Primärzone erarbeitet werden. Die Einspritzelemente müssen so weiterentwickelt werden, daß mit ihnen einerseits sehr unteschiedliche Brennstoffe gefördert werden können, und daß andererseits die Zerstäubungscharakteristik gezielt an unterschiedliche Verdampfungseigenschaften flüssiger Brennstoffe angepaßt werden kann (Vielstoffähigkeit). Dimensionierungsunterlagen für die Optimierung des Einspritzsystems und der Primärzonengeometrie (auch in Verbindung mit den unter 3.2 behandelten Berechnungsmethoden) werden benötigt. Brennstoffzufuhrsysteme, die Vorverdampfung und Vormischung sowie Stufenverbrennung ermöglichen, müssen ein homogenes Gemisch auf kurzer Weglänge erzeugen und bei kleinen Brennstoffdurchsätzen, bzw. bei Flugtriebwerken auch für einen weiten Betriebsbereich einsetzbar sein. Hierfür müssen auch vertiefte Kenntnisse über thermische Selbstzündung und Flammenrückschlag bei allen technisch wichtigen Brennstoffen bereitgestellt werden.

Der Verbrennungsablauf in einer *Primärzone* wird stark durch die jeweils angewandte Art der Luftzufuhr zum Flammrohr und der Flammenstabilisierung geprägt. Aus Untersuchungen des Verbrennungsablaufs in Modellprimärzonen unter betriebsnahen Bedingungen müssen verläßlichere und detailliertere Unterlagen über den Einfluß der Hauptparameter gewonnen werden. Hierzu gehören die Auswirkungen von üblichen Flammrohr-Lochkonfigurationen, oder von Drallzahl, Drallwinkel und anderen geometrischen Parametern bei Drallapparaten, auf die Verbrennung in der Primärzone. Die für die jeweiligen Stabilisierungssysteme, einschließlich Pilotflammen, maßgebenden charakteristischen Größen müssen im Hinblick auf Flammenstabilität, Zündvorgänge und Schadstoffemission herausgearbeitet werden. Für die Optimierung der Primärzone müssen die Wechselwirkungen zwischen Einspritzsystem und Primärzone einbezogen werden. Auch die Ruß- und Schadstoffbildungsvorgänge in brennkammerähnlichen Primärzonen müssen untersucht werden, wobei insbesondere höhersiedende und damit stärker zur Rußbildung neigende Brennstoffe verwendet werden müssen.

Eine weitere Aufgabe aus dem Bereich der Verbrennungszone betrifft die Verbesserung von Zündeinrichtungen, insbesondere für weniger flüchtige Brennstoffe oder solche mit geringerem Heizwert. Entsprechende Arbeiten für Flugtriebwerke müssen niedrige Temperaturen und Drücke einbeziehen, wo insbesondere Zündfackeln evtl. mit Sauerstoffzugabe interessant sind.

Ferner interessiert, inwieweit durch eine entsprechende Gestaltung von Brennstoffzufuhr und Primärzone eine im Hinblick auf minimale Mischluftzufuhr günstige Temperaturverteilung am Beginn der Mischzone erzielbar ist. Diese letztgenannte Aufgabe muß die Wechselwirkung mit der *Misch- bzw. Übergangszone* zur Turbine mit einbeziehen. Auch die speziellen Probleme der schnellen Mischung in Stufenbrennkammern müssen geklärt werden. Weiter sind grundlegende Untersuchungen über die Ausbreitung kalter Mischluftstrahlen in heißen Primärzonenabströmungen notwendig, wobei auch Aussagen über die Größe der zu erwartenden statistischen Streuungen der Temperaturverteilungen am Ende der Mischzone wünschenswert sind. Wichtig sind ferner Untersuchungen über instationäre Vorgänge bei der Sekundärluftzumischung, und zwar im Hinblick auf den Brennkammerlärm und Fragen des Wärmeübergangs im nachgeschalteten Leitrad. Dabei muß die von der Turbine hervorgerufene Drosselung der Brennkammerabströmung mit einbezogen werden.

Die Anforderungen hinsichtlich der Weiterentwicklung des Kühlsystems der Brennkammerwände werden im Kapitel 4, Bauteilkühlung, behandelt. Jedoch ist zu beachten, daß die Optimierung der Wandkühlung stark mit der Optimierung der übrigen Elemente, insbesondere der Mischzone, zusammenhängt und daß die

Wechselwirkungen zwischen der Wandkühlung und den Vorgängen im Primärteil des Flammrohrs mit einbezogen werden müssen. Hinsichtlich der Werkstoffe für Brennkammern sei auf das Kapitel 6, Werkstoffe, verwiesen.

Neben der Entwicklung neuer Brennkammerelemente, bzw. von Konzepten dafür, muß es Ziel der vorgenannten Forschungsaufgaben sein, vertiefte Kenntnisse von den Vorgängen in den verschiedenen Brennkammerelementen und ihren Ursachen zu liefern und die Wechselwirkungen zwischen ihnen beherrschen zu lernen. Auf diesem Wege kann man hoffen, das hohe Maß an Empirie, was auch heute noch jeder Brennkammerentwicklung anhaftet, zu vermindern und die experimentelle Entwicklung zielsicherer zu machen. Die Arbeiten müssen quantitative Ergebnisse liefern, die auf die Großausführung übertragbar und für die Verbesserung der Auslegungs- und Berechnungsmethoden verwendbar sind.

Lösungsvoraussetzungen

Die beschriebenen Aufgaben sind im wesentlichen experimenteller Natur. Sie müssen auf Grundlagenuntersuchungen, wie in Abschnitt 3.1 beschrieben, aufbauen oder durch solche ergänzt werden. Sie erfordern realistische brennkammernahe Konfigurationen, damit auch Wechselwirkungen studiert werden können. Die Prüfstände müssen für betriebsnahe Drücke und Temperaturen eingerichtet sein. Nur so kann man hoffen, die Ergebnisse auf Großausführungen übertragen zu können. Bei den Messungen muß weitgehend Gebrauch von optischen und spektroskopischen Verfahren gemacht werden.

Forschungsthemen

- *Verbesserung von Diffusoren im Hinblick auf stabile Austrittsprofile und Weiterentwicklung von Diffusoren, insbesondere im Hinblick auf die Anwendung in neuen Brennkammerkonzepten, wie z. B. Stufen- oder Vormischbrennkammern*

- *Entwicklung von neuen Brennstoffzufuhrsystemen (Zerstäuberorgane, Vormischeinrichtungen etc.) für neue Brennkammerkonzepte und Untersuchungen über ihr Betriebsverhalten und ihre Wechselwirkungen mit der Verbrennungszone*

- *Entwicklung von fortschrittlichen Zerstäubungsverfahren, vor allem im Hinblick auf schwere und zerfallsanfällige Brennstoffe sowie im Hinblick auf Vielstofffähigkeit*

- *Untersuchung und Erprobung neuer Konzepte für die Gestaltung von Verbrennungszonen (Primärzonen), insbesondere abgestimmt auf die Brennstoffzufuhr und die Temperaturverteilung am Brennkammeraustritt (z. B. gestufte Verbrennung, Vormischbrenner usw.)*

- *Entwicklung und Erprobung verbesserter Zündeinrichtungen, insbesondere für schwerflüchtige und heizwertarme Brennstoffe, die sichere Zündung auch unter extremen Bedingungen sicherstellen (z. B. niedrige Temperaturen in großen Höhen)*

- *Untersuchungen zur gegenseitigen Anpassung von Verbrennungszonen, Mischzonen und Flammrohrkühlverfahren und zu ihrer optimalen Gestaltung im Hinblick auf Bauteil-Lebensdauer und Schadstoffentwicklung*

- *Grundlegende Untersuchungen zur Gestaltung von katalytischen Verbrennungszonen und Entwicklung geeigneter Katalysatoren*

- *Optimierung von Mischzonen und Übergangskanälen zum Turbineneintritt hinsichtlich Baulänge, Temperaturverteilung, Betriebsverhalten usw.*

3.3.2 Neue Brennkammerkonzepte

Stand der Forschung

Die in der Einleitung zum Kapitel 3 genannten Brennkammer-Technologieprogramme haben gezeigt, daß sich mit der Weiterentwicklung bzw. Modifizierung herkömmlicher Brennkammern nur ein Teil der heutigen Anforderungen erfüllen läßt. Für weitergehende Fortschritte müssen neue Brennkammerkonzepte entwickelt werden. Dies hängt damit zusammen, daß die Maßnahmen, die zur Reduzierung von CO, Kohlenwasserstoffen und Ruß einerseits und zur Verminderung der Stickstoffoxide andererseits führen, einander größtenteils zuwiderlaufen. Die Grundzüge solcher neuen Konzepte sind heute bekannt. Für die Schadstoffreduzierung eignen sich besonders Brennkammern mit Vorverdampfung und Vormischung sowie solche mit Stufenverbrennung. Brennkammern mit variabler Geometrie zur Regelung der Luftzufuhr zur Primärzone versprechen Verbesserungen hinsichtlich des Ausbrandes und der Schadstoffemission im Leerlauf und bei niedrigen Teillasten. Auch für höhere Ein- und Austrittstemperaturen wurden neue Konfigurationen mit wirksameren Kühlverfahren (Konvektions- oder Effusionskühlung) oder mit keramischen Flammrohren entworfen und untersucht.

Ein nahezu ideales Konzept wäre die Brennkammer mit katalytischer Verbrennung; sie verspricht eine Reihe von Vorteilen, ihrer Verwirklichung stehen aber heute noch eine Reihe erheblicher Schwierigkeiten entgegen.

Auf dem Brennstoffsektor wurde bereits begonnen, die Eigenschaften alternativer Brennstoffe und ihre Auswirkungen auf Gasturbinenbrennkammern zu untersuchen. Dies umfaßt höhersiedende, aromatenreiche, flüssige Brennstoffe aus herkömmlichem Rohöl, aus Ölschiefern, Teersanden und Kohleverflüssigungsprodukten sowie gasförmige Brennstoffe aus der Kohlevergasung und anderen chemischen Prozessen. Ein wesentlicher Nutzen dieser Aktivitäten liegt darin, daß die

Auswirkungen der Brennstoffeigenschaften gezielt untersucht werden und daß daraus Entwicklungsregeln ableitbar sind, die die Anpassung von Brennkammern an spezielle Brennstoffe erleichtern. Bei Luftfahrtbrennkammern wird dabei das Problem der Vielstoff-Fähigkeit eine wichtige Rolle spielen.

Problembeschreibung und Zielsetzung

Die erfolgreiche Entwicklung und Anwendung von Brennkammern neuer Konzepte erfordert experimentelle und theoretische Untersuchungen, deren Ziel es sein muß, an Hand von Modellbrennkammern das grundsätzliche Verhalten der neuen Brennkammern kennen und ihre betrieblichen Probleme beherrschen zu lernen sowie Auslegungsdaten bereitzustellen.

Brennkammern mit Vorverdampfung und Vormischung verlangen zunächst die optimale Kombination der im vorigen Abschnitt 3.3.1 erwähnten Verdampfer/Mischer-Elemente mit dem Brennraum, wobei die Strömungsverhältnisse im Brennraum (Geschwindigkeit, Drall, Turbulenz) variiert werden müssen. Dabei sind Lösungen für die Flammenstabilisierung zu finden, die trotz des eingeengten Brennbereiches homogener Gemische, einen ausreichenden Betriebsbereich der Kammer ohne Flammenabriß ermöglichen. Der erforderliche Verdampfungsgrad ist dabei eine wesentliche, zu untersuchende Einflußgröße. Weitere Probleme sind die Verhinderung der Selbstzündung und des Flammenrückschlages aus dem Brennraum in das Verdampferelement. Weiterhin sind Möglichkeiten für den Kaltstart, d. h. das Anfahren der Brennkammer bei Lufttemperaturen zu finden, die noch unterhalb des Siedebereichs des Brennstoffes liegen. Für die Anwendung in Flugtriebwerken sind Konfigurationen mit minimalen Baulängen und Gewichten zu entwickeln. Schließlich müssen Fragen des Betriebs, wie Regelbarkeit, Vermeidung von Brennkammerschwingungen infolge Rückwirkungen auf die Verdampferelemente, Anpassung an unterschiedliche Brennstoffqualitäten, Haltbarkeit und Lebensdauer oder Wartungsaufwand mit untersucht werden.

Bei *Stufenbrennkammern* wird je nach Anwendungsfall in der ersten Stufe bei mehr oder weniger Brennstoffüberschuß verbrannt, während in der anschließenden zweiten Stufe Luftüberschuß herrscht. Die sehr reiche Erststufe verspricht eine Reduzierung des NO_X auch bei stark stickstoffhaltigen Brennstoffen. Auch bei diesem Konzept sind zunächst die Betriebsdaten der beiden Verbrennungsstufen d. h. Mischungsverhältnis, Einspritzung und Gemischbildung, Luftzufuhr und Flammenstabilisierung, optimal aufeinander abzustimmen. Wesentliche Fragen sind dabei, ob die Verhinderung des Brennstoff-NO_X ohne Vermehrung der Rußbildung möglich ist, und ob der Übergang zur zweiten brennstoffarmen Stufe rasch genug erfolgen kann, um das thermische NO_X gering zu halten. Für Flugtriebwerke ist auch die Verbrennung in parallel geschalteten Stufen interessant, von denen bei niedrigen Laststufen ein Teil abgeschaltet ist. Besondere Probleme stellen hier die im Teillastbetrieb mit Abschaltung einzelner Brenner auftretenden heiß/kalten Mischzonen dar, die einerseits Schadstoffquellen infolge Einfrierens von Reaktionen sind, andererseits Probleme im Hinblick auf die Temperaturverteilung vor der Turbine ergeben können.

Dort, wo höhere Anforderungen an den Betriebsbereich der Kammer gestellt werden müssen, wird vermutlich die Anwendung *variabler Brennkammergeometrie* notwendig. Letztere verspricht durch Regelung der Luftzufuhr zu den einzelnen Brennkammerzonen bei allen Lastzuständen ein weitgehend konstantes Mischungsverhältnis. Hierfür kommen sowohl mechanische als auch Fluidik-Elemente in Frage. Wesentliche Probleme bei der Realisierung stellen die Regelung, insbesondere bei raschen Laständerungen, sowie die Zuverlässigkeit der variablen Geometrie auch über lange Betriebszeiten dar. Auch die Frage der Wartung bzw. Wartungsfreiheit muß in die Untersuchungen einbezogen werden.

Die *katalytische Verbrennung* ermöglicht den vollständigen Umsatz des Brennstoffs praktisch bei Turbineneintrittstemperatur, womit die NO_X-Bildung nahezu völlig unterdrückt werden könnte. Dabei kann der Verbrennungsprozeß einstufig oder mehrstufig, d. h. bei unterschiedlichen Mischungsverhältnissen, geführt werden. Er erfordert wohl stets Vorverdampfung und Vormischung. Die Verwirklichung dieses Konzepts hängt von der Entwicklung geeigneter Katalysatoren ab, die einerseits genügend hohen Reaktionstemperaturen Stand halten, andererseits aber auch im Teillastbereich bei niedrigen Temperaturen noch einen genügend hohen Umsetzungsgrad ergeben. Katalysatoren sind erforderlich, die höhere Brennstoffumsätze pro Oberflächeneinheit und höhere Strömungsgeschwindigkeiten im Katalysatorbett erlauben. Dies ist überall dort wichtig, wo Bauvolumen und -gewicht ausschlaggebend sind. Ein weiteres wichtiges Problem von praktischer Bedeutung ist die Erzielung einer möglichst gleichmäßigen Massenstromdichteverteilung am Eintritt in das Katalysatorbett, weil davon unmittelbar die Ausnutzung des Reaktionsvolumens und der Ausbrand abhängen. Schließlich sind die Fragen der Katalysatorvergiftung, der ausreichenden Lebensdauer und des Kaltstarts, d. h. des Anfahrens der Reaktion bei niedrigen Temperaturen, zu lösen.

Die bereits laufenden Arbeiten an *Brennkammern aus keramischen Werkstoffen* für sehr hohe Eintrittstemperaturen ermutigen zur weiteren Verfolgung dieses Konzepts. Konfigurationen für die Verbrennungszone werden benötigt, die auch bei Anwendung neuer Konzepte (Vorverdampfung/Vormischung und Stufenverbrennung) in Keramik ohne Nachteile für die Haltbarkeit herstellbar sind. Während die Verbesserung der Thermoschockbeständigkeit in die Themengruppen der Werkstoffe fällt, ist von der Brennkammerseite auch die Frage zu untersuchen, ob angesichts der hohen Flammentemperaturen auch keramische Flammrohre mit einer gewissen Kühlung betrieben werden müssen.

Die Brennstoffsituation hat zu Überlegungen geführt, künftig auch Kohle bzw. Kohleprodukte in Gasturbinen und Kombinationsanlagen einzusetzen. Produkte der Kohlevergasung, wie z. B. Synthesegas, lassen sich ohne größere Probleme in üblichen Brennkammern verarbeiten, sofern der Heizwert genügend hoch ist oder der Aufbereitungs- und Reinigungsaufwand tragbar ist. Rationellerer Energieeinsatz und höhere Wirtschaftlichkeit werden in Zukunft auch die Verbrennung von Gasen mit minderem Heizwert (Kohledruckvergasung mit Sauerstoff oder

Luft, Mittel- bzw. Schwachgas) verlangen, wofür die Brennkammern, insbesondere hinsichtlich der Flammenstabilität, angepaßt werden müssen.

Auch die Einbeziehung des aufgeladenen Wirbelschichtkessels oder der Kohleverbrennung in Wirbelschichtfeuerungen in den Gasturbinenprozeß wird heute diskutiert. Für die Brennkammerentwicklung entstehen daraus keine neuen Aufgaben, nachdem diese Konzepte bereits in der verfahrenstechnischen Forschung und Entwicklung behandelt werden. (Siehe auch Kapitel 1, Gesamtanlage).

Für kombinierte Gas- und Dampfturbinen-Anlagen ist die Nachverbrennung im Abgas des Gasturbinenteils interessant, wobei die Verbrennung in einem sauerstoffarmen Gas mit hohem Inertanteil erfolgt. Die dabei zu erwartenden Ausbrand- und Stabilitätsprobleme erfordern angepaßte Primärzonen und/oder katalytische Verbrennung. Geeignete Konzepte, die auch das Problem der Wandkühlung einbeziehen, müssen entwickelt werden. Solche Arbeiten sind auch für Nachbrenner von Flugtriebwerken wichtig.

Ziel aller Arbeiten über neue Brennkammer-Konzepte müssen brauchbare Bauformen sein, die die neuen Anforderungen ohne Einbuße an Wirtschaftlichkeit erfüllen. Sie sollen eine extrem schadstoffarme Verbrennung bei hohem Wirkungsgrad im gesamten Betriebsbereich ermöglichen, wobei sichere Zündung, stabiles Betriebsverhalten und lange Lebensdauer gewährleistet sein müssen. Eine möglichst einfache, leicht zugängliche, sichere und kostensparende Bauweise der Brennkammer ist anzustreben, da der Trend zur Kleinanlage und damit zum großen Anwendungskreis zunimmt. Brennkammerschwingungen und Lärm müssen soweit wie möglich vermindert werden. Darüber hinaus sollen die gesamten Anforderungen möglichst auch bei alternativen Brennstoffen mit niedrigerer Qualität als bisher üblich erfüllt werden, wobei Vielstoffähigkeit in ein und derselben Brennkammer mit möglichst geringem Änderungsaufwand angestrebt werden muß.

Lösungsvoraussetzungen

Der Erfolg der Arbeiten an neuen Brennkammerkonzepten hängt weitgehend von den experimentellen und theoretischen Arbeiten ab, die in den schon behandelten Problemkreisen aufgeführt sind. Die praktische Entwicklung der Konzepte erfordert geeignete Prüfstände und Modellbrennkammern, die Untersuchungen bei realistischen Bedingungen (z. B. Druck und Temperatur) erlauben und bei denen moderne berührungslose Meßtechniken einsetzbar sind. Bei Ringbrennkammern dürfte die Weiterentwicklung der Sektormodell-Technik dazu beitragen, die Versuchskosten in Grenzen zu halten. Dabei muß auf die Übertragbarkeit der erhaltenen Ergebnisse auf die Großausführung geachtet werden. Eine vernünftige Arbeitsteilung zwischen Forschung und Industrie, aber auch eine Zusammenarbeit im internationalen Rahmen, werden ebenfalls zum Erfolg beitragen.

Forschungsthemen

○ *Entwicklung von Prototypen für*

- *Brennkammern mit Vormischung/Vorverdampfung*
- *Brennkammern mit gestufter Verbrennung*
- *katalytische Verbrennung*
- *Brennkammern mit variabler Geometrie*

unter Berücksichtigung spezieller Anforderungen wie hohe Eintrittsmachzahlen, minimales Volumen, breiter Betriebsbereich usw.

○ *Entwicklung von Gestaltungskonzepten und Bauweisen für*

- *Brennkammern aus keramischen Werkstoffen*
- *Brennkammern mit variabler Geometrie*

○ *Untersuchung und Verbesserung neuer Brennkammertypen hinsichtlich Betriebsverhalten, insbesondere Parametereinflüsse, wie z. B. Verdampfungsgrad, Kaltstarteigenschaften, Vielstoffähigkeit, Emissionsverhalten usw.*

○ *Untersuchungen zur Regelung von neuen Brennkammertypen (z. B. Brennerabschaltung, variable Geometrie usw.) und Entwicklung von Regelungsverfahren*

○ *Optimierung bekannter Brennkammertypen hinsichtlich Verbrennungsablauf und Schadstoffemission, insbesondere unter Berücksichtigung schwerer flüchtiger oder heizwertarmer Brennstoffe (z. B. Produkte der Kohlevergasung)*

○ *Entwicklung von Brennkammern für die Nachverbrennung in Arbeitsmedien mit hohen Inertanteilen*

4. Bauteilkühlung und Wärmeübertrager

Einleitung

Die bereits in den vorausgegangenen Kapiteln herausgestellten Forderungen nach besseren thermischen Wirkungsgraden und größeren Einheitsleistungen führen sowohl bei der Entwicklung von Flugtriebwerken als auch von stationären Gasturbinen zwangsläufig zur Erhöhung der Turbineneintrittstemperaturen und Druckverhältnisse. Das gilt auch für Gasturbinen mit Luftvorwärmung, wie sie zum Antrieb erdgebundener Fahrzeuge eingesetzt werden können.

Bereits heute liegen die Brennkammeraustritts- bzw. Turbineneintrittstemperaturen beträchtlich über den Schmelzpunkten der eingesetzten und zum Einsatz vorgesehenen Werkstoffe. Selbst neuere Entwicklungen und Entwicklungstendenzen in der Werkstofftechnik – wie z. B. gerichtete Erstarrung, Einkristalle, Keramik – führen zu maximal zulässigen Temperaturen, die wesentlich unter den bereits heute z. B. in Flugtriebwerken auftretenden Heißgastemperaturen von über 1700 K liegen. Eine Kühlung der heißgasführenden und vielfach sehr hoch beanspruchten Bauteile ist deshalb unerläßlich. Durch gezielt eingesetzte Kühlung lassen sich die Bauteiltemperaturen sowie stationäre und instationäre Wärmespannungen derart reduzieren, daß bekannte und bewährte Werkstoffe, die zudem meistens wesentlich leichterer Verarbeitung zugänglich sind, anstelle von teuren und weniger verfügbaren Materialien verwendet werden können. Die Erhöhung der Lebensdauer ist eine weitere Folge angepaßter Kühlung. Dabei ist schon seit dem ersten Einsatz von Verfahren zur Rotor- und Schaufelfußkühlung bekannt, daß größte Sorgfalt bei der Auslegung erforderlich ist, um die sich zwangsläufig ergebenden Verluste möglichst gering zu halten.

Allen Gasturbinen ist gemeinsam, daß die Kombination von thermischer, mechanischer und chemischer Belastung vor allem in den Schaufeln der Leit- und Laufgitter der ersten Stufe zu überaus kritischen Beanspruchungen führt. Hohe Spannungs- und Schwingungsbelastungen bei höchsten Temperaturen mit Thermoschocks, Heißgaskorrosion und Erosion sind typische Anforderungen, denen durch die Auswahl der Kühlverfahren Rechnung getragen werden muß. Besondere Bedeutung kommt in jüngster Zeit dem instationären Verhalten zu – z. B. An- und Abfahren, Laständerungen, etc. Die Beherrschung der dabei auftretenden Beanspruchungsniveaus durch die Heißgastemperaturen setzt zunehmend die genauere Kenntnis der Kühlmechanismen voraus.

Zu den seit langem im Vordergrund stehenden Problemen der Schaufelkühlung, die häufig bestimmend für die Lebensdauer der Maschine sein können, sind vor allem wegen der in jüngster Zeit zu beobachtenden Tendenzen zu immer höheren Temperaturen neue Kühlungsaufgaben hinzugekommen. Hier sind vor allem die heißgasführenden Elemente wie Heißgasgehäuse, Schaufelträgerauskleidung, Schaufelfußplatten etc. zu nennen. Auch die Möglichkeiten zur aktiven Spaltkontrolle sind in die Überlegungen mit einzubeziehen. Die Kühlung von Rotoren und Scheiben wird schon sehr lange vor allem aus sicherheitstechnischen Gründen genutzt. Die Einsatzbereiche und die hohen Temperaturen verlangen jedoch sowohl im Triebwerksbau als auch bei stationären Anlagen neue Ansätze. So sind z. B. die Wärmeübergangsverhältnisse in verschiedenen Dichtelementen/Labyrinthen bisher nicht geklärt.

Besondere Forderungen werden zunehmend an die Brennkammern sowohl von Triebwerken als auch von stationären Gasturbinen gestellt. Neben den in Abschnitt 3 diskutierten Problemen ist in erster Linie die Entwicklung effizienter Kühlverfahren zu nennen, die den hohen Forderungen nach entsprechender Lebensdauer und der Anpassung der Betriebsparameter an die anderen Komponenten – Verdichter, Turbine – entsprechen. Einen Sonderfall stellen die Wirbelschichtfeuerungen dar, die bei der Kohleverbrennung in zukünftigen Kraftwerksanlagen in den Gasturbinenprozeß einbezogen werden könnten (vgl. Abschnitt 3.3.2). Auch die Erhitzer geschlossener Gasturbinenanlagen sind in diesem Zusammenhang erwähnenswert. Die hierbei auftretenden Fragestellungen, die sich z. B. aus der Aufheizung des Arbeitsfluids in Wärmeübertragerrohren ergeben, sind jedoch nicht dem hier angesprochenen Problemkreis zuzurechnen.

Die enge Verbindung zu Werkstoffentwicklungen und konstruktiven Verbesserungen ist Voraussetzung für die Lösung von Kühlaufgaben. Ein typisches Beispiel hierfür ist der wünschenswerte Einsatz von vollkeramischen Bauteilen und Schutzschichten. Eine Vielzahl von Kombinationsmöglichkeiten ist denkbar, wenn die anstehenden technologischen Fragen (vgl. Abschnitt 6) gelöst werden.

Bei den bisher eingesetzten Kühlverfahren mit Luft als Kühlmedium lassen sich im wesentlichen zwei Methoden unterscheiden, nämlich Konvektions- und Filmkühlung. Während die Konvektionskühlung mit Varianten eine reine Innenkühlung ist, tritt bei der Filmkühlung das Kühlmedium durch Bohrungsreihen oder Schlitze auf die zu kühlende Oberfläche aus und schützt sie stromabwärts vor dem Kontakt mit den heißen Gasen. In ihren einfachsten Formen sind diese Verfahren in einer Vielzahl von Untersuchungen vorgeklärt. Sie werden für die von den zukünftigen Maschinen geforderten Kühlungsbedingungen jedoch nicht ausreichen. Grundsätzlich ist bei allen Kühlverfahren mit i. a. aus dem Verdichter entnommener Luft derart zu achten, daß folgende Verluste möglichst gering bleiben:

Verluste durch Reduktion des Massenstromes der Hauptströmung,

die Druckverluste in Kühlluftführungen,

Verluste durch Abweichung von adiabater Strömung bei der Expansion,

Verluste durch die zusätzliche Pumparbeit,

Verluste durch Beeinflussung der Strömung durch die Turbinengitter, d. h. Herabsetzung des isentropen Wirkungsgrades durch Ausblasung.

Neben den derzeit verwendeten Verfahren der Luftkühlung wird seit langem die Flüssigkeits- und in erster Linie die Wasserkühlung diskutiert. Mit Ausnahme der Sprühkühlung zur kurzzeitigen Schubvergrößerung haben sich bisher Flüssigkeitskühlverfahren für den Triebwerkeinsatz nicht bewährt. In jüngster Zeit werden jedoch vor allem in den USA verstärkte Anstrengungen zum Einsatz von Wasserkühlung in stationären Hochtemperatur-Gasturbinen unternommen. Eine Vielzahl neuer Fragestellungen, die sich vor allem aus den hohen Temperaturgradienten, den Strömungsverhältnissen, notwendigen konstruktiven Lösungsansätzen, der Wärmebilanz und der Wasseraufbereitung ergeben, haben den Einsatz bisher nicht über das Versuchsstadium hinausgehen lassen.

Auch in großen Dampfturbinen fossil gefeuerter Kraftwerke kann die Kühlung – vorwiegend der hoch beanspruchten Partien im Dampfeintrittsbereich der HD- und MD-Läufer – herangezogen werden, um günstige Konstruktionen mit hoher Lebensdauer und gleichzeitig die weitere Verwendung der bekannten und bewährten CrMoV-Stähle zu ermöglichen. Als Kühlfluid muß dann natürlich geeignet konditionierter Dampf verwendet werden. Die gegenüber Gasturbinen andersartigen geometrischen und konstruktiven Verhältnisse und die veränderten thermofluiddynamischen Parameter lassen eine direkte Übertragung der Erkenntnisse aus dem Bereich der Gasturbinen oft nicht zu.

Eine den Wärmekraftanlagen häufig zugeordnete Komponente ist der Wärmetauscher. Sowohl in Dampf- wie in Gasturbinenanlagen spielen Wärmeübertragungsaufgaben eine oft dominierende Rolle. Kondensatoren und Luftvorwärmer seien hier nur stellvertretend genannt.

Da eine umfassende Behandlung aller Wärmeübertrager der hier beabsichtigten Übersicht nicht entspricht, sollen zunächst nur Wärmetauscher, die der Gasturbine unmittelbar zugeordnet sind, mit einbezogen werden. Neuere Entwicklungen im Wellentriebwerksbereich stehen deshalb im Vordergrund des Interesses, wobei vor allem der Einsatz in Fahrzeug- und Hubschraubertriebwerken von langfristig ausschlaggebender Bedeutung ist. Dabei steht die Entwicklung einer vom gewünschten Einsatz maßgeblich beeinflußten optimalen Konfiguration kompakter Wärmetauscher im Vordergrund. Rohrbündel- und Plattenrekuperatoren sowie Regeneratoren bieten sich als Lösungsmöglichkeiten an.

Alle hier angesprochenen Kühlungs- und Wärmeübertragungsprobleme unterliegen einer komplexen Wechselwirkung zwischen der Wärmeleitung im Bauteil und dem mit der Fluidströmung eng gekoppelten Wärmeübergang auf der Heißgasseite und im Kühlmedium. Erst in jüngster Zeit ist es gelungen, rechnerische Ansätze zu entwickeln, die Aussicht auf eine erfolgreiche Beschreibung versprechen. Zur Überprüfung sind jedoch umfangreiche Messungen unter teilweise sehr speziellen Bedingungen erforderlich.

Im vorliegenden Kapitel werden deshalb die wichtigsten Kühlungsaufgaben, wie

Schaufelkühlung,

Kühlung von Heißgasführungen,

Rotor- und Scheibenkühlung,

Brennkammerkühlung,

in ihrer Problematik eingehend erläutert. Dabei werden die gemeinsamen Problemkreise, Kühlverfahren und Lösungsansätze zunächst am Beispiel der Schaufelkühlung übergreifend diskutiert.

Einen weiteren Schwerpunkt bilden die

Wärmeübertrager,

deren Bedeutung für die zukünftige Entwicklung und den Einsatz von Gasturbinen besonders hervorgehoben werden soll.

Ein außerordentlich hoher experimenteller Aufwand ist zur Lösung der anstehenden Probleme erforderlich, der durch die geforderte Genauigkeit bei hohen Drücken und Temperaturen bestimmt wird. Das führt zu hohen Anlagekosten für Versuchseinrichtungen – z. B. für Hochdruckverdichter großer Durchsatzmenge, Heißgaskanälen etc. – und zu großen Aufwendungen für die Meßtechnik. Da die Fragen der Kühlung und der Wärmeübertragung zu den wichtigsten des Gasturbinenbaus gerechnet werden müssen, rechtfertigen die erwarteten Ergebnisse jedoch die erforderlichen Investitionen. Gelingt es, die Turbineneintrittstemperaturen in den Maschinen durch effizientere Nutzung der Kühlluftströme anzuheben und die Druckverluste durch verbesserte Kühlluftführung zu verringern, so ist die unmittelbare Folge eine Verbesserung des Brennstoffverbrauchs und eine Senkung der Betriebskosten. Ausgeglichene Temperaturfelder und die genaue Kenntnis der Wärmeübergangszahlen sowie eine Reduzierung des Einflusses der Wärmestrahlung können die Standzeiten auf ein Mehrfaches der heutigen Werte erhöhen und das Risiko überaus teurer Sekundärschäden vermindern. Eine häufig verwendete Annahme geht z. B. davon aus, daß bei einer Senkung der jeweils auftretenden mittleren Schaufeltemperatur um etwa 15 K die Lebensdauer verdoppelt werden kann. Durch gezielte Kühlung läßt sich weiterhin eine Verringerung der Spaltverluste erreichen, wobei die derzeit angestrebte Spaltkontrolle (ACC: Active Clearance Control) Wirkungsgradverbesserungen von mehreren Prozentpunkten erwarten läßt. Einen wesentlichen Beitrag zur Senkung der Herstellungskosten kann der Einsatz allgemein verfügbarer und preisgünstiger Materialien leisten.

Der zur Bereitstellung hinreichender empirischer Korrelationen notwendige hohe experimentelle Aufwand macht die Entwicklung und den Einsatz erweiterter Modellansätze und Rechenverfahren jedoch zwingend notwendig. Als Ergebnis der rechnerischen Behandlung der Bauteilkühlung muß eine möglichst genaue Vorhersage des Temperatur- und des daraus resultierenden Spannungsfeldes im jeweiligen Bauteil angestrebt werden. Auf der Basis der ermittelten stationären und instationären Spannungsbelastung können Abschätzungen der zu erwartenden Lebensdauer des Bauteils durchgeführt werden.

Die Berechnung stationärer und instationärer Temperatur- und Spannungsfelder erfolgt i. a. nach der Methode der finiten Elemente oder mittels Differenzenverfahren. Optimierungs- und Auslegungsrechnungen werden zumeist zweidimensional, in besonderen Fällen auch dreidimensional durchgeführt, wobei sich der Rechenaufwand jedoch erheblich vergrößert. Die erreichbare Genauigkeit der stationären Temperaturfeldrechnung bei einfachen Strukturen ist befriedigend. Schwierigkeiten ergeben sich jedoch bei der Festlegung der Randbedingungen.

Für die Berechnung der thermischen Belastung ist die Kenntnis der heißgasseitigen Temperatur und vor allem deren Verteilung über dem jeweiligen Strömungsquerschnitt von großer Bedeutung. Hierfür sind heute z. B. bei der Brennkammerentwicklung i. a. aufwendige Experimente erforderlich. Die kühlseitige Temperatur am Eintritt in die zu kühlenden Bauteile ist meist vorgegeben, sie ist aber während des Durchströmens von der Heiz- bzw. Kühlleistung, also in der Hauptsache von den herrschenden Wärmeübergangszahlen, abhängig. Besondere Gesetzmäßigkeiten sind bei der Filmkühlung zu berücksichtigen, bei der die Berechnung durch Störung der Grenzschicht infolge Kühlluftausblasung erheblich erschwert wird.

Für die Abschätzung des äußeren Wärmeübergangs können zwei Grenzschichtrechenverfahren unterschieden werden: bei der Integralmethode wird durch die Anwendung der Reynoldsanalogie unter Berücksichtigung der lokalen Geschwindigkeit und evtl. Druck- und Temperaturgradienten der Wärmeübergang ermittelt. Demgegenüber sind die Differenzenverfahren (Feldmethoden) deutlich leistungsfähiger. Hier wird die Grenzschicht meist zweidimensional unter Berücksichtigung von Druckgradient, Freistromturbulenz, Ausblasung, Wandtemperatur- oder Wärmestromverteilung berechnet. Die Entwicklung geeigneter Turbulenzmodelle, die insbesondere den Grenzschichtumschlag korrekt beschreiben, ist noch nicht abgeschlossen.

Die Berechnung des inneren Wärmeübergangs stützt sich oft – wie zum Teil auch die des äußeren – auf sehr konventionelle Modellvorstellungen der Rohrströmung (Reynoldsanalogie), sowie rein empirische Beziehungen (z. B. Formel von Kraussold) und ist daher für die Anwendung bei komplizierten Kühlkonfigurationen zu ungenau. Auch für die rechnerische Beschreibung der Wärmetauscher stehen derzeit nur unzureichende Verfahren zur Verfügung.

Allgemein bleibt festzustellen, daß die meisten heute gebräuchlichen Verfahren nur die Berechnung stationärer Vorgänge ermöglichen. Instationäre Effekte wie die Wirkung der Leitradabströmung auf die Laufschaufelumströmung sowie die zeitliche Änderung des Strömungsfeldes bei instationärer Betriebsweise (Beschleunigungs- und Verzögerungsvorgänge) werden heute im allgemeinen noch nicht erfaßt.

Die zur Zeit angewandten 2-D- und 3-D-Finite-Elemente-Programme zur Bestimmung von stationären und instationären Werkstofftemperatur- und Spannungsfeldern führen bei komplizierten Bauteilen verhältnismäßig schnell an die Grenze der Speicherkapazität der verfügbaren Rechenanlagen.

Zusammenfassend kann festgestellt werden, daß eine genauere Kenntnis der Kühlungs- und Wärmeübergangsverhältnisse dazu führt, daß erhebliche wirtschaftliche Verbesserungen der Turbomaschinen und ihrer Anlagen erreicht werden. Temparatursteigerungen durch verbesserte Kühlverfahren ohne oder mit nur geringen aerodynamischen Einbußen führen unmittelbar zu Wirkungsgradverbesserungen und damit zu nennenswerten Energieeinsparungen. Auch läßt sich durch intensive Kühlung die Materialtemperatur senken, so daß die Lebensdauer hochbeanspruchter Bauteile gesteigert und die Betriebssicherheit erhöht werden können. Darüber hinaus ist zu erwähnen, daß die Entwicklung heißgasbeaufschlagter, gekühlter Bauteile extrem aufwendig ist. Hier können Auslegungsverfahren, die sich auf gesicherte Experimente abstützen, das Entwicklungsrisiko mindern und zu erheblichen Zeit- und Kosteneinsparungen führen. Dementsprechend gelten zunächst die hier diskutierten Vorschläge der Absicherung und Verbesserung der heute üblichen Kühlverfahren. Genauere Berechnungsmethoden müssen langfristig den derzeit noch kostenintensiven experimentellen Aufwand verringern. Weiterhin sind auch gänzlich neue Kühlverfahren in Betracht zu ziehen, die derzeit in ersten Ansätzen erprobt werden: Mehrphasenkühlung und die Verwendung von sogenannten „Heat Pipes" sind denkbare Lösungsvorschläge, die einen sehr hohen Nutzen versprechen.

Im Vergleich dürfte der größte wirtschaftliche Nutzen vom Einsatz verbesserter Wärmetauscher zu erwarten sein. Dabei gilt hier verstärkt, was alle Kühl- und Wärmeübergangsuntersuchungen auszeichnet: Die Ergebnisse können auch außerhalb des Turbomaschinenbaus breiten Anwendungsgebieten zugeführt werden. Als Beispiele seien die Heizungs- und Klimatechnik, der chemische Anlagenbau, die Solartechnik und die allgemeine Wärmerückgewinnung genannt.

4.1 Kühlungsaufgaben

4.1.1 Schaufelkühlung

Stand der Forschung

Bei der Schaufelkühlung lassen sich – wie bei allen übrigen Kühlaufgaben – drei Verfahren unterscheiden: die Konvektionskühlung, die Film- und die Effusionskühlung.

Konvektive Kühlungsverfahren zeichnen sich dadurch aus, daß die dem Verdichter entnommene Luft zur reinen Innenkühlung durch das zu kühlende Bauteil – z. B. Schaufel, Heißgasführungen – geführt und an geeigneten Stellen – z. B. an der Schaufelhinterkante – in den Heißgasstrom ausgeblasen wird.

Die einfachste Form der Luftführung bilden, z. B. bei Schaufeln, rein radiale Bohrungen und Kanäle. Mit den Möglichkeiten der Präzisionsgußtechnik und eventuell des Diffusionsschweißens lassen sich die Kühlkanalführungen sehr kompliziert gestalten. Es können Längs- und Querrippen sowie Zapfen eingebaut werden, die einerseits die Kühlfläche und andererseits den Wärmeübergang durch erhöhte Turbulenz vergrößern. Turbinenleitschaufeln werden heute meist als Hohlprofile mit innenberippten Oberflächen ausgeführt und mit einem oder mehreren Blecheinsätzen versehen. Hierbei wird der Luftstrom so geführt, daß er in verteilten Einzelstrahlen senkrecht auf die Schaufelinnenseite besonders beanspruchter Bereiche auftritt. Man spricht in diesem Fall von Prallkühlung.

Eine örtlich bessere Wirkung kann durch Filmkühlung erreicht werden, bei der die Luft aus Bohrungsreihen oder Schlitzen ausgeblasen wird und einen schützenden Film zwischen Heißgas und Schaufelwand bildet. Bei modernen Turbinenschaufeln, aber auch bei Brennkammern, erfolgt die Kühlluftausblasung oft aus mehreren hintereinander liegenden Bohrungs- und Schlitzreihen. Häufig wird bei hochbelasteten Bauteilen eine Kombination von Konvektions- und örtlicher Filmkühlung eingesetzt.

Bei zunehmender Verwendung von Brennstoffen mit hohen organischen Anteilen und hohen Partikelkonzentrationen – z. B. auch Kohlegas – muß der Einsatz der Filmkühlung als problematisch angesehen werden, da die Gefahr einer Verstopfung der Ausblaseöffnungen besteht. Experimentelle Unterlagen zu diesem Problemkreis fehlen.

Eine weitere Form der Ausblasekühlung stellt die Effusionskühlung dar, bei der die Luft durch sehr viele kleine Löcher oder durch ein poröses Schaufelhemd mit sehr kleiner Geschwindigkeit aus der Oberfläche austritt. Die noch weitgehend ungelösten Herstellungs-, Festigkeits- und Verschmutzungsprobleme von effusionsgekühlten Bauteilen läßt ihren Einsatz unter Betriebsbedingungen in absehbarer Zukunft als unwahrscheinlich erscheinen.

Während der innere Wärmeübergang sowie der Druckverlust für einfache Verhältnisse der Konvektionskühlung mit hinreichender Genauigkeit bestimmt werden können, bereitet die Vorhersage an künstlich gerauhten Oberflächen Schwierigkeiten. Die Auswirkung von Coriolis- und Auftriebskräften gilt nur als teilweise bekannt. Allgemein spielen die Verhältnisse in der Anlaufstrecke – was für gekühlte Schaufeln z. B. meist zutrifft – eine wesentliche Rolle. Entsprechende Untersuchungen sind für einige ausgewählte Geometrien, nicht aber allgemein bekannt.

Der Wärmeübergang auf der Heißgasseite läßt sich heute nur sehr unvollkommen vorhersagen. Speziell lokale Werte des Wärmeübergangs sind aufgrund verschiedener Einflußfaktoren wie Hauptstromturbulenz, Wandkrümmung, Druckgradient, Rauhigkeit, Sekundärströmung, Ausblasung etc. rechnerisch nur ungenau zu erfassen, obwohl sie für die Auslegung einen entscheidenden Faktor darstellen.

Bei allen Kühlverfahren tritt die Kühlluft an unterschiedlichen Stellen der Schaufel aus und mischt sich mit den heißen Gasen. Es ist bekannt, daß diese Kühlluftströme die Gitteraerodynamik u. U. entscheidend beeinflussen können. Dennoch ist es bisher nicht möglich, die Mischvorgänge zuverlässig zu bestimmen, da nur unzureichende, einfache Bilanzverfahren zur Verfügung stehen.

Ein Sonderproblem stellen Gasturbinen für kleine und mittlere Leistungen dar, in denen Radialverdichter und Radialturbinen erfolgreich eingesetzt werden. Die Radialturbine wurde bisher aus Festigkeitsgründen nur mit radial stehenden Schaufeln ausgerüstet, deren Dicke 1 bis 2 mm beträgt. Die Eintrittskante der Schaufel ist abgerundet, wobei auf eine Profilierung wegen der geringen Schaufeldicke verzichtet wird. Andererseits ist eine stärkere, profilierte Schaufel eine Voraussetzung zur Verwirklichung gekühlter hochbelasteter Radialturbinen, da Kühlluftkanalführungen in das Laufrad bzw. die Schaufel eingebracht werden müssen. Wesentliche Fragen zur aero-thermodynamischen Auslegung und zur konstruktiven Gestaltung sind hier noch zu klären.

Problembeschreibung und Zielsetzung

Die Leit- und Laufschaufeln bilden bei Gasturbinen z. Z. die Hauptschadensursachen und bestimmen mit ihrer nicht eindeutig definierbaren Lebensdauer maßgeblich die Überholzeiten und damit die Verfügbarkeit der Gasturbinenanlagen.

Der begrenzte Kenntnisstand über die Kühlverfahren führt dazu, daß sich die Leit- und Laufschaufeln der ersten Stufe von Strahltriebwerksturbinen und von stationären Gasturbinen zur Zeit hinsichtlich ihrer thermischen Beanspruchung nur unvollkommen berechnen lassen. Die Unsicherheiten bezüglich der Randbedingungen wie Gastemperaturverteilungen am Schaufelblatt, Kühllufttemperaturverteilung und Wärmeübergangsverteilung der Gas- und Kühlluftseite sind dafür die wesentlichen Gründe.

Die derzeit angewendeten Kühlungskonzepte benötigen, insbesondere bei Kühlluftausblasung, beachtliche Kühlluftmassenströme. Da dieser Kühlungsaufwand verbunden mit den zunehmenden aerodynamischen Verlusten infolge Kühlluftausblasung im Sinne des thermodynamischen Prozesses wirkungsgradmindernd wirkt, ist hier zunächst eine Kompromißlösung zu erarbeiten, die bessere Konvektionskühlungskonzepte anbietet.

Die Bauteile in der Umgebung der Schaufel, wie die Fußplatten und die Gehäusewand, sind in engem Zusammenhang mit der Schaufel zu sehen und mit in die Kühlungskonzepte einzubeziehen.

Entscheidend für die Lösung des Gesamtproblembereiches werden sein:

die Weiterentwicklung und Anwendung bereits vorhandener Berechnungsverfahren, z. B. der Grenzschichtverfahren zur Ermittlung des gasseitigen Wärmeübergangs und der Finite-Element-Verfahren zur Bestimmung der Temperaturverteilungen im Schaufelmaterial,

die Durchführung gezielter Versuche unter Einsatz fortschrittlicher Meßverfahren mit dem Ziel, die Rechenverfahren abzusichern, dadurch ihre Gültigkeitsbereiche zu erweitern und die Übertragbarkeit zu gewährleisten (die Zahl kostspieliger Prototypenversuche bei Neuentwicklungen kann dadurch stark herabgesetzt werden).

Intensive Grundlagenuntersuchungen zum Verständnis der physikalischen Vorgänge und ihrer mathematischen Beschreibung müssen daher weitergeführt werden. Das gilt insbesondere für die Wärmeaustauschvorgänge in Verbindung mit den aerothermodynamischen Strömungsverhältnissen. Dabei können zunächst die Vorgänge auf der Innenseite (Kühlluftseite) und an der Schaufeloberfläche (Heißgasseite) getrennt betrachtet werden.

Eine erwünschte Verbesserung des Wärmeübergangs auf der Kühlluftseite der Schaufel erfordert intensive Untersuchungen im Hinblick auf:

die Ermittlung der Wärmeübergangsverhältnisse im Innern der Schaufel mit Hilfe gezielter Experimente und Rechenansätze (dabei ist verstärkt der Einfluß der Rotation der Laufschaufel (Coriolis-Kräfte und freie Konvektion) zu beachten),

den Wärmeübergang beim Ausblasen durch das Schaufelhemd,

die Ausbildung der Schaufelinnenräume unter Berücksichtigung neuer Fertigungsverfahren,

die Kühlluftregelung zur örtlichen Dosierung,

die Vorkühlung der Kühlluft,

den Einsatz unterschiedlicher Kühlmedien, u. U. Berücksichtigung der Zwei-Phasen-Kühlung.

Die Beschreibung des Wärmeüberganges auf der Heißgasseite setzt das Verständnis über die Wirkung einer Vielzahl von Parametern voraus. Hierzu gehören:

der Einfluß von Außenstromturbulenz, Krümmung, Druckgradienten, Rauhigkeit und Sekundärströmungen,

die Auswirkungen der Ausblasung auf den Wärmeübergang und die aerodynamischen Verluste (hierbei sind die Möglichkeiten zur positiven Beeinflussung der Verluste durch die Ausblasung mit einzubeziehen; das gilt vor allem für die Nachlaufdellen und die Sekundärströmungen),

die Wechselwirkung von Lauf- und Leitrad einschließlich der periodischen Zuströmungsänderungen,

der Einfluß der Fliehkraft.

Eine besondere Schwierigkeit stellt bei allen Wärmeübergangsuntersuchungen die Übertragbarkeit von Versuchsergebnissen auf die jeweilige Auslegungsaufgabe dar. Da sich vor allem Hochtemperaturversuche durch einen hohen apparativen Aufwand und eine komplexe Meßtechnik auszeichnen, muß der Wärmeübergang in der Regel unter vereinfachten Bedingungen – insbesondere bei geringeren Temperaturen – ermittelt und dann unter Beachtung bekannter Modellgesetze auf reale Bauteile und Betriebsbedingungen übertragen werden. Auch die Überprüfung neuer Rechenverfahren ist im allgemeinen nur unter vereinfachten Voraussetzungen möglich. Hochtemperaturversuche unter Betriebsbedingungen müssen jedoch gelegentlich zur Absicherung und Erhöhung der Genauigkeit herangezogen werden, da nur so eine bestmögliche Anpassung der Auslegungsverfahren an die in der ausgeführten Maschine vorliegenden komplexen Verhältnisse möglich ist. Andererseits ist es notwendig, die beim Betrieb der Maschine gültigen Parameter getrennt zu erfassen, um sie im Modellversuch mit hinreichender Genauigkeit darzustellen. Als typisches Beispiel sollen hier nur die Turbulenzverhältnisse am Austritt aus der Brennkammer und in der Turbine erwähnt werden. Die Klärung dieser Fragen ist eine wesentliche Voraussetzung zur Vervollständigung vorliegender Rechenverfahren.

Zusammenfassend läßt sich feststellen, daß sich die Entwicklungsziele in verschiedene Teilschritte gliedern, die sich wie folgt darstellen:

rechnerische Bestimmung der Temperaturfelder innerhalb des Bauteil-(Schaufel-) materials unter stationären und instationären Betriebsbedingungen,

Nachweis der Berechenbarkeit der Randbedingungen, unter denen das Temperaturfeld jeweils zustande kommt,

Entwicklung von Methoden zur treffsicheren Vorausberechnung dieser Randbedingungen,

Unterstützung und Überprüfung der theoretischen Ansätze anhand von Versuchsergebnissen, die an Serien- und Versuchsturbinen unter wirklichkeitsnahen Betriebsbedingungen gewonnen werden,

rationeller Einsatz der Kühlluftausblasung mit Einbeziehung der positiven Beeinflussung vorhandener Verlustquellen (Nachlaufdellen, Sekundärströmung),

Bereitstellung gesicherter Auslegungsunterlagen,

Erarbeitung und Optimierung neuer Kühlungskonzepte.

Obwohl dabei, ausgehend von der einfachen Konvektionskühlung, die systematische Erarbeitung der Grundlagen bereits bekannter Kühlverfahren im Vordergrund steht, deuten sich wesentliche Verbesserungsmöglichkeiten an. Darüber hinaus müssen jedoch verstärkt neuere Lösungsansätze mit in die Überlegungen einbezogen werden. Hierzu gehören bei stationären Anlagen vor allem die Flüssigkeitskühlung, die Zweiphasenkühlung und der Einsatz keramischer Isolierschichten.

Forschungsthemen

- *Untersuchung des äußeren Wärmeübergangs bei realen Strömungsverhältnissen: Auswirkungen der Ausblasung, Turbulenz, Krümmung, Druckgradienten, periodischen Zuströmungsänderungen, Wechselwirkung von Lauf- und Leitrad, Fliehkraftwirkung, Wanderung von Stößen. Entwicklung von Rechenverfahren, die der Praxis zugänglich sind*

- *Entwicklung verbesserter Schaufelkühlkonzepte für Vorder- und Hinterkante unter Berücksichtigung der Weiterentwicklung der Herstellungs- und Fügetechnik. Maßnahmen zur Erhöhung des inneren Wärmeübergangs*

- *Überprüfung der Auswirkungen der Kühlung und insbesondere der Ausblasung am Schaufelprofil auf die aerodynamischen Verluste einschließlich Sekundärströmungen*

- *Analyse des Wärmeübergangs in rotierenden Kühlkanälen. Einfluß der Coriolis-Kräfte und der freien Konvektion*

- *Messung der Turbulenzverhältnisse in der Turbine und Untersuchungen zur Darstellung in Modellversuchen*

- *Entwicklung neuer Schaufelkühlungskonzepte unter Einbezug von flüssigkeitsbenetzten Oberflächen und Zweiphasenkühlung*

- *Entwicklung angepaßter Kühlverfahren für Radialturbinen*

4.1.2 Kühlung von Heißgasführungen

Stand der Forschung

Unter dem Oberbegriff Heißgasführungen werden Elemente wie Heißgasgehäuse und Schaufelträgerauskleidung verstanden. Hauptziel der Kühlung ist hier, kritische Deformationen thermomechanischer Natur auszuschließen. Hierbei spielt der instationäre Betrieb eine wesentliche Rolle.

Als Kühlverfahren für Heißgasführungen kommen ebenfalls Konvektions- und Filmkühlung zum Einsatz. Weiterhin werden an bestimmten Bauteilen auch sogenannte Wärmedämmschichten aufgebracht, die aufgrund ihrer schlechten Wärmeleitung bzw. hohen Strahlungsreflexion eine Temperaturabsenkung im beschichteten Werkstoff bewirken.

Die Schwierigkeiten bestehen einerseits in der teilweise recht komplizierten Geometrie und andererseits in den bereits erwähnten Problemen bei der Ermittlung des gasseitigen Wärmeüberganges. Die Rechenverfahren, die meistens von der Kanalströmung (über den hydraulischen Durchmesser) abgeleitet werden, sind als rudimentär und unzuverlässig zu beurteilen. Erschwerend im Vergleich zu der Berechnung an der Schaufel wirken sich die nur zum Teil erfaßbaren Sekundärströmungen und die lokal massive Wärmestrahlung aus. Diese Mängel werden heute dadurch ausgeglichen, daß die fraglichen Kühlsysteme in aufwendigen Versuchen meist im Maßstab 1 : 1 überprüft und angepaßt werden.

Thermomechanische Dehnungen können an jenen Stellen fatale Folgen haben, wo drehende Teile mit stillstehenden in Berührung kommen wie beispielsweise bei Laufschaufeln und Gehäusewänden. Um diesem Problem Rechnung zu tragen, werden häufig Einlaufbeläge aus weichen Materialien wie „Honigwaben", Aluminiumoxyd usw. verwendet. Sie gestatten ein lokales oder temporäres Anstreifen und halten die Spiele auf dem notwendigen Minimum. Die Triebwerksindustrie arbeitet an Verfahren zur aktiven Spaltkontrolle (ACC: Active Clearance Control). Eine dabei verwendete Methode ist die, daß Gehäuseteile, an denen die Beläge befestigt sind, lokal mit Niederdruckluft angeblasen werden, wobei dies nur in bestimmten Flugzuständen (Reiseflug) erfolgt.

Problembeschreibung und Zielsetzung

Eine wesentliche Voraussetzung für geringe Spalte bzw. Dicht- und auch Labyrinthspiele, die den Turbinenwirkungsgrad stark beeinflussen, ist, daß sowohl das Vorals auch das Nacheilen der thermischen Dehnungen beim An- und Abfahren der Anlage für die verschiedenen Bauteile möglichst klein bleiben. Als typisches Beispiel kann hier der Vergleich der dünnwandigen Gehäuseteile mit dem massiven Rotor gelten. Durch besondere Gestaltung der Bauteile und gezielte Kühlung wird versucht, diesen Anforderungen zu entsprechen. Unzureichend voraussagbare Temperaturverteilungen und Wärmeübergangszahlen sowie hohe Wärmestrahlung erschweren die Lösung dieser Aufgabe erheblich. Sie können zu großen Deformationen sowie zyklischen Beanspruchungen führen, die ein Versagen bewirken.

Besondere Bedeutung kommt der Gehäuseinnenseite im Bereich der Turbinenlaufschaufeln – den sogenannten Linern – zu. Sie besitzen meist eine aufwendige Prallkühlung und auf der Heißgasseite relativ weiche Einlaufbeläge (Feltmetalle), gegen die die Laufschaufelspitzen beim ersten Betrieb unter Berührung einlaufen. Zu berücksichtigen ist ferner die an den Schaufelspitzen ausgeblasene Kühlluft.

Aus diesen Erfahrungen ergeben sich folgende Zielsetzungen:

Die Vorhersagegenauigkeit der Wärmeübergangszahlen ist wesentlich zu verbessern.

Der Einfluß der Wärmestrahlung ist zu reduzieren.

Die Kühlverfahren sind so zu verbessern, daß der Einfluß ungleichförmiger Temperaturverteilungen und unterschiedlicher Wärmeübergangszahlen vermindert wird.

Dabei sind über die bei der Schaufelkühlung gewonnenen Ergebnisse hinaus zusätzliche Effekte zu berücksichtigen. So wird z. B. die Gestaltung der Laufschaufelenden – mit Deckband, ohne Deckband etc. – den Wärmeübergang auf der Heißgasseite beeinflussen. Gleiches gilt für die Kühlluftseite, wo durch entsprechende konstruktive Gestaltung die Kühlung verbessert werden kann.

Eine Lösung des umfangreichen Aufgabenkataloges kann nur unter folgenden Voraussetzungen erwartet werden:

Eine gründliche Übersicht bereits gewonnener experimenteller Daten muß als Basis einer übergreifenden Bewertung erstellt werden. Hierbei sollten – wie bereits vielfach geschehen – Erfahrungen aus anderen Bereichen wie z. B. dem der Schaufelkühlung mit herangezogen werden.

Leistungsfähige Rechenverfahren müssen weiterentwickelt und angepaßt werden.

Die Berechnungsverfahren müssen durch gezielte Experimente abgesichert werden.

Auch hier stellt sich das Problem der Übertragbarkeit, wobei die Vielzahl der verwendeten Konfigurationen eine zusätzliche Schwierigkeit aufwirft.

Forschungsthemen

- *Ermittlung des äußeren Wärmeübergangs an Plattformen, Deckbändern und Gehäusesegmenten, Auswirkung der Turbulenz, der Sekundärströmung und der Ausblasung auf den Wärmeübergang und die Kühleffektivität*
- *Bestimmung des heißgasseitigen Wärmeübergangs an „Linern" über deckbandlosen Laufschaufeln; Einfluß der an der Schaufelspitze ausgeblasenen Kühlluft*
- *Entwicklung von Verfahren zur gezielten Spaltkontrolle und Maßnahmen zur Erhöhung des inneren Wärmeübergangs*
- *Entwicklung von Methoden zur Verbesserung der Innenkühlung der Liner, z. B. Verbesserung der Prallkühlungskonfigurationen*
- *Maßnahmen zur Reduzierung des Einflusses der Wärmestrahlung*

4.1.3 Rotorkühlung

Stand der Forschung

Turbinenrotoren sind aus Sicherheitsgründen strengen Vorschriften unterworfen. Die genaue Kenntnis der thermischen Randbedingungen ist eine der Voraussetzungen, die Temperatur- und Spannungsverteilung zu bestimmen, um die Teile optimal und sicher auszulegen.

In der Praxis wird üblicherweise Verdichterluft zur Kühlung von Trommel- und Scheibenrotoren herangezogen; denn aus Festigkeitsgründen muß der Rotor auf einer Temperatur weit unter der Heißgastemperatur gehalten werden. Infolge dieser Temperaturdifferenz fällt Wärme vom Gas über die Schaufeln mit ihren Fußplatten und die Nabenbereiche in den Rotor ein. Darüber hinaus kann in den Hohlräumen zwischen Scheibe und Gehäuse bzw. Scheibe und Leitradzwischenboden durch Einsaugen von Gas aus dem Hauptstrom und/oder Ventilation die Temperatur so hoch werden, daß die Kühlung behindert oder sogar der Rotor zusätzlich aufgewärmt wird.

Der insgesamt in den Rotor einfallende Wärmestrom muß an die Kühlluft übertragen werden, die die Wärme an den Scheibenflächen und/oder in speziellen Kühlluftführungen aufnimmt. Die Temperaturverteilung im Rotor hängt also von den Wärmeübergangsverhältnissen auf der Heißgas- und Kühlluftseite und der Wärmeleitung innerhalb des Rotors ab.

Für den Wärmeübergang auf der Heißgasseite sind zunächst als Übergangsflächen die Schaufeloberfläche einschließlich der Schaufelfußplatten, die Rotoroberfläche und die Dämmplatten zu betrachten. Der Wärmeübergang hängt im wesentlichen von der Konvektion im wandnahen Bereich ab und ist deshalb eng mit den Strömungsvorgängen an der vom Gas bestrichenen Bauteiloberfläche verbunden.

Die Verhältnisse an der Schaufeloberfläche sind im Zusammenhang mit der Blattkühlung schon relativ gut untersucht (Abschnitt 4.1.1); weniger genau läßt sich wegen der gegenseitigen Beeinflussung und der zusätzlich an der Schaufelfußplatte einfallenden Wärme die Temperatur an der Schaufelbefestigung bestimmen. Für die Schaufelfußplatte und die Nabenbereiche sind die Strömungs- und daher auch Wärmeübertragungsverhältnisse unübersichtlich und die Berechnungsmethoden unsicher.

Bei der Betrachtung der Wärmeleitung und Wärmeübertragung an die Kühlluft ist zu beachten, daß die einfallende Wärme z. T. über die Schaufelfüße in den Rotor geleitet wird. Dabei tritt in der Kontaktzone zwischen Schaufel und Halterung ein Temperatursprung auf, weil sie sich nicht vollflächig berühren. Trotz des unmittelbaren Einflusses auf die Temperaturen in den hochbeanspruchten Bereichen der Schaufelbefestigung liegen bisher nur unzureichende Ergebnisse vor.

Das Fliehkraftfeld der Rotoren ist um mehrere Zehnerpotenzen größer als die Erdbeschleunigung. Deshalb ist die u. a. vom Temperaturprofil abhängige freie Konvektionsströmung nicht nur in den mitrotierenden Hohlräumen, sondern auch in den Kühl-, Sperr- und Leckgaskanälen trotz erzwungener Durchströmung zu berücksichtigen. Diese Sekundärströmung wird verstärkt durch die Corioliskräfte, deren Auswirkung auf den Wärmeübergang bisher ungenügend untersucht ist.

Die Art der Kühlluftzufuhr zum rotierenden System beeinflußt stark den Druck und auch die Kühllufttemperatur im Relativsystem; die notwendigen Parameter müssen heute weitgehend experimentell ermittelt werden. Zur Kühlung der Rotorscheiben wird Luft nahe der Drehachse zugeführt, durch die Rotation der Scheibe nach außen gefördert und dem Heißgasstrom am Scheibenkranz zugemischt. Um die Kühlung der Scheibe nicht zu gefährden, muß das Einsaugen von Heißgas durch einen genügend großen Sperrluftstrom verhindert werden. Die Strömungs- und Wärmeübergangsverhältnisse in diesen Seitenräumen lassen sich rechnerisch nur ungenügend erfassen.

Die Drosselwirkung in den Labyrinthen ist unter Berücksichtigung der Sekundärströmung bisher nur für einfache geometrische Verhältnisse geklärt.

Eine grobe Abschätzung der Aussagegenauigkeiten bisher bestehender allgemeiner Berechnungsunterlagen zeigt für die o. g. Wärmeübergänge, z. B. an einer heute üblichen stationären GT-Anlage, einen Unsicherheitsbereich von etwa ± 30 % für einfache Rotorkühlkanäle bei erzwungener Konvektion, für die Scheibenstirnfläche bei freier Konvektion, für die Nabenoberfläche, die Kontaktzone und einfache Labyrinthe, während er bei rotierenden Hohlräumen durchaus ± 60 % betragen kann. Daraus resultieren z. B. Abweichungen in der Vorausberechnung der Rotor- und Scheibentemperaturen von ca. ± 80 K im Bereich Nabe – rotierender Hohlraum, ca. ± 25 K in der Kontaktzone zwischen Laufschaufel und Rotor und ca. ± 30 K im Kranzbereich der Scheibe. Hieraus sind relativ weitreichende Konsequenzen vor allem unter Berücksichtigung der geforderten Sicherheit bei der Auslegung zu ziehen.

Die Temperaturverteilung in den bei hohen Umfangsgeschwindigkeiten rotierenden Systemen künftiger Dampf- und Gasturbinen sowie Flugtriebwerke wird wesentlich von den heute nur näherungsweise berechenbaren Wärmeübergangskoeffizienten auf der Heiß- und Kühlgasseite bestimmt. Nur durch gezielte Kühlung an den Außen- und Stirnflächen oder Oberflächen von Kühlkanälen läßt sich eine angepaßte Temperaturverteilung erreichen. Dabei sind folgende Forderungen zu erfüllen:

genügend tiefe Temperatur, um ausreichende Festigkeit zu gewährleisten,

genügend gleichmäßige Temperaturverteilung, um hohe thermische Zusatzspannungen zu vermeiden,

möglichst gleichmäßige Aufwärmung und Abkühlung bei instationärem Betrieb.

Je sicherer die Temperaturverteilung unter allen Betriebsbedingungen beherrscht wird, umso kleiner können auch Spalte und mit ihnen verbundene Verluste gehalten werden.

Als Ziel zukünftiger Untersuchungen muß die Bereitstellung experimentell abgesicherter Unterlagen gelten, die eine Berechnung der Strömungs- und Wärmeübergangsverhältnisse gestatten, und zwar:

an den Nabenoberflächen der Rotoren,

in den durchströmten und nicht zwangsweise durchströmten Kanälen und Hohlräumen des Rotors unter Berücksichtigung der Feldkräfte,

in den Ringräumen zwischen Scheiben und feststehenden Gehäuseteilen für die Fälle unterschiedlicher Zu- und Abströmbedingungen sowie unterschiedlicher Richtungen der Kühl- und Sperrluft (hierbei ist auch die Ventilationsleistung zu berücksichtigen),

in den Labyrinthen (auch hier ist der Ventilationseinfluß einzubeziehen),

bei der Zuführung der Kühlluft vom freistehenden in das rotierende System.

Die Formgebung der Systeme muß sich an typischen, eingeführten Geometrien orientieren.

Die Vielzahl der in der Praxis auftretenden Anordnungen sowie die thermodynamischen und strömungstechnischen Randbedingungen erlauben es nicht, den Wärmeübergang für alle diese Fälle allein aufgrund von Versuchen zu bestimmen. Es ist deshalb notwendig, geeignete numerische Verfahren zu entwickeln, die es gestatten, das Strömungs- und Wärmeübergangsverhalten rechnerisch vorherzubestimmen und die Spannungen und Dehnungen im Bauteil zu ermitteln.

Insbesondere ist es schwierig, bei der Überlagerung von freier und erzwungener Konvektion und bei der Spaltströmung aus der Literatur bekannte Rechenverfahren anzuwenden. Für diese Verhältnisse sind Versuche durchzuführen, deren Ergebnisse allgemeingültig in dimensionsloser Form darzustellen und mit den bisher bekannten Zusammenhängen zu vergleichen sind.

Die Auslegung der HD- und MD-Teile großer ZÜ-Dampfturbinen wird wesentlich durch die Beanspruchungen des Läufers im Bereich der ersten Stufen, speziell auch an den Schaufelbefestigungen, beeinflußt. Die Zeitstandsfestigkeitswerte der verschiedenen CrMoV-Stähle sind bei den hier auftretenden Werkstofftemperaturen und der geforderten Lebensdauer von 10^5 h und mehr bereits deutlich temperaturabhängig. Eine Temperatursenkung in kritischen Bereichen des Läufers um 20 bis 40 K kann daher wesentlich besser konstruktive Lösungen eröffnen.

Das Temperaturfeld im Läufer wird einmal durch den Wärmeübergang an den direkt dampfberührten Oberflächenteilen, durch den Wärmestrom aus den Schaufeln und Schaufelfüßen und durch die axiale Wärmeleitung im Läufer selbst bestimmt. Da die von Gasturbinen her bekannte Schaufelkühlung in Dampfturbinen bisher nicht notwendig war, wurde das Temperaturfeld der Läufer nur durch die Verminderung des direkten Wärmeübergangs an den Läuferoberflächen beeinflußt. Dazu leitet man Kühldampf über die Wellendichtungen und in Einzelfällen durch Bohrungen in Leitschaufeln so zu den Läufern, daß sich auf den Oberflächen bis zu den Schaufelfußplatten hin Kühldampfschleier ausbilden. Diese schützen die Läufer vor direktem Kontakt mit heißem Dampf. Bei der Kammerbauart können auch die Seiten der Laufradscheiben mit Kühldampf beaufschlagt werden.

Grundsätzlich ähneln die dabei zu lösenden Fragen — Wärmeübergangszahlen, Stabilität von Kühlmediumströmen, Berechnung von zwei- und dreidimensionalen Temperaturfeldern in mehr oder weniger komplizierten Körpern, Minimierung der durch die Kühlung hervorgerufenen Wärmespannungen — den oben für Gasturbinen dargelegten Problemen. Allerdings ist eine unmittelbare Übertragung der dort gewonnenen Erkenntnisse wegen der andersartigen geometrischen und konstruktiven Verhältnisse und der geänderten thermo-fluidmechanischen Parameter oft nicht möglich. Andererseits sind wirklichkeitsnahe Versuche noch schwieriger zu realisieren als bei Gasturbinen und praktisch auszuschließen, so daß das Hauptgewicht auf die Entwicklung genügend allgemeingültiger, durch Modellversuche abgesicherter theoretischer Verfahren zu legen ist.

Wegen der auch bei Dampfturbinen unvermeidlichen geringfügigen Minderung des Anlagenwirkungsgrades durch die Kühlung besteht die zunehmende Notwendigkeit einer Minimierung der Kühldampfströme und daher einer optimalen Dimensionierung und Gestaltung der Kühlung.

Da durch die Steigerung der Primärenergiekosten eine nennenswerte Steigerung der Dampftemperaturen in Zukunft wahrscheinlich wirtschaftlich interessant werden wird, werden die Probleme der Kühlung bei Dampfturbinen schnell und auf breiter Front an Aktualität gewinnen.

Forschungsthemen

- *Wärmeübergang und Wärmetransport in geschlossenen rotierenden Hohlräumen bei sehr hohen Grashof-Kennzahlen*
- *Wärmeübergang an rotierenden Scheiben in der Nähe stationärer Wände*
- *Wärmeübergang in berührungslosen Wellendichtungen (Labyrinthen)*
- *Einfluß der Rotation auf das Durchflußverhalten und den Wärmeübergang in den Kühlkanälen der Rotoren*
- *Bestimmung der Pumpmengen für Scheibenkonturen unter Berücksichtigung der auftretenden Temperaturverhältnisse*

4.1.4 Brennkammerkühlung

Stand der Forschung

Obwohl bisher der Kühlung der Hochdruckturbine größere Aufmerksamkeit geschenkt wurde, kommt den Verfahren zur Kühlung der thermisch außerordentlich hoch belasteten Brennkammer gleiche Bedeutung zu. Das trifft sowohl für Brennkammern von Fluggasturbinen in ihrer bevorzugten Ausführung als Ring- und Umkehrbrennkammer als auch für die bei stationären Gasturbinen und bei Fahrzeug-Gasturbinen eingesetzten Rohrbrennkammern zu. Während bei Flugtriebwerken und Fahrzeugturbinen die Wärmebelastung (Wärmeumsatz) der Brennkammer bereits sehr hohe Werte erreicht hat, ist für stationäre Gasturbinen abzusehen, daß neuere Konstruktionen zu einer Zunahme des Wärmeumsatzes führen werden. Neben den Forderungen nach hoher – mindestens den anderen Komponenten angepaßter – Lebensdauer und geringer Wartungsanfälligkeit sind zunehmend die Verfügbarkeit der Werkstoffe, die Herstellungskosten und natürlich die veränderten Betriebsparameter in den Vordergrund des Interesses gerückt. Als Beispiel sind die Auswirkungen der Kühlluft auf das Austrittstemperaturprofil und die Schadstoffbildung zu nennen.

Bei mäßigen Brennkammerbelastungen hat sich die einfache Filmkühlung mit relativ großen Kühlluftschlitzen bewährt: der Wärmefluß vom Heißgas an die Wand wird durch einen längs der Wand axial eingeblasenen Kühlluftschleier verhältnismäßig gering gehalten (abgesehen von den Zonen mit starken dreidimensionalen Effekten unmittelbar hinter den in das Flammrohr eintretenden Luftstrahlen). Das einfache Konstruktionsprinzip führt zu vergleichsweise geringen Herstellungskosten. Als Nachteil ergibt sich, daß die verfügbare Kühlluft nicht optimal zur Kühlung genutzt wird. Das wirkt sich besonders stark bei einer Erhöhung der Brennkammeraustrittstemperatur aus, da u. U. der überwiegende Anteil der gesamten zur Verfügung stehenden Luft zur Verbrennung herangezogen werden muß. Der Übergang zu neuen Kühlverfahren ist deshalb unerläßlich.

Nicht so kritisch sind unter den Voraussetzungen derzeitiger Anlagen die Verhältnisse bei großen stationären Gasturbinen, wobei vor allem die mit metallischen oder keramischen Ziegeln ausgekleideten „Silo-Brennkammern" mit ihrer geringen Belastung keine größeren Kühlungsprobleme aufweisen. Hier stehen eher Fragen zur Temperaturvergleichmäßigung – bedingt durch Mischluftbohrungen mit großem Teilungsverhältnis – im Vordergrund. Beim Übergang zu Hochtemperaturturbinen, wie sie derzeit vorgeschlagen werden, ergeben sich jedoch unmittelbar die für Triebwerke bereits jetzt aktuellen Probleme.

Problembeschreibung und Zielsetzung

Grundsätzlich führen zukünftige Brennkammerentwicklungen auf folgende Anforderungen an die einzusetzenden Kühlmethoden:

eine bessere Nutzung der Kühlkapazität der noch verfügbaren Luft,

eine damit gekoppelte Verringerung des Luftbedarfs,

eine Homogenisierung der Wandtemperaturen,

eine Erhöhung der mechanischen Standfestigkeit und der Lebensdauer,

eine Optimierung der Material- und Fertigungskosten.

Als vielversprechende neue Kühlverfahren bieten sich eine Verbesserung der bisherigen einfachen Filmkühlung durch Übergang zur kombinierten Film-Konvektionskühlung, zur Effusionskühlung oder zu verschiedenen anderen Kombinationen der auch von der Schaufelkühlung her bekannten Verfahren an. Wesentliche Verbesserungen der Kühleffektivität – definiert als das Verhältnis der Differenz von Heißgas- und Wandtemperatur zur Differenz von Heißgas- zu Kühllufttemperatur – um den Faktor drei, sind durchaus zu erreichen. Eine weitere Erhöhung der Kühleffektivität ist von neuesten Kühlverfahren zu erwarten, die sich von der Effusionskühlung her ableiten. Mehrschichtenbleche mit einer komplexen Kühlbohrungsmatrix und verzweigten Kühlkanälen werden entwickelt. Erste Versuche in Fahrzeuggasturbinen und Flugtriebwerksbrennkammern werden zur Zeit durchgeführt bzw. sind in der Planung. So werden z. B. von der NASA sogar Temperaturen weit über 2000 K bei Drücken von etwa 40 bar angestrebt. Dabei hat sich wiederum herausgestellt, daß poröse Materialien, die eine ideale Effusionskühlung ermöglichen, kaum für den Einsatz in Triebwerken geeignet sind: das Oxidationsverhalten, die Veränderlichkeit der lokalen Permeabilität und eine Verstopfung durch Partikel sind bekannte Probleme. Der Einsatz effusionsgekühlter Mehrschichtenbleche deutet sich als Ausweg an. Weiterhin sind keramische Beschichtungen zu nennen, die zu einer wesentlichen Entlastung des metallischen Trägermaterials führen können. Auf die Entwicklungsmöglichkeiten vollkeramischer Brennkammern wird an anderer Stelle eingegangen.

Eine Vielzahl von Forschungsaufgaben bedarf der Klärung, bevor der Übergang zu wesentlich höheren Brennkammerbelastungen vollzogen werden kann, wobei vor allem bei Anlagen mit Luftvorwärmung berücksichtigt werden muß, daß die zur Verfügung stehende Kühlluft bereits mit sehr hoher Temperatur zuströmt. Allen Verfahren ist als Forderung gemeinsam, daß der Druckverlust gering gehalten werden muß, daß effizientes Arbeiten der Brennkammer auch bei Teillast bzw. bei Abweichen vom Auslegungspunkt gewährleistet ist, die Temperaturgradienten gering gehalten werden müssen, das Konstruktionsprinzip einfach bleibt und eine lange Lebensdauer bei möglichst geringen Kosten gesichert ist.

Grundsätzlich deutet sich folgendes Vorgehen an: Zunächst sind gründliche Untersuchungen des Wärmeübergangs innerhalb der neuen Flammrohrstrukturen erforderlich. Dabei müssen große Druck- und Temperaturbereiche berücksichtigt werden. Die Messungen (Temperatur, Durchfluß, Druck) müssen sowohl zur Erarbeitung von Berechnungsunterlagen als auch zur Bestätigung theoretischer Analysen ausreichen.

Eine Vorbedingung für die rechnerische Erfassung des Wärmeüberganges in der Brennkammer ist die Darstellung der Brennkammerhauptströmung und der Grenzschichteinflüsse. Rezirkulationszonen, Änderungen der Geometrie und Mischvorgänge von Kühlluft und Hauptstrom bei unterschiedlichsten Impulsverhältnissen erschweren die Lösung.

Allgemein läßt sich wie bei der Schaufelkühlung auch für die Entwicklung neuer Brennkammer-Kühlverfahren feststellen, daß genauere und detailliertere Berechnungsverfahren sowohl zur Beschreibung der Strömung als auch des Materialverhaltens notwendig sind. Gelingt die Bestimmung der lokalen Wärmeübergangszahlen und der Spannungsverteilung, wobei z. B. plastisches Verhalten und Kriechen mit einbezogen werden sollten, so wären die wesentlichen Voraussetzungen für eine zuverlässige Lebensdauervorhersage geschaffen.

Als Grundlage aller weiterführenden Entwicklungen ist jedoch die angepaßte Fertigungs- und Fügetechnik zu sehen, die – ausgehend von den verfügbaren Werkstoffen und gestützt durch die genaueren Rechenverfahren – bauteilspezifisch optimiert werden muß.

Forschungsthemen

- *Entwicklung kombinierter Konvektions- und Filmkühlmethoden für zukünftige Brennkammern*
- *Effusionskühlung von Brennkammern mit Mehrschichtenblechen*
- *Ermittlung der unterschiedlichen thermischen Dehnung von doppelwandigen Konstruktionen und Erarbeitung von Lösungsvorschlägen*
- *Untersuchung des Einflusses der Kühlluft auf das Temperaturfeld im Flammrohr*
- *Beschichtung von Brennkammern und Untersuchung der Strahlungseigenschaften der verwendeten Materialien*

4.2 Wärmeübertrager

Stand der Forschung

Wie bereits erwähnt, sollen in diesem Abschnitt nur Wärmetauscher behandelt werden, die integraler Bestandteil der Gastubine sind. Dies trifft in erster Linie für Fahrzeuggasturbinen zu, die ohne Wärmetauscher den spezifischen Verbrauch von Dieselmotoren nicht erreichen. Aber auch auf dem Gebiet der Luftfahrtgasturbinen ergeben sich in Zukunft Einsatzmöglichkeiten für Wärmetauscher, zum Beispiel bei Hubschraubertriebwerken oder bei der Temperaturabsenkung der zur Schaufelkühlung benötigten Verdichterluft.

Diese Hauptanwendungsgebiete erfordern den Einsatz von Wärmetauschern, die neben hohen Austauschraten und kleinen Druckverlusten ein möglichst geringes Gewicht und Einbauvolumen haben. Ein weiteres Merkmal ist, daß sie beiderseits mit Gas beaufschlagt werden. Diese Anforderungen führen zu kleinen hydraulischen Durchmessern und zu großen Wärmeübergangsflächen pro Volumeneinheit. Für solche Wärmetauscher hat sich die Bezeichnung „kompakte Wärmetauscher" durchgesetzt. Wärmetauschertypen, die zur Zeit verwendet werden, sind der rotierende Keramik-Regenerator und der Röhrchen- oder Plattenrekuperator, wobei die optimale Konfiguration letztlich vom geplanten Einsatzgebiet abhängt.

Der keramische Scheibenregenerator kommt in fast allen Pkw- und Lkw-Gasturbinenprogrammen zum Einsatz. Für Eintrittstemperaturen bis zu 1400 K werden Austauschgrade von 95 % bei Druckverlusten zwischen 5 und 10 % erreicht. Die hydraulischen Kanaldurchmesser liegen unter 1 mm, die Wandstärken unter 0,1 mm. Der große Nachteil der keramischen Regeneratoren ist ihr hoher Leckverlust von der kalten (Verdichterluft) zur heißen Seite (Turbinenabgas), bedingt durch die nur schwer zu beherrschenden Dichtungselemente zwischen der rotierenden Scheibe und den feststehenden Gehäuseteilen. Bei den meisten Projekten dürften die Leckverluste zwischen 4 und 8 % betragen. Zusätzliche gravierende Probleme ergeben sich aus der Lagerung und dem Antrieb der Scheibe sowie der Kühlung dieser Teile.

Rekuperatoren besitzen den Vorteil, daß sie praktisch keine Leckverluste haben. Doch im allgemeinen erreichen sie nicht die hohen Austauschgrade (nur bis etwa 85 %) der Regeneratoren, will man das Volumen des Wärmetauschers in vernünftigen Grenzen halten.

Bei den Rekuperatoren kommen Röhrchen- und Plattenwärmetauscher zum Einsatz. Ein Vorteil der Röhrchenwärmetauscher ist deren geringere Empfindlichkeit gegenüber thermischen Spannungen. Die Anordnung der Röhrchen wird so gewählt, daß sich die einzelnen Röhrchen mehr oder weniger frei dehnen können und somit keine hohen thermischen Belastungen innerhalb der Matrix auftreten. Ein Nachteil sind die im allgemeinen relativ hohen Herstellkosten. Die Plattenwärmetauscher sind meist etwas billiger zu fertigen. Durch die unterschiedliche thermische Aufheizung der Matrix entstehen hohe Thermospannungen, die zu starken Beanspruchungen der Lötverbindungen führen. Ein Nachteil sind auch die komplizierten Luft- und Gaszuführungen, die zu einem beträchtlichen Teil zum Gesamtvolumen des Wärmetauschers beitragen.

Rekuperatoren bestehen heutzutage fast ausschließlich aus hochwarmfesten Stählen und Legierungen. Hydraulische Kanaldurchmesser bis etwa 1 mm bei minimalen Wandstärken von 0,2 mm können erreicht werden. Neben geraden Kanälen werden zur Erhöhung des Wärmeübergangs oft berippte Kanäle, Kanäle mit unterbrochenen Wänden oder auch wellenförmige Kanäle eingesetzt.

Keramische Rekuperatoren, die für die Zukunft einen bedeutenden Vorteil auch bezüglich der Herstellungskosten versprechen, stehen erst am Anfang ihrer Entwicklung. Porosität des Materials, Thermoschockbelastung und Schwingungsbeanspruchung stellen hier besondere Probleme dar, die noch gelöst werden müssen.

Problembeschreibung und Zielsetzung

Der Gütegrad des Wärmetauschers trägt in entscheidendem Maße zum Prozeß-Wirkungsgrad der Turbomaschine bei. Dementsprechend sorgfältig muß seine Auslegung erfolgen. Wie schon erwähnt, sind möglichst geringes Volumen und Gewicht bei hohen Austauschgraden sowie niedrigen Druckverlusten die wichtigsten Kriterien, nach denen eine Auslegung zu erfolgen hat. Die gleichzeitige Optimierung dieser Punkte würde zu immer kleiner werdenden Kanaldurchmessern und Wandstärken führen. Die Fertigungstechnik und letztlich die Herstellungskosten setzen hier Grenzen, die von vornherein in die Auslegungsrechnung mit einbezogen werden müssen. Da die einzelnen Auslegungskriterien für unterschiedliche Einsatzgebiete verschieden gewichtet werden müssen, ist die optimale Wärmetauscherkonfiguration stark vom geplanten Einsatzgebiet abhängig. So kommt – um ein Beispiel zu nennen – dem Gewicht des Wärmetauschers bei einer LKW-Gasturbine viel geringere Bedeutung zu als bei einem Hubschraubertriebwerk.

Eine Verbesserung der Wärmetauscher ist zum einen über eine Weiterentwicklung der Fertigungs- und Fügetechnik für feine Strukturen zu erreichen. Besondere Bedeutung kommt zum anderen sicher auch der Weiterentwicklung keramischer Werkstoffe für Regeneratoren und Rekuperatoren zu. Dies sind jedoch keine thermischen Probleme, deshalb soll hier nicht näher darauf eingegangen werden.

Für den Regenerator speziell ist es wichtig, die Dichtungen zwischen der rotierenden Scheibe und dem feststehenden Gehäuse zu verbessern. Dieses Problem aus thermischer Sicht zu lösen, erfordert wiederum die zuverlässige Kenntnis der Temperaturverteilung in den Dichtleisten und dem Gehäuse. Die hier auftretenden

Wärmeübergangsverhältnisse sind ähnlich wie bei der Gehäuse- und Rotorkühlung, und die für diese Bauteile durchzuführenden prinzipiellen Untersuchungen decken einen großen Teil der Fragestellungen mit ab. Trotzdem werden auch in Zukunft experimentelle Untersuchungen an Regeneratoren notwendig sein, um einerseits noch fehlende Informationen zu erhalten und andererseits, um die theoretisch ermittelten Temperaturen und Leckluftmengen zu bestätigen. Unabdingbar ist es dabei, daß die Untersuchungen für die tatsächliche Geometrie und bei den in der Turbine auftretenden Drücken und Temperaturen durchgeführt werden, was einen komplizierten und damit teueren Versuchsaufwand erfordert.

Das Hauptziel der hier durchzuführenden Arbeiten ist die Verbesserung der Wärmetauschermatrix hinsichtlich optimaler Wärmeübertragung bei möglichst geringem Druckverlust. Dazu müssen zunächst für eine Reihe neuartiger Matrix-Konfigurationen experimentelle Daten für den Wärmeübergang und den Druckverlust bereitgestellt werden. Beispiele für erfolgversprechende Konfigurationen sind:

Kanäle mit Noppen, Rippen oder periodischen Einschnürungen (dabei wird gleichzeitig mit dem Wärmeübergang auch die wärmeübertragende Oberfläche vergrößert),

Kanäle mit belochten Einbauten oder in Strömungsrichtung versetzte Kanäle (hier wird der Wärmeübergang durch ein ständiges Neuanlaufen der Grenzschicht erhöht),

Kanäle mit wellenförmigem Verlauf,

Kanäle, die sich mehrfach überschneiden,

Platten und Kanäle mit Drahtgeflechten,

profilierte Wärmetauscherrohre.

Diese Aufzählung zeigt bereits, daß die Anzahl der in Frage kommenden Konfigurationen und die Variation ihrer Geometrieparameter praktisch beliebig groß ist, so daß es ein weiteres Ziel sein muß, durch intensive theoretische Arbeiten die an Basiskonfigurationen gewonnenen Erkenntnisse auf den durch die Praxis bestimmten breiten Parameterbereich übertragen zu können. Die Ergebnisse dürften im übrigen auch für die Schaufelkühlung und für die Flammrohrkühlung interessant sein, da dort ähnliche Geometrien verwendet werden können.

Weiterhin muß die Verbesserung der Auslegungs- und Optimierungsprogramme vorangetrieben werden. Es kommen bisher meist relativ grobe Methoden zum Einsatz. Die komfortabelsten Programme wählen für vorgegebene Auslegungsbedingungen aus einer Reihe von prinzipiellen Konfigurationen die geeignetste aus und legen dann die optimalen Abmessungen des Wärmetauschers fest. Die Verfahren arbeiten fast ausschließlich mit mittleren Fluidtemperaturen sowie mittleren Wärmeübergangskoeffizienten und Druckverlustbeiwerten. Die hohen Drücke und Temperaturen moderner Gasturbinen bringen die verwendeten Materialien an die Grenze ihrer Belastbarkeit. Es müssen deshalb bereits bei der Auslegung der Wärmetauscher die örtlichen Materialtemperaturen und die Spannungen während stationärer und instationärer Betriebszustände berücksichtigt werden. Voraussetzung dafür ist die Erfassung der lokalen Fluidtemperaturen und Wärmeübergangskoeffizienten, wobei beachtet werden muß, daß sich, wegen der starken Temperaturabhängigkeit der Stoffwerte für Luft, die für die Durchströmung der Matrix charakteristischen Größen für Wärmeübergang und Druckverlust bedeutend ändern können (bis um den Faktor 2).

In diesem Zusammenhang erscheint es sinnvoll, die üblichen Vergleichs- und Bewertungskriterien von Wärmetauschern mit unterschiedlichen Konzepten unter Berücksichtigung der hier angesprochenen, relativ neuen Anwendungsgebiete nochmals umfassend zu überarbeiten – auch als Voraussetzung dafür, mit Rechenprogrammen optimale Lösungen zu finden.

Forschungstehmen

- *Experimentelle Untersuchungen des Wärmeübergangs und der Druckverluste an erfolgversprechenden Kanal- und Platten-Konfigurationen*
- *Verbesserung der Optimierungs- und Auslegungsrechnungen unter Berücksichtigung lokaler Strömungs- und Wärmeübergangsverhältnisse*
- *Überarbeitung der Optimierungsstrategie von Wärmetauschern unter Berücksichtigung der jeweiligen Anwendungsbereiche*
- *Berechnung von lokalen Materialtemperaturen und Thermospannungen während stationärer und instationärer Betriebszustände*
- *Verbesserung der Abdichtung rotierender Scheiben-Regeneratoren*

5 Strukturmechanik und Konstruktion

Einleitung

Zielsetzung der Forschung in Strukturmechanik und Konstruktion ist die Entwicklung von wirtschaftlicheren, leistungsgesteigerteren und umweltfreundlicheren Strömungsmaschinen mit erhöhter Zuverlässigkeit und Lebensdauer.

Leistungssteigerung bei den Turbomaschinen ist durch Erhöhung der Wirkungsgrade und durch Leistungskonzentration in den einzelnen Turbomaschinenkomponenten erreichbar. Extremer Leichtbau und erhöhte Turbineneintrittstemperaturen sind hierbei wesentliche Faktoren. Im Gegensatz zu den Flugtriebwerken gibt es bei den stationären Turbomaschinenanlagen keine großen Gewichtsprobleme, jedoch wird auch hier mehr Wirtschaftlichkeit durch höhere Betriebstemperaturen erreicht. Gleichzeitig besteht die Forderung nach gesteigerter Zuverlässigkeit und erhöhter Lebensdauer der gesamten Maschinenanlage.

Dieser Zwang erfordert verfeinerte *Berechnungsmethoden*, die es erlauben, die Strukturen so einfach wie möglich, jedoch so genau wie nötig darzustellen, um ihr Betriebsverhalten zu optimieren. Weiterhin werden verbesserte *Beurteilungsmethoden* benötigt, die die berechneten Belastungen der Strukturen im Vergleich zur zulässigen Auslastung des Werkstoffs eindeutig und zuverlässig bewertbar machen. Ergänzend dazu ist es erforderlich, mit geeigneten *Versuchsmethoden* die Zuverlässigkeit der analytischen Untersuchungen zu bestätigen und die geforderten Lebensdauer- und Sicherheitsnachweise zu erbringen.
Die hierfür notwendigen Lösungsvoraussetzungen wie Großrechner und Prüfstandseinrichtungen stehen weitgehend zur Verfügung.

Der wirtschaftliche Nutzen weiterentwickelter Methoden und Verfahren bei Strukturmechanik und Konstruktion kann nicht nur unter technischen, sondern muß auch unter wirtschafts- und energiepolitischen Aspekten gesehen werden, wobei auch Umweltschutz eine immer größere Rolle spielt. Sowohl für Fluggasturbinen als auch für stationäre Anlagen kann intensive Forschung folgende Vorteile bringen:

Geringere Entwicklungsrisiken; geringere spezifische Herstellkosten; Reduktion der Versuchskosten und des Zeitaufwandes; geringere Betriebskosten durch gesteigerte Lebensdauer und Zuverlässigkeit; geringerer Brennstoffverbrauch; verbesserte Ausnutzung erprobter Werkstoffe; Substitution von teuren und bedingt verfügbaren Werkstoffen; geringeres Ausfallrisiko und damit verbesserte Verfügbarkeit der Turbomaschinen; Anpassung an gesteigertes Umweltbewußtsein durch reduzierte Schadstoffemission und reduzierte Schallabstrahlung.

Als Problemkreise für die Forschung bei Strukturmechanik und Konstruktion können folgende Themengruppen genannt werden:

Statische Beanspruchungen der Turbomaschinenkomponenten durch mechanische, strömungsmechanische und thermische Einwirkungen. Die strukturelle Integrität einer Turbomaschine bezüglich statischer Belastung wird im wesentlichen durch die Maschinenkomponenten, Rotoren, Schaufeln und drucktragende Gehäuse, beeinflußt.

Der Berechnung sind dafür drei Hauptaufgaben zuzuordnen:

Definition der Belastung (Lastannahmen),

Analytische Ermittlung des Verformungs- und Spannungszustandes mit einem geeigneten physikalischen Modell,

Beurteilung der Verformungen und Spannungen bezüglich des geforderten spezifischen Verwendungszweckes.

Bei der Berechnung werden, unabhängig von der Maschinenkomponente, zwei- und dreidimensionale physikalische Modelle verwendet, deren Ergebnisse mit äquivalenten Vergleichseinheiten zu beurteilen sind.

Dynamische Beanspruchungen der Triebwerkskomponenten durch mechanische und strömungsmechanische Einwirkungen.

Häufig sind Schwingungen bei Turbomaschinen die Ursache von teuren Störfällen und zwingen zu langwierigen, aufwendigen Abhilfemaßnahmen. Die analytische Vorausberechnung des Schwingungsverhaltens der Turbomaschinenkomponenten und der Vergleich mit erprobten Entwurfskriterien ist bereits in der Entwurfsphase von höchster Bedeutung, da nur dadurch eine optimale Abstimmung bezüglich des Betriebsbereichs möglich ist. Ebenso wie bei der Statik ist eine Aufspaltung in die Hauptkomponenten der Turbomaschine – Rotoren, Schaufeln, Gehäuse – möglich.

Der Berechnung sind folgende Schwerpunkte zuzuordnen, wobei die Schaufelschwingungen zum Teil mit dem interdisziplinären Problembereich des stationären resp. instationären Strömungsfeldes um das auszulegende Schaufelprofil verknüpft sind:

Analytische Ermittlung des Verformungs- und Spannungszustandes für die im gesamten Betriebsbereich der Turbomaschine möglichen Eigenfrequenzen mit einem geeigneten physikalischen Modell;

Bewertung des Frequenzspektrums bezüglich Resonanzen im allgemeinen und gefährlicher Resonanzen im besonderen;

Gesamtbeurteilung des dynamischen und statischen Beanspruchungszustandes bezüglich der zulässigen Werkstoffwerte bzw. technisch sinnvolles Aufteilen zwischen statischem und dynamischem Potential des Werkstoffes.

Weiterentwicklung von Lagern

Wälz- und Gleitlager sind Maschinenelemente, die in vielfältiger Form im Turbomaschinenbau eingesetzt werden. Die Problemstellung für den Konstrukteur umfaßt die Entwicklung neuer Bauweisen mit *verbesserter Tragfähigkeit, optimierter Dämpfung, erweiterten Einsatzgrenzen* und *gesteigerter Zuverlässigkeit.*

Weiterentwicklung von Dichtungen

In der Turbomaschine finden verschiedenartige Dichtungen zur Abdichtung von Lagerkammern und des Arbeitsmediums Verwendung. Eine Verbesserung der Dichtungskonstruktion und der Dichtungswerkstoffe reduziert die parasitäre Leckage des Arbeitsmediums usw. (Steigerung des Wirkungsgrades, reduzierte Kontamination) und erhöht somit die Verfügbarkeit der Maschine.

Einfluß von Alternativwerkstoffen auf die Konstruktion

Ist das Potential der Titanlegierungen ausgeschöpft, kann der Übergang auf einen anderen Werkstoff mit höherer Steifigkeit, höherer Schwingungsfestigkeit, höheren Dämpfungswerten usw. eine Lösung bieten. Bereits flugerprobte Bauteile zeigen, daß dies mit *Faserwerkstoffen* vermutlich ohne höhere Kosten als mit Titanlegierungen erreichbar ist. Voraussetzung wird aber sein, den Erfolg nicht nur in der bislang versuchten Substitution zu suchen, sondern das vorhandene Werkstoffpotential durch werkstoffgerechte Konstruktion auszureizen.

Ein Technologietransfer in andere Bereiche, vor allem zum stationären Turbomaschinenbau, wird bei der Weiterentwicklung und dem Einsatz von Fan-Schaufeln als sehr wahrscheinlich angesehen. Über die Nutzung des Gewichtvorteils von bis zu 30 % bietet der Werkstoff mit den hohen gewichtsbezogenen Festigkeits- und Steifigkeitswerten noch weitreichende Möglichkeiten.

Die Rohstofflage der Metalle zur Herstellung von Superlegierungen ist mit einer laufenden Verknappung und Verteuerung zu kennzeichnen. Außerdem sind die benötigten Rohstofflager lokal begrenzt und teilweise politisch unsicher. Ein Alternativwerkstoff muß neben seinen mechanischen Eigenschaften möglichst eine nicht begrenzte Verfügbarkeit und eine preiswerte Gewinnung aufweisen. *Keramische Werkstoffe* erfüllen zum großen Teil diese Forderungen. Die Technologien sind noch jung und eine preiswerte Bauteilfertigung mit garantierter Qualität noch nicht ausgereift.

Eine Anstrengung in der Werkstofftechnologie und der „keramischen" Bauteilkonstruktion brächte nicht nur eine kostengünstigere Fertigung, sondern bringt auch in der Anwendung im Turbomaschinenbau eine Erhöhung der Wirkungsgrade und damit eine höhere Leistungsausbeute bei gleichem Energieaufwand.

Insgesamt kann bei den steigenden Rohstoffpreisen durch Verwendung von Alternativwerkstoffen ein geringerer Kostenanstieg für das Bauteil bzw. eine billigere Herstellung bei komplizierten Teilen erwartet werden.

Schadensursachen und Schadensverhütung

In Turbomaschinen sind zusätzliche Schädigungsmechanismen durch Fremdkörpereinwirkung, Erosion und Reibverschleiß stets vorhanden und in der Regel sogar überlagert. Künftige Forschungsvorhaben sollten deshalb darauf abzielen, die Schädigungsvorgänge eingehender zu analysieren, um daraus unter Beachtung des wirtschaftlichen Nutzens Maßnahmen zur Verhütung von Schäden abzuleiten. Voraussetzung dazu ist, daß die Vorgänge unter Aufgabe vereinfachender Annahmen mathematisch zunächst einzeln, danach als überlagerte Fälle beschrieben werden können und schließlich durch experimentelle Untersuchungen abgesichert werden.

5.1 Statische Beanspruchung

5.1.1 Rotoren

Stand der Forschung

Das primäre Auslegungsproblem bei Verdichter- und Turbinenrotoren sind die hohen Zentrifugalkräfte der Schaufeln und die Materialtemperaturen im Turbinenbereich bzw. die Temperaturgradienten während der kurzzeitigen Übergangszustände im vorgesehenen Einsatzspektrum der Maschine. Typische Entwurfskriterien bei der Rotorauslegung sind: Dehnungen des Rotorverbandes, Kriechen, Ermüdung im Zeitfestigkeitsbereich bis 10^5 Lastwechsel (Low Cycle Fatigue), Rißfortschritt an kritischen Stellen und Rotorbersten.

Bei Rotoren werden Spannungen und Verformungen vorwiegend mit Finite-Element-Methoden (FEM) analysiert. Dabei stehen heute folgende Methoden zur Verfügung:

FEM-Programme mit Ringelementen zur Berechnung rotierender Scheiben

Diese Programme erfassen mechanische und thermische Belastungen. Mittels Steifigkeitskoeffizienten oder direkter Kopplung mit Schalen können wesentliche Zwischenbedingungen simuliert werden, um die komplexe Bauweise der Rotoren physikalisch richtig darzustellen.

FEM-Programme mit Schalenelementen

Bei der Turbomaschine ist die Analyse von Rotationsschalen eine grundsätzliche Berechnungsaufgabe. Die vielfach verzweigten Schalen der Mehrstufenrotoren,

Dickenvariationen, nichtrotationssymmetrische Lasten usw. und die genaue Bestimmung der Spannungs- und Verformungszustände sind die Grundforderungen dieser Problematik.

FEM-Programme mit allgemeinen dreidimensionalen Elementen

Mit diesen Verfahren können lokale Spannungsspitzen an Kerben oder lokalen Lasteinleitungen analysiert werden.

Vor allem bei Flugtriebwerken sind die Rotoren häufig wechselnden Betriebszuständen während einer Flugmission unterworfen. Die daraus resultierenden Änderungen der Temperaturgradienten und damit des Thermospannungszustandes in der Rotorstruktur bewirken vor allem in der Nähe von Kerben (Kühlluftbohrungen, Schaufelfußnuten usw.) lokale Spitzenspannungen im überelastischen Bereich, die zyklisch auftreten und somit zu Ermüdungsproblemen im Zeitfestigkeitsbereich bis 10^5 Lastwechseln führen (Low Cycle Fatigue). Eine elasto-plastische Simulation des lokalen Spannungs- und Verformungszustandes mit einem geeigneten FEM-Verfahren ist notwendig, um die Geometrie solcher Kerbstellen hinsichtlich der lokalen Ermüdungslebensdauer zu beurteilen. Bei Materialtemperaturen über ca. 800 K ist an Kerbstellen in den Scheiben mit lokalen Relaxationseffekten durch Kriechen zu rechnen. Diese Einflüsse auf den Anrißbeginn können mit Hilfe einer FEM-Analyse zusammen mit zyklisch ermittelten Kriech-/Relaxationsdaten für den Werkstoff abgeschätzt werden, dabei bestehen aber noch Unsicherheiten bei einem mehrachsigen Spannungszustand im Bereich der Kerbe.

Problembeschreibung und Zielsetzung

Bei den rechnerischen Methoden zur Ermittlung der Beanspruchung wird die Integralgleichungsmethode (IGM) für die Berechnung von Temperaturen und Spannungen entwickelt. Weitere Arbeiten zur Ausdehnung des Anwendungsbereichs bezüglich Randbedingungen, instationären Temperaturen, innere Ränder etc. wären wichtig.

Bei der Berechnung von Temperaturverteilungen in Festkörpern können Finite-Element-Methoden heute am Rande gegebene zeitabhängige Verteilungen von Temperatur und Wärmeübergangszahl verarbeiten. Der Einbezug von Strahlungswärmeaustausch in die Randbedingungen würde Anwender finden.

Spannungsoptische Meßmethoden für Spannungen und holographische Meßmethoden für Oberflächenverschiebungen sind häufig nicht genügend genau auswertbar. Methoden für eine Ganzfeldauswertung solcher Meßdaten hinsichtlich Spannungen würden sowohl die Interpretation verbessern als auch möglicherweise den nötigen experimentellen Aufwand reduzieren und die analytischen Vorhersagen besser absichern.

Bei der Gegenüberstellung von ermittelten und ertragbaren Beanspruchungen gibt es zwei Möglichkeiten der Beurteilung: Vergleich mit Mittelwerten bei hohen Sicherheitsfaktoren oder Vergleich mit oberen bzw. unteren Streugrenzen ohne Sicherheitsfaktor. Hier gibt es noch für Turbomaschinen geeignete Konzepte zu entwickeln, die eine optimale Ausnutzung des Werkstoffes im geforderten Lebensdauerbereich mit größter Ausfallsicherheit ermöglichen.

Das Problem der Übertragbarkeit von einfachen Beanspruchungszuständen im Werkstofflabor auf komplizierte Beanspruchungszustände im Bauteil ist vielfach unbefriedigend gelöst. Folgende Probleme erfordern noch intensive Forschungs- und Entwicklungsarbeiten:

mehrachsig beanspruchte Bauteile im Zeitfestigkeitsbereich (LCF);

kombinierte Kriech- und LCF-Schädigung bei hohen Materialtemperaturen;

statische Restfestigkeitswerte von derartig vorgeschädigten Bauteilpartien;

unterkritisches Rißwachstum unter zyklischen mehrachsigen Beanspruchungen, unter anderem bei dreiachsigen Zugbeanspruchungen;

Sprödbruchkriterien bei mehrachsigen Beanspruchungszuständen;

bruchmechanische Beurteilung realer Fehler;

Kerbwirkung unter dem Einfluß von hohen Wärmespannungen.

In einzelnen dieser Fälle geht es um die Frage der Sicherheit bei seltenen Ausnahmeereignissen, in anderen steht eine Lebensdauerbestimmung im Vordergrund. Im letzteren Fall stellt sich auch die Frage nach Verbesserung der Aussagequalität, die durch spätere Anwendung zerstörungsfreier Bauteilprüfungen erreicht werden können.

Forschungsthemen

- *Verbesserung vorhandener und Entwicklung neuer Berechnungsverfahren (Finite-Elemente, Finite-Differenzen, Integralgleichungsmethode u. ä.) für die Spannungsanalyse von Rotoren*
- *Berechnungsverfahren für Scheiben mit zyklischen Spannungs-/Dehnungskurven und zyklischer Elastoplastizität, einschließlich Kriechen*
- *Experimentelle Absicherung der Berechnungsverfahren für Scheiben*
- *Rechenprogramm für die Ganzfeldauswertung von spannungsoptischen Daten*
- *Betriebsfestigkeitsanalyse von Rotoren*
- *Berstverhalten (Instabilitätskriterium) von Scheiben aus hochwarmfesten Werkstoffen*

5.1.2 Schaufeln

Stand der Forschung

Bei Verdichter- und Turbinenschaufeln erfolgt die statische Dimensionierung durch Vergleich der berechneten Spannungen mit Fließ- oder Zeitstandsgrenzen.

Die Belastungen der Laufschaufeln resultieren aus den Zentrifugalkräften, den Biegemomenten und den induzierten Torsionsmomenten.

Bei hochbelasteten, gekühlten Turbinenschaufeln mit Spannungskonzentrationen an Kühlluftbohrungen und hohen, variablen Temperaturgradienten entstehen zusätzlich zyklische, plastische Dehnungen und damit Lebensdauerprobleme im Zeitfestigkeitsbereich (Low Cycle Fatigue). Kriechen, obwohl zeitabhängig, ist ein quasistatisches Problem, da sich der Werkstoff im Bereich hoher Temperaturen unter Einwirkung einer statischen Last kontinuierlich verformt. Die Wechselwirkung von Kriechen und Ermüdung im Zeitfestigkeitsbereich muß somit ebenfalls für das vorgesehene Einsatzprofil der Turbomaschine analysiert werden.

Ein weiteres Auslegungskriterium bei der statischen Bemessung der Schaufeln sind die Verformungen in axialer und radialer Richtung. Sie definieren das notwendige axiale und radiale Spiel der Beschaufelung und sind somit ein wesentlicher Parameter bei der Optimierung der aerodynamischen Wirkungsgrade. Stark verwundene Schaufeln entwinden sich im Fliehkraftfeld, was schon in der Auslegungsphase berücksichtigt werden muß, um eine optimale Anströmung der Profile im gesamten Drehzahlbereich zu gewährleisten. Schwierige statische Berechnungsprobleme ergeben sich bei verbundenen Schaufeln aufgrund der Verspanneffekte über die Deckbänder. Besondere Beachtung verdient bei der Laufschaufel die Schaufelaufhängung, meist als Tannenbaum- oder Schwalbenschwanzfuß ausgebildet, da hier infolge von Spannungskonzentrationen die höchsten lokalen Beanspruchungen auftreten.

Zur Ermittlung des statischen Beanspruchungs- und Verformungszustandes der gesamten Schaufel werden numerische Lösungsverfahren eingesetzt.

Die überwiegende Zahl der Ersatzsysteme bei axial durchströmten Turbomaschinenschaufeln sind Stabmodelle. Sie beinhalten alle notwendigen physikalischen Effekte, zum Beispiel:

innere Kopplung zwischen Biegung und Torsion, induziert durch die Profilform;

innere Kopplung infolge des Fliehkraftfeldes bei Laufschaufeln;

beliebige Rand- und Zwischenbedingungen;

äußere Kopplung infolge Scheibe und Abstützungen im Profilbereich (Verspannung des gesamten Laufgitters durch Deckbänder).

Leitschaufeln werden im allgemeinen ähnlich wie die Laufschaufeln behandelt.

In neuerer Zeit sind auch Schalenmodelle für Schaufeln erarbeitet worden, die keine ausgeprägte eindimensionale Geometrie vorweisen können. Die Schalenelemente werden je nach Notwendigkeit durch Plattenelemente und dreidimensionale Elemente ergänzt. Sie werden vorwiegend für die Berechnung von Wärmespannungsfeldern bei gekühlten Schaufeln mit komplexem Kühlkonzept verwendet und sind zur Ermittlung der Kriech- und Ermüdungslebensdauer im Zeitfestigkeitsbereich erforderlich.

Weitere Anwendung finden diese Verfahren bei der Untersuchung von Spannungsverteilungen in extrem verwundenen, dünnwandigen Profilen. Die Finite-Element-Methoden werden außerdem zur Analyse der Spannungskonzentrationen im Bereich des Schaufelfußes neben den bekannten spannungsoptischen Verfahren eingesetzt.

Der komplexe Spannungs- und Verformungszustand in den schalenförmigen Schaufeln von Radialrädern kann mit Hilfe dieser Programmsysteme einschließlich des Scheibenkörpers untersucht werden.

Problembeschreibung und Zielsetzung

Die kritischste Kombination von thermischer, mechanischer und chemischer Belastung in einer Gasturbine tritt bei den Lauf- und Leitschaufeln der ersten Stufen auf. Neben hohen statischen Belastungen aus Fliehkraft, Verspanneffekten und Gasbelastungen müssen sie in der Turbine zusätzlich zyklischen Temperaturveränderungen im Hochtemperaturbereich sowie Korrosion und Erosion während der geforderten Lebensdauer widerstehen.

Vergleichbare Probleme treten auch an den langen ND-Schaufeln großer Dampfturbinen auf.

Die erforderliche hohe Kriechfestigkeit ist legierungstechnisch nicht mehr mit guter Oxydations- und Korrosionsbeständigkeit zu vereinbaren. Daher ist eine Beschichtung der Schaufeln mit Oxydationsschutzschichten erforderlich. Des weiteren werden Schutzschichten gesucht, die neben dem Oxydationsschutz die Isolation des Schaufelgrundwerkstoffs gegen die hohen Gastemperaturen übernehmen können.

Die Treffsicherheit der Berechnungs- und vor allem der Beurteilungsmethoden bei zyklischer Belastung des Werkstoffs im Hochtemperaturbereich bedarf noch der Verbesserung. Insbesondere müssen Verfahren zur Ermittlung der Lebensdauer von beschichteten Schaufeln erarbeitet werden.

Forschungsthemen

- *Verbesserung vorhandener und Entwicklung neuer Berechnungsverfahren für die Spannungsanalyse von Schaufeln*
- *Ermittlung der Lebensdauer hochbelasteter gekühlter Turbinenschaufeln*
- *Betriebsfestigkeitsanalyse von Schaufeln besonders unter zyklischer Belastung bei hohen Temperaturen.*

5.1.3 Gehäuse

Stand der Forschung

Die drucktragenden Gehäuse und Lagerstrukturen sind selten den einfachen Berechnungsmethoden zugänglich. Für die Bemessung sind vorwiegend statische Belastungen ausschlaggebend. Die Verformungen durch die Lagerkräfte und die sehr lokal eingeleiteten Aufhängelasten der Turbomaschine dürfen die Rundheit und die Spalthaltung in den Verdichtern und Turbinen nicht beeinflussen. Unterschiedliche Temperaturen in den einzelnen Gehäusebereichen und Lagerkammern führen zu erheblichen Wärmespannungen und -verformungen. Im Sinne der idealen Spalthaltung der Turbomaschinenkomponenten sollten die Gehäuse in allen stationären und instationären Betriebspunkten gleiche Radialdehnungen aufweisen wie die Rotoren. Vielfach sind Steifigkeitsforderungen zur Kontrolle der Rotorschwingungen ein Auslegungskriterium für die Gehäusestrukturen. Bei der Auslegung und Konstruktion der Gehäuse können auch nichtstatische Belastungen wie Schaufelverlust, Lagerschäden, Stoßvorgänge usw. ausschlaggebend sein.

Ähnlich wie bei den Rotoren kommen Finite-Element-Verfahren mit Balken-, Schalen- und Plattenelementen zum Einsatz, um die komplex aufgebauten Strukturen entsprechend den auftretenden Belastungen zu analysieren.

Problembeschreibung und Zielsetzung

Häufige Schadensursache bei den dünnwandigen Gehäusestrukturen im Turbinen- und Brennkammerbereich sind Beulprobleme aufgrund hoher Temperaturgradienten und Risse durch zyklisch auftretende Thermospannungen im überelastischen Bereich. Die Folge derartiger Schäden im Brennkammerbereich ist eine allgemeine Verschlechterung der Maschinenleistung und kann ferner infolge von Temperaturänderungen ein ernsthafter Überhitzungsschaden im Turbinenbereich sein. Es sind daher verbesserte Modelle zur Vorhersage der Bauteillebensdauer in Abhängigkeit von Temperatur und Lastwechsel zu entwickeln.

Forschungsthemen

- *Verbesserung vorhandener und Entwicklung neuer Berechnungsverfahren für die Spannungs- und Verformungsanalyse komplexer Schalenstrukturen*

- *Ermittlung der Lebensdauer dünnwandiger Schalen im elastisch-plastischen Bereich bei beliebiger Last- und Temperaturverteilung.*

5.2 Dynamische Beanspruchung

5.2.1 Rotoren

Stand der Forschung

Die Berechnung und Beurteilung des dynamischen Verhaltens der Turborotoren ist eine der wichtigsten Aufgaben während der Entwicklungsphase eines neuen Gerätes und beeinflußt wesentlich die Konfiguration der Lagerung, die Radialspalte, den Zulassungsablauf, die Montageprozeduren und die Wuchtqualität.

Die Definition der kritischen Drehzahlen und der Schwingungsantwort des Systems auf die vorhandenen Rotorunwuchten ist notwendig, um Rotor- und Gehäusestrukturen bej minimalem Gewicht für vibrationsfreien Betrieb auszulegen. Das Schwingungsverhalten der Turbomaschinen, vor allem der modernen Mehrwellentriebwerke in extremer Leichtbauweise, wird im gesamten Betriebsbereich mit Hilfe eines komplexen Modells untersucht, das die Massen- und Steifigkeitsverteilung in Rotoren, Lager- und Gehäusestrukturen berücksichtigt. Die Einzelkomponenten werden dabei mit den entsprechenden Lagersteifigkeiten verkoppelt. Nichtlineare Dämpfungselemente (viskose Quetschfilmdämpfer), die im Gasturbinenbau zur Schwingungsdämpfung angewendet werden, sind in der Berechnungsprozedur mit vorgesehen und können hinsichtlich ihrer Wirkung optimiert werden. Des weiteren kann in allen Gehäusestrukturen lineare Dämpfung berücksichtigt werden. Für die vorhandenen Unwuchten wird die Schwingungsantwort des gesamten Systems für jede Schwingungsform ermittelt, d. h. die kritischen Drehzahlen, die Kräfte und Momente in Rotoren und Gehäusen, die Verformungen von Rotoren und Gehäusen, die Lagerbelastungen, die potentielle und kinetische Energie in den Strukturen und die Energiedissipation in den Dämpfern.

Die Analyse der erzwungenen Systemschwingungen bei nichtlinearer Dämpfung kann mit Hilfe von Übertragungsmatrizen in komplexer Darstellung durchgeführt werden.

Das Systemverhalten bei beliebigen zeitabhängigen Erregerkräften kann heute im Hinblick auf Überlasten und daraus resultierende Verformungen und Kräfte auch für komplexe Strukturen berechnet werden. Damit kann das Verhalten der Turbomaschine bei plötzlich auftretenden Unwuchten (Schaufelverlust) untersucht und mögliche Schwachstellen ausgemerzt werden.

Mit diesem Modell können auch die Verformungen, Kräfte und Momente in allen Strukturen von Triebwerken bei Flugmanövern ermittelt werden und bei der Festlegung notwendiger Radialspalte in den Verdichtern und Turbinen berücksichtigt werden.

Problembeschreibung und Zielsetzung

Kritische Drehzahlen der Turbomaschinen im synchronen Gleichlauf durch Unwuchterregung können heute relativ zuverlässig vorausberechnet und beurteilt werden, doch sind die Dämpfungsmodelle hydrodynamischer Lager noch verbesserungsbedürftig.

Asynchrone Erregermechanismen sind allerdings einer Auslegungsrechnung noch weitgehend unzugänglich. Vor allem Selbsterregung und Instabilitäten der komplex gelagerten Rotoren sind durch die derzeitigen Berechnungsverfahren nicht erfaßbar. Stabilitätsprobleme entstehen häufig in Verbindung mit Erregermechanismen, die hydrodynamischen Gleitlagern, inneren Reibungseffekten in den Rotoren, aerodynamischen Kräften auf die Rotoren und Anstreifvorgängen der Rotoren an Gehäusen zugeordnet werden können.

Forschungsthemen

- *Verbesserung bestehender Berechnungsmethoden für unwuchterregte Rotorschwingungen mit nichtlinearer Dämpfung*
- *Verbesserung bestehender Modelle zur Behandlung von Ölfilmdämpfern (Rheologie)*
- *Bestimmung von Fundamenteigenschaften und deren Einfluß auf das gesamte Schwingungsverhalten von Rotorsystemen*
- *Torsionsschwingungen von Rotorsystemen infolge transienter Belastungen (z. B. Schaltstöße, Generatorkurzschluß, Pumpen von Verdichtern)*
- *Selbsterregte Schwingungen von Turbomaschinenrotoren infolge elastischer Hysterese, Lagerinstabilität, Spalterregung u.a.m.*

- *Asynchrone Erregung von Turborotoren*
- *Einfluß von beweglichen Kupplungen auf das Schwingungsverhalten von Rotoren*
- *Problematik des Auswuchtens elastischer Rotoren*
- *Einfluß von belasteten Axiallagern auf die Rotordynamik*

5.2.2 Schaufeln und Gitter

Stand der Forschung

Die zuverlässige Vorausberechnung des Schwingungsverhaltens von Verdichter- und Turbinenschaufeln einer Turbomaschine ist die notwendige Voraussetzung zur Erreichung der strukturmechanischen Integrität und der geforderten Lebensdauer.

Da Schaufeln infolge instationärer Strömungsvorgänge (siehe Abschnitt 2.2.1) die durch Schwingungen am höchsten beanspruchten Bauteile in einer Turbomaschine darstellen, ist es notwendig, das Schwingungsverhalten so abzustimmen, daß im gesamten Betriebsbereich gefährliche Resonanzen vermieden werden. Ferner können Dämpfungsmechanismen eingebaut werden, die die kinetische Energie der schwingenden Schaufel absorbieren.

Die instationären Strömungskräfte werden verursacht durch:

Turbulenzen in der Strömung;

unsymmetrische Zuströmung;

ungleichmäßige statische Druck- und Temperaturverteilung;

Nachlaufdellen oder statischen Rückstau von Schaufeln und Einbau-Strömungskörpern,

Wechselwirkungen zwischen rotierendem und nichtrotierendem Gitter;

Wechselwirkung zwischen Fluid und schwingender Schaufel;

periodisches Abreißen der Strömung;

durch die Verbrennung hervorgerufene stochastische Strömungszustände;

Pumpen der Turbomaschine;

Durch- und Umströmung von Dichtungen.

Die Schwingungsrechnungen der Lauf- und Leitschaufeln werden mit vorhandenen Programmen durchgeführt und ermöglichen die Beurteilung der Bauteile durch:

Analytische Ermittlung des Verformungs- und Spannungszustandes für die im gesamten Betriebsbereich der Turbomaschine möglichen Eigenfrequenzen;

Bewertung des Frequenzspektrums bezüglich Resonanzen im allgemeinen und gefährlicher Resonanzen im besonderen;

Berechnung der Schwingungsantwort bezüglich des Verformungs- und Spannungszustandes bei Durchfahren der Resonanzen;

Gesamtbeurteilung des dynamischen und statischen Beanspruchungszustandes bezüglich der zulässigen Werkstoffwerte bzw. des statischen und dynamischen Potentials des Werkstoffes.

Die für die analytische Darstellung verwendeten Ersatzsysteme sind vorwiegend Stabmodelle, die alle notwendigen physikalischen Effekte beinhalten:

Darstellung der realen Schaufel, verwunden, verjüngt mit beliebigen Querschnitten;

innere Kopplung zwischen Biegung und Torsion;

innere Kopplung infolge des Fliehkraftfeldes;

äußere Kopplung infolge Scheibe, Abstützung und Deckband;

Einfügen von besonderen Rand- und Zwischenbedingungen (Federn, mechanische Dämpfung);

Einführen von aerodynamischer Erregung und aerodynamischer bzw. mechanischer Dämpfung;

Darstellung der Scheibe und der Anschlußstrukturen.

Je nach Fragestellung, Schaufelgeometrie und Werkstoffeigenschaften ist es notwendig, vom Stabmodell auf Finite-Element-Modelle überzugehen.

Die getreue Nachbildung der Schaufeltopologie mit je nach Profilform und Untersuchungszweck zu wählenden Elementtypen erlaubt ein intensives Kennenlernen des dynamischen Verhaltens. Nachteilig sind die umfangreichen Vorbereitungs- und Auswertungsarbeiten, die nur mit Vorlauf- und Nachlaufprogrammen bewältigt werden können.

Problembeschreibung und Zielsetzung

Da Berechnungen mit Finite-Element-Methoden kosten- und zeitintensiv sind, ist es ratsam und notwendig, nur Teilprobleme zu untersuchen.

Fortschrittliche, numerische Methoden sind weiterzuentwickeln, um die aufzustellenden Matrizen auf Bandstruktur zu reduzieren und um für die Beschreibung der zu suchenden Schwingungsformen nur die Freiheitsgrade der unbedingt erforderlichen Knotenpunkte zu verwerten.

Vor allem ist es für zukünftige ökonomische Berechnungen mit Finite-Element-Methoden notwendig, die umfassenden großen Programmsysteme in bauteilbezogene einfachere Sub-Programme umzugestalten und geeignete Pre- und Postprozessoren zu installieren.

Bei erzwungenen und selbsterregten Schwingungen spielt die Anregbarkeit des Schwingungssystems eine große Rolle. Diese hängt wesentlich ab von der Wechselwirkung zwischen Erregerkraft und Schwingungsform, der Tilgung durch Koppeleffekte und der Energiedissipation durch Werkstoff- und Strukturdämpfung. Mit verbesserten Informationen über die aerodynamischen Erreger- und Dämpfungsmechanismen können somit zuverlässige und sichere Auslegungskonzepte erarbeitet werden:

Schaffung von Beurteilungskriterien für die Bauteilsicherheit;

Optimale Ausnutzung von Konstruktion und Werkstoff unter dem Gesichtspunkt Wirkungsgradverbesserung und Leistungserhöhung;

Steigerung der Verfügbarkeit von Turbomaschinen durch richtig dimensionierte, kinetisch belastete Bauteile.

Ein hohes Maß an Dringlichkeit ist den Stoßbelastungen zuzuordnen, die eine Schaufel bzw. ein gesamtes Schaufelgitter bei Fremdkörpereinflug, z. B. Vogelschlag, erfährt. Dafür sind analytische Modelle in der Entwicklung, die mit vereinfachten Annahmen eine realistische Beurteilung der auftretenden dynamischen Spannungen und Verformungen erlauben.

Forschungsthemen

- *Verbesserung vorhandener und Entwicklung neuer Berechnungsverfahren für die Schwingungsanalyse von Schaufeln*
- *Berechnung der erzwungenen Schwingungen von Schaufelsystemen auf vorgegebene Anregungskraftverläufe. Anregungen höherer Schwingungsformen*
- *Berechnungsverfahren für Eigenfrequenzen von Schaufelsystemen unter Berücksichtigung aller relevanten Einflüsse*
- *Ermittlung der Schwingungsdämpfung von Schaufelsystemen*
- *Selbsterregte Schaufelschwingungen, Kopplung von Strömungsvorgängen mit mechanischen Schwingungen*

- *Koppeleffekte Schaufel – Schaufel via Fuß, Dämpferdraht und Deckband (Paketschwingung)*

- *Koppeleffekte Schaufel – Scheibe*

- *Wirkung von Dämpfungselementen auf das Schwingungsverhalten von Schaufeln*

- *Einfluß der Einspannbedingungen auf die Eigenfrequenz und Dämpfung*

- *Stochastisch angeregte Schaufelschwingungen*

- *Beurteilung der Schwingungsanregung von Laufbeschaufelungen durch die Dynamik des Rotors und der angetriebenen Maschinen*

- *Schaufelsysteme unter transienter Belastung, z. B. Fremdkörpereinschläge, ungleichförmige Dampfnässe oder Wasserschlag bei Dampfturbinen, Pumpen und Kompressoren*

- *Herstellung von Korrelationen zwischen Stimuli und aerodynamischen/geometrischen Parametern von Beschaufelungen*

5.2.3 Gehäuse

Stand der Forschung

Mit Hilfe von diversen Programmsystemen können die dynamischen Eigenschaften der dünnwandigen Schalenstrukturen bezüglich Frequenzen, Schwingungsformen und Schwingspannungen analysiert werden. Für die einzelnen Bauteile, wie Brennkammern, rotierende und statische Dichtungen und Gehäuse, ergeben sich meist verschiedene Anregungsmechanismen, wie Resonanzenselbsterregung durch aerodynamische Effekte, Anstreifen in Dichtungen und stochastische Erregungen.

Problembeschreibung und Zielsetzung

Die extreme Leichtbauweise moderner Flugtriebwerke schafft neue Probleme für die sichere Auslegung dünnwandiger Schalenstrukturen. Das Schwingungsverhalten dieser Teile muß sicher abstimmbar sein, um das Triebwerk mit minimalen Betriebsspalten bei Dichtungen und Beschaufelungen auszustatten und um Ermüdungsschäden im Langzeitbereich zu vermeiden.

Forschungsthemen

- *Verbesserung vorhandener und Entwicklung neuer Berechnungsverfahren zur Schwingungsanalyse von dünnwandigen Rotationsschalen*

5.3 Weiterentwicklung von Lagern

5.3.1 Gleitlager

Stand der Forschung

Das Streben nach Verbesserung des Wirkungsgrades und Erhöhung der Leistungsdichte führt bei Turbomaschinen zu langen, schlanken, hochtourigen Rotoren, deren Betriebssicherheit nur durch die Wahl geeigneter Lagerungen gewährleistet ist.

Beim konventionellen, hydrodynamischen Gleitlager wird die Welle von dem Ölfilm getragen, der sich je nach Bohrungsform des Lagers, in einem oder mehreren Schmierkeilen aufbaut.

Die Lagerformen werden für die Anwendung in der Turbomaschine einerseits hinsichtlich ihrer statischen Eigenschaften, wie Tragkraft, Verlagerungsbahn der Welle und Reibleistung, optimiert; andererseits stehen bei üblichen Anwendungen die dynamischen Eigenschaften – das Dämpfungsverhalten hinsichtlich Unwuchtschwingungen des Rotors und Stabilität gegenüber selbsterregten Schwingungen – im Vordergrund. Um eine lineare Schwingungsrechnung gleitgelagerter Rotoren durchführen zu können, werden die Feder- und Dämpfungseigenschaften der Lager im stationären Betriebspunkt durch je vier Feder- und Dämpfungskonstanten linearisiert.

Für extreme Betriebsbedingungen, wie sie bei schlankeren Rotoren gefordert werden, müssen Zusatzeinflüsse, welche die Eigenschaften der Lager verändern können, berechenbar und beherrschbar sein. Die theoretischen und experimentellen Untersuchungen berücksichtigen bereits den Einfluß der Verkantung des Lagers, durch die der engste Schmierspalt an bestimmten Stellen der Lagerschale verkleinert und damit die Tragfähigkeit vermindert wird.

Der Einfluß der über den Umfang des Lagers veränderlichen Ölviskosität läßt sich relativ gut ermitteln, wobei die Wärmebilanz im Schmierspalt adiabat durchgeführt wird.

Bei hochbelasteten Lagern spielt die räumliche Temperaturverteilung in der Lagerschale eine sehr große Rolle, da sie eine Veränderung der Lagerkontur bewirkt, die bisher nur näherungsweise bei Kippsegmentlagern berücksichtigt wird.

Weitere Zusatzeinflüsse ergeben sich aus der Berücksichtigung der Trägheitskräfte und durch die Turbulenz der Schmierfilmströmung. Beide Effekte treten besonders bei hohen Umfangsgeschwindigkeiten des Lagerzapfens auf und bewirken zum Teil eine beachtliche Herabsetzung der Stabilitätsgrenze gegenüber selbsterregten Schwingungen.

Bei relativ großen Erregerkräften und bei extrem belasteten Mehrflächen- und Kippsegmentlagern treten Nichtlinearitätseffekte auf, die sich in ultraharmonischen und in subharmonischen Resonanzen äußern können. Besonders bei langen, schlanken Rotoren können sich die subharmonischen Resonanzen sehr störend auswirken, da sie nach dem heutigen Stand der Berechnungsverfahren nicht vorhersehbar sind.

Ein weiterer Zusatzeinfluß ergibt sich aus dem Ölzufuhrdruck, der sich besonders bei schwach belasteten Lagern stark auswirkt.

Eine entscheidende Weiterentwicklung konventioneller Gleitlager ist in der Entwicklung von Lagern mit äußerer Dämpfung zu sehen. Durch äußere Federung und Dämpfung lassen sich die Resonanzamplituden von Turborotoren und die Stabilitätseigenschaften erheblich verbessern. Konstruktiv bietet sich für einen solchen äußeren Dämpfer ein mit Öl gefüllter Spalt an, der seitlich möglichst abgedichtet ist. Eine Sonderform stellt z. B. auch ein Kippsegmentlager mit besonders gestaltetem Segmentrücken dar.

Problemstellung und Zielsetzung

Ein wesentlicher Anteil der zukünftigen Entwicklungen wird als Ziel haben, die Eigenschaften konventioneller Gleitlager bei extremen Betriebsbedingungen zu erforschen und die Anwendungsgrenzen zu erweitern.

Unerwünschte, jedoch unvermeidbare Nichtlinearitätseinflüsse, die zu subharmonischen Resonanzen des Rotors führen, müssen durch entsprechende Ansätze für die Lagereigenschaften berechenbar sein, um das Auftreten und die Gefährlichkeit solcher Schwingungen in der Auslegungsrechnung zu berücksichtigen.

Die Anwendung von Lagern mit äußerer Dämpfung hängt wesentlich von ihrer Unempfindlichkeit gegenüber äußeren Einflüssen ab. Durch optimale Gestaltung müssen sie auch bei extremen Belastungen und Ölzufuhrdrücken ihre günstigen Eigenschaften behalten. Dies läßt sich nur durch systematische Untersuchung aller Nebeneinflüsse erreichen.

Forschungsthemen

- *Weiterentwicklung der Berechnungsmethoden von Gleitlagern bezüglich: Tragfähigkeit, Steifigkeit, Dämpfungsverhalten, nichtlinearem Verhalten*
- *Dynamisches Verhalten einstellbarer Turbinenlager*
- *Berechnung und Optimierung von äußeren Dämpfern*

5.3.2 Luftlager

Stand der Forschung

Der Einsatzbereich kleiner Turbomaschinenanlagen, z. B. für Fahrzeuge, wird erheblich erweitert, wenn es gelingt, verlustarme Lager für extrem hohe Drehzahlen und Temperaturen zu finden. Luftlager haben hier den Vorteil, daß sich das Arbeitsmedium gleichzeitig als Schmiermittel verwenden läßt. Solche Lager können nur mit sehr kleinen Spielen betrieben werden. Bei hohen Rotortemperaturen bedeutet dies, daß die Segmente des Lagers elastisch ausgeführt werden müssen. Zur Verminderung der Auffahrreibung müssen sie beschichtet werden. Solche Lagerkonstruktionen wurden bereits mit Erfolg erprobt.

Problemstellung und Zielsetzung

Zur Optimierung betriebssicherer, zuverlässiger Luftlager müssen jedoch noch detaillierte Untersuchungen hinsichtlich ihrer statischen Eigenschaften, wie Tragfähigkeit, Abhebedrehzahl und Betriebsverhalten bei hohen Temperaturen, durchgeführt werden. Des weiteren sind noch eingehende Forschungs- und Entwicklungsarbeiten auf dem Gebiet des Dämpfungs- und Stabilitätsverhaltens der Luftlager erforderlich.

Forschungsthemen

- *Entwicklung von Luftlagern für hohe Temperaturen*
- *Dämpfungs- und Stabilitätsverhalten von Luftlagern*

5.3.3 Wälzlager

Stand der Forschung

Im Fluggasturbinenbau ist die Anwendung von Wälzlagern in Verbindung mit einer äußeren Lagerdämpfung (Ölfilm, Lagerträgerstruktur) Stand der Technik.

Bei dieser Konzeption wird eine Arbeitsteilung zwischen Lager und Dämpferelement dadurch erreicht, daß dem Lager selbst die Aufgabe der Kraftübertragung vom Rotor zum Gehäuse zukommt, während die Federungs- und Dämpfungseigenschaften in erster Linie vom Dämpfer und der zugehörigen Lagerträgerstruktur definiert werden. Damit läßt sich das Schwingungsverhalten des Rotors optimal abstimmen und kontrollieren.

Es sind Rechenverfahren im Einsatz, die die Darstellung dieses komplexen Sachverhaltes innerhalb einer Rotorlagerung ermöglichen, wobei auch Nichtlinearitäten (z. B. Federkennlinie des Lagers selbst, viskose Dämpfer) berücksichtigt werden. Die Anwendung und Weiterentwicklung dieser Berechnungsmethoden ist notwendig, um das Schwingungsverhalten mehrfach überkritischer Rotorsysteme bereits in der Auslegungsphase beurteilen zu können.

Wälzlager selbst werden heute serienmäßig bis zu Drehzahlkennwerten von

$$D_M \times N = 2 \times 10^6 \text{ bis } 3 \times 10^6$$

(D_M = Lagerteilkreis-Durchmesser, mm, N = Wellendrehzahl, min^{-1})

zuverlässig eingesetzt. Die innere Lagergeometrie dieser Wälzlager muß jedoch im Hinblick auf die speziellen Betriebsbedingungen optimiert werden, wobei auch Sonderprobleme wie Notlaufeigenschaften bei Mangelschmierung oder Verschleißprobleme bei zu geringer Belastung bereits in der Auslegungsphase mit berücksichtigt werden müssen.

Problemstellung und Zielsetzung

Bei Wälzlagern ist die primäre Zielsetzung, die infolge der Drehzahlgrenzen eingeschränkten Einsatzmöglichkeiten zu erweitern, um den Anforderungen bei steigenden Drehzahlen im Turbomaschinenbau (hier vor allem Gasturbinen) gerecht zu werden. Ursache für die Drehzahlbegrenzung ist die infolge der hohen Umlaufgeschwindigkeit von Wälzkörper und Lagerkäfig reduzierte Ermüdungs- und Verschleißlebensdauer des Lagers.

Forschungsthemen

- *Verbesserte Berechnungsmethoden der Lagerkinematik schnellaufender, hochbelasteter Lager*
- *Wärmebilanzuntersuchung am Lager (Schmieröl-, Kühlmenge, Spielverhältnisse, Fressen)*
- *Extreme Betriebsbedingungen (Mangelschmierung, Trockenlauf, Heißöl, Ölverschmutzung)*
- *Entwicklung von ermüdungsfesteren Lagerwerkstoffen*
- *Untersuchung der Möglichkeit des Einsatzes von Wälzkörpern mit geringerer Dichte als Stahl (Keramik, hohle Wälzkörper)*

5.3.4 Magnetlager

Stand der Forschung

Eine weitere Möglichkeit für eine extrem günstige Bauweise von Turbomaschinen bietet die Lagerung in aktiven Magnetlagern. Ihre Wirkungsweise besteht darin, daß Sensoren die augenblickliche Lage der Welle erfassen und der Bewegung eine magnetische Kraft entgegensteuern. Dadurch lassen sich die Amplituden extrem klein halten. Das elektrische Feld kann so gesteuert werden, daß die Unwuchtkräfte minimal sind, d. h., der Rotor rotiert um seine Schwerachse und nicht um die Geometrieachse.

Problemstellung und Zielsetzung

Angewendet wurden solche Lager bisher bei Turbo-Vakuumpumpen. Magnetlager sind geeignet für Umfangsgeschwindigkeiten bis 200 m/s und für Lasten bis 20 kN. Damit könnten sie dank ihrer Eignung für Temperaturen bis 870 K auch mit Erfolg in größeren Turbomaschinen eingesetzt werden. Dabei würde die elektrische Leistungsaufnahme nur ein Bruchteil der Verlustleistung herkömmlicher Lager sein. Für die Konstruktion von stationären Turbomaschinen ergeben sich mit solchen Lagern erhebliche Vorteile, da nicht nur Unwuchtschwingungen und instabile Schwingungen vermieden werden, sondern zusätzlich anregende Strömungskräfte aus Turbine bzw. Verdichter kompensiert werden können.

Forschungsthemen

- *Entwicklung von aktiven Magnetlagern mit höherer Tragfähigkeit für Turbomaschinen*
- *Entwicklung von aktiven Magnetlagern für hohe Betriebstemperaturen*
- *Entwicklung von aktiven Magnetlagern minimierter Baugröße mit gesteigerter Zuverlässigkeit und verbesserten Notlaufeigenschaften durch Fanglager*

5.4 Dichtungen

Stand der Forschung

Dichtungen zwischen feststehenden Bauteilen (z. B. Rohren, Gehäusen) werden meist mit Einlage eines Dichtungsmaterials zwischen den Dichtflächen ausgeführt; in Sonderfällen (Helium) werden die Dichtflächen zwischen feststehenden Bauteilen nach der Montage dichtgeschweißt.

Dichtungen zwischen gegeneinander bewegten Bauteilen (z. B. Durchführungen von Wellen durch Gehäuse, Lager, Laufräder in Gehäusen, Durchführungen von Wellen durch Leiträder) sind entweder berührend (z. B. Stopfbuchsen, Gleitringe) oder berührungsfrei (z. B. Labyrinthe, Schwimmringe).

In gewissem Sinne sind die sich selbst einschleifenden Dichtungen (Einlaufdichtungen, „abradable seals") ein Grenzfall zwischen den berührenden und berührungsfreien Dichtungen. Hier wird auf die eine Dichtungsfläche eine „Schicht" (Honigwaben, keramisches Material) aufgebracht, in die sich die rotierenden Teile einschleifen. Problematisch ist die Verbindung zwischen der Dichtungsschicht und dem Untergrund (z. B. Abplatzen durch verschiedene thermische Ausdehnungskoeffizienten).

Für Labyrinthdichtungen ist die Geometrie in weiten Grenzen wählbar (Anzahl, Anordnung, Form der Dichtspitzen, Spaltweiten). Die Gestaltung der Dichtung hängt außerdem von der Art der Montage des Läufers in das Gehäuse ab (Einlegen in radialer Richtung, Einschieben in axialer Richtung).

In Sonderfällen werden Prozeßmedien an Dichtungsstellen durch Sperrmedien von der Umgebung isoliert (z. B. zwecks Verhinderung des Austritts kontaminierter Medien). Diese Sperrmedien werden unter einem solchen Druck gehalten, daß sie die Dichtung in Richtung auf die einzuschließenden Medien durchströmen.

Wie für jedes andere Maschinenelement ist auch für Dichtungen die richtige Werkstoffauswahl dafür entscheidend, daß die Dichtwirkung im Betrieb langzeitig gewährleistet wird:

Die Werkstoffe müssen gegen mechanische und thermische Ermüdung resistent sein.

Sie müssen bei berührenden Dichtungen verschleißfest sein.

Die Verbindungen zwischen verschiedenen Werkstoffen (z. B. Keramik/Metall) müssen den mechanischen und thermischen Beanspruchungen standhalten.

Der Einsatz neuartiger Werkstoffe bedingt unter Umständen erhebliche konstruktive Änderungen. So erfordert z. B. die geringe Zugbelastbarkeit von Keramik, daß in bestimmten Fällen Fliehkräfte nicht durch Zug an eine Nabe, sondern durch Druck an einen Außenring übertragen werden.

Problemstellung und Zielsetzung

Die Wahl und die Gestaltung von Dichtungen hängt von den Prozeß- und Betriebsparametern ab. Wesentlich für die Auslegung ist die Dauer ihres Auftretens in stationären und transienten Zuständen. Zu diesen Parametern gehören im wesentlichen die physikalischen und chemischen Eigenschaften der strömenden Medien, das Niveau und Gefälle in Druck, Temperatur und Konzentration, die Umfangsgeschwindigkeiten und Drehzahlen und die Verschiebungen der Bauteile gegeneinander infolge thermischer und lastbedingter Dehnungen.

Folgende Probleme müssen daher durch weiterentwickelte Konstruktionsprinzipien verbessert werden:

Langfristig gute Dichteigenschaften setzen ein gutes Verschleißverhalten durch zweckmäßige Gestaltung und Werkstoffauswahl voraus.

Wartung in möglichst großen Intervallen und gute Zugänglichkeit verringern Stillstandszeiten.

Der Leckstrom soll so gering wie möglich sein, um den Energieverlust und die Kontamination zu minimieren.

Für thermisch belastete Turbomaschinen ist die Frage nach dem Wärmeübergang innerhalb der Dichtung häufig sehr wichtig, weil sich daraus u. U. Vorschriften für die Fahrweise der Maschine im transienten Betrieb ergeben.

Dichtungen an bewegten Bauteilen sind unvermeidlich die Ursache von Reibungsverlusten. Geringe Verluste und gute Dichtwirkung sind meist widersprüchliche Anforderungen, für deren Erfüllung Kompromisse durch geeignete Konstruktion gefunden werden müssen.

Forschungsthemen

- *Entwicklung möglichst verlustarmer Abdichtungen gegen flüssige und gasförmige Medien bei rotierenden Bauteilen*
- *Spaltminimierung durch Entwicklung von Hochtemperatur-Einlaufschichten*
- *Abdichtung in Helium-Systemen für Flansche und Wellen.*

5.5 Einfluß von Alternativwerkstoffen auf die Konstruktion

5.5.1 Faserverstärkte Werkstoffe

Stand der Forschung

Der Zwang zur Gewichtseinsparung und Kostensenkung bei der Fertigung sowie der Preisanstieg der Rohstoffe metallischer Werkstoffe begünstigen die möglichen Anwendungen von Sonderwerkstoffen in Fluggasturbinen. Derzeit sind bei allen Herstellern von Flugtriebwerken Aktivitäten im Gange, die Einsatzmöglichkeiten von Verbundwerkstoffen nachzuweisen. Das Hauptaugenmerk liegt dabei wegen der niederen Einsatztemperaturen der derzeitigen Verbundwerkstoffe auf dem Einsatz im Verdichterteil vor allem bei zivilen Bläsertriebwerken.

Die modernen Flugtriebwerke mit hohem Nebenstromverhältnis haben eine oder mehrere Bläserstufen mit sehr langen Schaufeln. Heute eingesetzte Fan- und Verdichterschaufeln im Niederdruckteil sind aus geschmiedeten und mechanisch bearbeiteten Titanlegierungen hergestellt. Die Forderungen nach hoher Bruchzähigkeit und Schlagfestigkeit sind erfüllt, aber der niedrige Elastizitätsmodul erfordert hohe Wandstärken sowie Abstützelemente und Dämpfer, um alle Kriterien hinsichtlich der Schwingungscharakteristik und des Stabilitätsverhaltens der Schaufeln zu erfüllen. Bei gleichzeitiger Verwendung von Titangehäusen besteht die Gefahr des Titanfeuers beim Anstreifen der Schaufeln.

Verdichterscheiben in Flugtriebwerken werden je nach Temperaturbelastung aus Titan- oder Nickelsuperlegierungen geschmiedet und anschließend nachbearbeitet. Um Spannungsspitzen, z. B. an der Schaufelfußbefestigung, Bohrungen usw., abbauen zu können, muß der Werkstoff eine Mindestduktilität aufweisen.

Zur Herstellung von Gehäusen werden Stahl-, Titanlegierungen und zum Teil auch Nickellegierungen verwendet. Probleme bei der Fertigung bereiten insbesondere die notwendige, aber schwer zu erreichende Oberflächengüte und die geringe Schweißbarkeit von Titanlegierungen.

Problembeschreibung und Zielsetzung

Für die Berechnung und die optimale Auslegung von Bauteilen aus Faserverbundwerkstoffen muß die Anisotropie bzw. Orthotropie in den Materialgesetzen berücksichtigt werden.

Die bekannten Schweiß- und Lötverbindungen können nicht angewendet werden, weshalb besonders bei Anschlüssen an andere Bauteile neue Wege beschritten werden müssen.

Die Verwendung von Faserverbundwerkstoffen im Verdichter wird stärkere Auswirkungen auf die Konstruktion haben, wenn die spezifischen Eigenschaften optimal genutzt werden sollen.

Für die großen Fan-Schaufeln ziviler Flugtriebwerke sind vor allem Faserverbundwerkstoffe mit Epoxid-Matrix geeignet. Die maximale Einsatztemperatur liegt bei CFK- oder BFK-Werkstoffen bei etwa 440 K. Schwieriger zu verarbeiten, aber für höhere Temperaturen geeignet, sind faserverstärkte Werkstoffe mit metallischer Bettungsmasse wie B/Al oder B/Ti.

Gegenüber den Metallschaufeln haben die faserverstärkten Schaufeln geringere Widerstandsfähigkeit gegenüber Fremdkörpereinschlag, auch wegen der fehlenden Stütz- und Dämpferelemente der bislang verwendeten Titanschaufeln. Allgemein sind für derartige Schaufeln neue Versagenskriterien zu definieren, da die Versagensmechanismen anders als bei Metallschaufeln verlaufen. Besonders die Auslegung der Schaufeln unter statischen und dynamischen Belastungen stellt den Konstrukteur aufgrund des anisotropen Werkstoffcharakters vor neue Probleme.

Auch für Verdichterscheiben bietet sich eine Konstruktion mit Faserverstärkung an. Realisiert werden können sowohl örtliche Verstärkungen metallischer Scheiben als auch komplette Faserscheiben.

Faserverstärkte Gehäuse bieten die Möglichkeit, konstruktiv erforderliche Bauteile zur Kraftein- oder -umleitung ins Gehäuse zu integrieren. Die Containmentringe (Schutzschilde gegen Gehäusedurchschlag bei Schaufelverlust) können dann sowohl zur Versteifung als auch zur Lastumlenkung oder als Fügestelle dienen. Bei konzentrierter Krafteinleitung bringt die Formstabilität Probleme. Denkbar sind Gehäuse mit zum Rotor kompatibler Temperaturdehnung. Die Entwicklung solcher Gehäuse erlaubt die optimale Spaltwahl zwischen Schaufel und Gehäuse auch bei nichtstationärem Betrieb der Maschine.

Forschungsthemen

- *Verbesserte Berechnungsverfahren für anisotrope Werkstoffe*
- *Entwicklung von Konstruktionsmethoden zur optimalen Anwendung von Faserwerkstoffen*

5.5.2 Keramik

Stand der Forschung

Serienmäßig werden derzeit keramische Werkstoffe in Brennkammern als Schichtwerkstoffe eingesetzt.

Bei metallischen Leitschaufeln kommt es trotz aufwendiger Kühltechnik häufig durch lokale Überhitzung zum Durchbrennen. Langfristig denkt man an den Ersatz der hochwarmfesten Nickel-Legierungen durch Hochtemperaturkeramik, die ungekühlt die heute auftretenden Temperaturen erträgt. Die Turbineneintrittstemperatur könnte damit auf über 1600 K gesteigert werden, wodurch der Gesamtwirkungsgrad einer Turbine erheblich verbessert werden kann.

Dies ist für militärische und zivile Anwendungen gleichermaßen attraktiv. Im Gegensatz zur Brennkammer, deren Wandung infolge des Innendrucks auf Zug belastet wird, könnte eine keramische Statorbeschaufelung auf Druck vorgespannt werden, so daß trotz der Gasbiegekräfte Zugspannungen konstruktiv vermieden werden.

Ähnliche Anwendungsüberlegungen werden für keramische Turbinenlaufräder angestellt. Hier sind jedoch neben den reinen Temperaturproblemen hauptsächlich die dynamischen Belastungen ein Hindernis für den Einsatz von keramischen Werkstoffen.

Problemstellung und Zielsetzung

Ersatzwerkstoffe für Bauteile, die im Heißgasbereich eingebaut werden, sollten mindestens äquivalente Eigenschaften zu den bisher verwendeten Superlegierungen besitzen.

Keramische Werkstoffe zeigen im Gegensatz zu Metallen Eigenschaften, die ihren Einsatz erschweren; gemeint sind insbesondere ihre Sprödigkeit, d. h. keine plastischen Dehnmöglichkeiten, die besonderen Riß- und Versagensmechanismen und ihre ausgeprägte Druckbelastbarkeit bei nur geringer Zugbelastbarkeit.

Gerade bei diesem Werkstoff müssen daher neue Wege der Konstruktion gegangen werden, um die Möglichkeiten des Werkstoffes voll auszunutzen, d. h. Zugspannungen und Kerbwirkungen soweit wie möglich zu vermeiden.

Die Anstrengungen verschiedener Firmen und Institute gehen dahin, eine Kleingasturbine mit keramischen Bauteilen zu entwickeln. Bei den Laufrädern werden dabei vorzugsweise zugbelastete Schaufeln realisiert. Nur vereinzelt wird der Versuch unternommen, der Druckfestigkeit der Keramik mit einem druckbelasteten Keramiklaufrad gerecht zu werden. Beide Konzepte sind noch in der Erprobungsphase.

Die derzeit gemachten Erfahrungen bei der Entwicklung einer Kleingasturbine für den Kfz-Antrieb könnten dann als Technologietransfer auf die Flugturbine übertragen werden.

Forschungsthemen

- *Verbesserung der Berechnungsverfahren für Hochtemperaturkeramik bei Turbinenteilen*
- *Anwendung von keramischen Werkstoffen bei Turbomaschinen*
  - *a) Einfluß auf die Konstruktion*
  - *b) Einfluß auf den Kreisprozeß*
- *Verbesserung der Zuverlässigkeit hochbeanspruchter keramischer Bauteile durch konstruktive Maßnahmen*
- *Entwicklung von Metall-Keramik-Verbindungen*

- *Nachweis der Einsetzbarkeit statischer Bauteile aus Keramik unter betriebsnahen Bedingungen*
- *Nachweis der Funktionstüchtigkeit keramischer Laufräder unter Anwendung des Prinzips eines druckbelasteten Schrumpfverbandes.*

5.6 Schadensursachen und Schadensverhütung

5.6.1 Beschädigung durch Fremdkörper

Stand der Forschung

Fremdkörpereinschläge in die Beschaufelung sind bei stationären Turbinenanlagen in der Regel vermeidbar, indem das Strömungsmedium vor Eintritt in die Beschaufelung entsprechend gefiltert wird. Dies geschieht bei im offenen Prozeß arbeitenden Gasturbinen durch Ansaugfilter und bei Dampfturbinen mit Hilfe von Dampfsieben.

Bei Fluggasturbinen sind die Verdichtereinläufe in der Regel offen, so daß die Verdichterlaufschaufeln von Fremdkörpern, wie Vögeln, Steinen usw., getroffen werden können. Die Kollision des Fremdkörpers mit dem schnell rotierenden Laufgitter erzeugt hohe Stoßbelastungen in der Schaufel und entsprechend große Verformungen, die im Extremfall zum Verlust des Triebwerks führen.

Zur Verhütung folgenschwerer Schäden werden die Schaufelprofile so ausgelegt, daß im Falle eines Fremdkörpereinschlags (z. B. Vögel einer vorgegebenen Größe und Anzahl) die zu erwartenden Schäden gering sind und im Extremfall noch eine reduzierte Notleistung für eine bestimmte Zeit abgegeben werden kann.

Hierzu gibt es in Verbindung mit den üblichen Schaufelberechnungsmethoden rechnerische Ansätze, die die Analyse dieser Schockbelastungen eines rotierenden Gitters hinsichtlich Schaufelspannungen und Schaufelverformungen ermöglichen. Mit Hilfe dieser Informationen können die Werkstoffe, die Profilgrößen, die Gitterabstände usw. ausgewählt werden, um die Beschädigungen zu minimieren.

Problemstellung und Zielsetzung

Die auf die Schaufeln auftreffenden Fremdkörper sind im voraus nicht bekannt. Bei der Formulierung eines Modell-Fremdkörpers zur mathematischen Behandlung sind eine Vielzahl von Randbedingungen zu beachten, um ihn möglichst naturgetreu abzubilden. Wenn es damit gelingt, die Auswirkung eines Fremdkörperaufpralls auf die rotierenden Schaufeln zu beschreiben, so bleibt offen, ob eine Schaufeldimensionierung so möglich ist, daß ein Aufprall völlig unbeschadet überstanden wird. Ist dies nicht möglich, so ist weiter zu untersuchen, welche Auswirkungen die durch den Aufprall verursachten Deformationen der Schaufeln auf die weitere Betriebsfähigkeit des Verdichters haben.

Weitere Möglichkeiten zur Vermeidung von Fremdkörperschäden werden in einer Versteifung der Schaufeln durch gegenseitige Abstützung gesehen. Untersuchungen über geeignete Werkstoffe oder Kombinationen von Werkstoffen, die einen Aufprall elastisch aufnehmen könnten, werden in der Literatur ebenfalls erwähnt.

Forschungsthemen

- *Verbesserte Rechenverfahren zur Auslegung von Schaufeln bei Beaufschlagung mit Fremdkörpern*

- *Einfluß deformierter Schaufeln auf das Betriebsverhalten von Verdichtern*

5.6.2 Erosion

Stand der Forschung

Die Erosion an Bauteilen durch im Strömungsmedium befindliche Festkörperpartikel, wie Sand, Staub, Brennstoffverunreinigungen, Rostteilchen oder Wassertropfen, führt zunächst zu einer mechanischen Abzehr der Bauteilformen und damit zu zusätzlichen aerodynamischen Verlusten. Bei fortgeschrittenem Erosionsangriff kann infolge des Querschnittverlustes, der Kerbwirkung und einer möglichen höheren dynamischen Beanspruchung vorzeitig ein Bruch auftreten.

Mit Hilfe vorhandener Rechenansätze und im Labor ermittelter Festigkeitskennwerte an gekerbten Proben kann man unter bestimmten Annahmen die Rest-Gestaltfestigkeit sowie die statische Tragfähigkeit erodierter Bauteile ermitteln; dagegen sind die zusätzlichen dynamischen Beanspruchungen der Rechnung praktisch nicht zugänglich. Hier ist man heute auf Abschätzungen anhand von Erfahrungen oder auf direkte Beanspruchungsmessungen angewiesen. Ebenso ist die rechnerische Bestimmung des Erosionsfortschrittes bisher kaum möglich.

Sofern die Bauteile während der Konstruktion bezüglich des Erosionsangriffes bereits optimiert wurden, z. B. durch entsprechende Werkstoffauswahl, durch Härten oder Beschichten der Oberflächen, lassen sich Totalschäden durch Erosionsangriff heute nur wirksam vermeiden durch eine laufende Beobachtung und durch einen rechtzeitigen Austausch der erosionsgeschädigten Teile.

Problemstellung und Zielsetzung

Durch laufende und gezielte Beobachtungen lassen sich Erosionsschäden frühzeitig erkennen. Da aber gerade die von der Strömung direkt beaufschlagten Teile in der Turbomaschine einen beträchtlichen Anteil der Gesamtkosten ausmachen, bedeutet ein vorzeitiger Austausch dieser Bauteile eine erhebliche Steigerung der Betriebskosten. Eine Verringerung der Verschleißraten durch höhere Erosionsbeständigkeit ist daher anzustreben.

Die aeromechanischen und metallphysikalischen Vorgänge beim Aufprall von kleinen Partikeln in einer Strömung auf ein Bauteil sind zunächst für bestimmte Partikelgrößen einzeln, danach überlagert für eine bestimmte Verteilung erosiver Teilchen in der Strömung mathematisch zu beschreiben. Damit soll ermöglicht werden, die Abzehrungsraten an den Bauteilen vorauszuberechnen. In getrennten Forschungsvorhaben ist der Einfluß der durch die Abzehrung bewirkten Querschnittsverminderungen und dabei entstandenen Kerben auf die Lebensdauer der Bauteile zu untersuchen, wobei zu berücksichtigen ist, daß die in ihrer Form veränderten Bauteile zu höheren Schwingungsbeanspruchungen angeregt werden können.

Die metallphysikalischen Vorgänge der Erosion unter Berücksichtigung der physikalischen Eigenschaften der erosionsbeaufschlagten Werkstoffe sind ebenfalls nicht erforscht. Geht man davon aus, daß eine gewisse Schädigung durch Erosion nicht zu vermeiden ist, so verbleibt letztlich das Problem der Restlebensdauerbestimmung erosionsgeschädigter Bauteile. Gleichzeitig sollte im Sinne höherer Wirtschaftlichkeit nach Reparaturmethoden von erodierten Bauteilen gesucht werden.

Forschungsthemen

- ○ *Konstruktive Maßnahmen zur Verbesserung der Erosionsbeständigkeit von Turbomaschinenbauteilen*
- ○ *Analyse der Partikelbahnen beim Durchgang durch Verdichter- und Turbinengitter*
- ○ *Entwicklung, Herstellung und Prüfung von Schutzschichten gegen Erosion in Turbomaschinen*
- ○ *Entwicklung von Reparaturmethoden für erodierte Bauteile*
- ○ *Ermittlung der Restlebensdauer von erodierten Bauteilen*

5.6.3 Reibkorrosion, Schwingfestigkeit unter Reibbeanspruchung

Stand der Forschung

Eine Schädigung durch Reibkorrosion tritt auf, wenn sich die Oberflächen zweier Bauteile unter einer Normalkraft berühren und dabei relative Bewegungen ausführen. Wesentliche Einflußfaktoren dabei sind die Pressung, die Relativgeschwindigkeit, die Temperatur und die mechanischen Werkstoffeigenschaften, die im Kapitel Werkstoffmechanik behandelt werden. Die Reibkorrosion führt zu einem Werkstoffverschleiß und zu einer starken Verschlechterung der Gleiteigenschaften. Die Dauerfestigkeit derartig geschädigter Bauteile kann bis auf ein Zehntel der ursprünglichen Dauerhaltbarkeitswerte abfallen.

Besonders in den hochbelasteten Kontaktzonen der Verbindungen, wie bei Laufschaufel – Scheibe, Welle – Rotor usw.,ist die Reibkorrosion häufig Ursache von Rißentstehung und daraus resultierenden Schäden.

Problembeschreibung und Zielsetzung

Bei Auftreten von Reibkorrosion tritt ein Verschleiß der sich berührenden Flächen bei gleichzeitiger starker Reduzierung der lokalen Dauerfestigkeit auf, so daß die Gefahr eines Schwingungsbruches besteht. Über die Entstehung und Ursache der Reibkorrosion gibt es heute noch keine eindeutigen Erklärungen. Die in Laborversuchen ermittelten Ergebnisse sind teilweise sehr unterschiedlich, da die Versuchsparameter nicht vergleichbar sind.

Zunächst sollte durch theoretische Untersuchungen das Verständnis für die Ursache und Entstehung der Reibkorrosion und der damit verbundenen Reibdauerbrüche erweitert werden. Auf diesen Ergebnissen basierend sollten unter sinnvoller Abwägung einzelner Parameter wie Werkstoffpaarung, Oberflächenbehandlungsverfahren sowie der im Betrieb am häufigsten auftretenden Randbedingungen Versuchsergebnisse erstellt werden, die dem Konstrukteur gestatten, bereits bei der Gestaltung der Bauteile entsprechend eingreifen zu können.

Einen ersten Lösungsansatz zur Vermeidung oder Verringerung der Reibkorrosion bieten die mannigfaltigen in der Literatur gebotenen Teilergebnisse. Danach zeichnen sich als erste Ergebnisse Verbesserungsmöglichkeiten durch eine entsprechende Oberflächenbehandlung des Werkstoffes ab. Eine bereits 1976 durchgeführte Tribologiestudie, gefördert durch das BMFT (BMFT-FB T 76-38), bietet eine ausgezeichnete Grundlage für weitere Forschungsvorhaben.

Forschungsthemen

- *Untersuchung von Verschleißmechanismen*
- *Erhöhung der Lebensdauer von Bauteilen gegen Reibkorrosion durch geeignete Oberflächenbehandlung*
- *Entwicklung von konstruktiven Maßnahmen zur Reduzierung der Reibkorrosion*
- *Entwicklung von zuverlässigen Reparaturverfahren*

6 Werkstoffe und Werkstofftechnologie

Einleitung

Die Forschungsthemen auf dem Gebiet der Werkstoffe und der Werkstofftechnologie orientieren sich an den technisch-wissenschaftlichen Zielsetzungen der Turbomaschinenforschung, die sich aus den wirtschaftlichen und gesellschaftlichen Perspektiven der 80er und 90er Jahre ableiten. Im Vordergrund stehen somit die Forderungen nach bestmöglicher Energieausnutzung, nach hoher Verfügbarkeit und Zuverlässigkeit, nach Werterhaltung sowie einer menschengerechten Technik bei Fertigung und Betrieb der Anlagen. Die Umsetzung naturwissenschaftlicher Erkenntnisse in förderliche technische Verfahren oder die Vervollkommnung bestehender Technologien zur Annäherung dieser Ziele sind eng mit dem Stand der technischen Nutzbarkeit werkstoffwissenschaftlicher Erkenntnisse gekoppelt. Vielfach lassen sich die fertigungstechnischen Ansprüche sowie die hohen mechanischen, thermischen und korrosiven Betriebsbeanspruchungen, denen die Komponenten der Turbomaschinen ausgesetzt sind, nur durch eine gezielte Abstimmung des Werkstoffverhaltens mit den Beanspruchungskomponenten erreichen. Dafür bietet es sich an, geeignete Werkstoffe zu entwickeln oder spezielle Werkstofftechnologien zu nutzen. Die unmittelbaren Zielsetzungen dieser Bemühungen sind es, höhere Grenzbeanspruchungen zuzulassen, Ersatzwerkstoffe für zu kostspielige oder knappe Werkstoffe aufzufinden und durch optimale Werkstoffnutzung die Kosten für Turbomaschinen niedrig zu halten.

Die Aufgaben für die Forschung und Entwicklung auf dem Gebiet der Werkstoffe im Turbomaschinenbau sind eng verknüpft mit den entsprechenden Vorgaben für die Turbomaschinenforschung. Die Zielrichtungen für Dampfturbinen, stationäre und Fluggasturbinen, Verdichter und Turbolader sind dabei vielfach sehr unterschiedlich. Beispielsweise unterscheiden sich die angestrebten Lebensdauern von Fluggasturbinen und Dampfturbinen um mehrere Größenordnungen. Ebenso schwanken die gegebenen Betriebsbeanspruchungen beträchtlich.

Daher wurden bei der Festlegung der einzelnen, zukünftigen Forschungsthemen folgende Richtlinien im Auge behalten:

Die Untersuchungen sollten, soweit möglich und sinnvoll, weitgehend an die im Betrieb auftretenden Beanspruchungsverläufe angepaßt sein.

Die Zeitdauer der Untersuchungen ist so anzusetzen, daß eine abgesicherte Extrapolation auf die erwartete Lebensdauer der betroffenen Bauteile möglich ist.

Eine gute Übertragbarkeit der im Labor erarbeiteten Ergebnisse auf Turbinenbauteile muß gewährleistet sein.

Unter dieser Maßgabe wurde versucht, die gemeinsamen Probleme aller Turbomaschinengattungen unter geeigneten Kapiteln so weit wie möglich zusammenzufassen, damit die vorgeschlagenen Entwicklungsarbeiten eine breite Anwendung finden können.

In den ersten beiden Kapiteln*) sind in diesem Sinne Forschungsgebiete zusammengefaßt, die sich aus den Anforderungen im Turbomaschinenbetrieb ableiten. Praktisch alle darin angesprochenen Werkstoffprobleme sind auf komplexe Beanspruchungen durch Spannungen und/oder Korrosion und/oder Temperatureinwirkung zurückzuführen. Diese Einteilung beruht darauf, daß für Beanspruchungen unter nur einer Belastungsart das Werkstoffverhalten weitgehend bekannt ist.

Das Kapitel Werkstofftechnologie umfaßt nahezu sämtliche angewandten Fertigungsverfahren für den Turbomaschinenbau, die heute im Einsatz sind und die entwicklungswürdig erscheinen. Die darin vorgestellten Themen sind auf die Forderung nach Entwicklung rohstoff- und energiesparender Fertigungstechnologien abgestimmt sowie nach Bereitstellung von Werkstoffen mit gesteigerter Beanspruchbarkeit, insbesondere unter komplexen Bedingungen. Im Vordergrund steht dabei die Erforschung der werkstofftechnologisch spezifisch wirkenden Mechanismen, das rechnerische Modellieren für ein auf breiter Front einsetzbares CAD-CAM und die Verfahrensoptimierung. Wenn auch die Darstellung des Abschnittes 6.3 „Werkstofftechnologie" weniger Raum als die der Abschnitte 6.1 und 6.2 einnimmt, so sind doch die behandelten Problemkreise in ihrer Bedeutung für die Turbomaschinenforschung als gleichgewichtig zu betrachten.

Im abschließenden Kapitel Werkstoffprüfung werden schließlich Forschungsgebiete benannt, die sich mit der Nutzbarkeit von Werkstoffuntersuchungen befassen. Neben den Problemen bei der Ermittlung und Übertragbarkeit von Werkstoffkennwerten, die insbesondere bei den komplexen Bedingungen der Turbomaschinen auftreten, wird darin auch die Nutzbarkeit von Werkstoffkennwerten und die Entwicklung von Prüfverfahren angesprochen.

Eine enge Wechselwirkung des Kapitels Werkstoffe und Werkstofftechnologie insgesamt besteht mit einzelnen Themenkreisen der Kapitel Konstruktion und Berechnung sowie Prüftechnik und Prüfverfahren. Da in diesen Abschnitten jedoch nicht auf werkstoffspezifische Probleme eingegangen wird, besteht dennoch eine klare Abgrenzung der Forschungs- und Entwicklungsthemen. Im folgenden werden unter den angesprochenen Gesichtspunkten die Forschungsziele genannt, die für den Turbomaschinenbau die werkstofftechnischen Voraussetzungen für eine wirksame Weiterentwicklung des heutigen Stands der Technik sowie zur Entwicklung neuer Technologien bilden.

---

*) Werkstoffverhalten unter überwiegend mechanischen Beanspruchungen und Werkstoffverhalten unter überwiegend korrosiven Beanspruchungen

6.1 Werkstoffverhalten unter überwiegend mechanischen und mechanisch-thermischen Beanspruchungen

6.1.1 Zeitstandverhalten

Stand der Forschung

Das Zeitstandverhalten ist das Hauptkriterium für die Beurteilung der Warmfestigkeit von Werkstoffen. Es wird herangezogen, wenn Bauteile gleichzeitig statischen Lasten und thermischen Beanspruchungen ausgesetzt sind, so daß Kriechen eintreten kann.

Entsprechend ist bei Gasturbinen das Zeitstandverhalten für ferritische Stähle und Superlegierungen von Interesse, die für Turbinenschaufeln, Turbinenscheiben, Verdichterscheiben und Radialverdichterräder eingesetzt werden. Bei Dampfturbinen ist das Zeitstandverhalten für Stähle von Bedeutung, die für Wellen, Scheiben, Gehäuse, Rohrleitungen, Schrauben und Schaufeln der HD- und MD-Teile genutzt werden. Während es die Zielsetzung der Untersuchungen bei Werkstoffen für Gasturbinenschaufeln ist, ihr Zeitstandverhalten unter extrem hohen Temperaturen zu prüfen (bis zu 1600 K), ist es das Ziel bei Dampfturbinenwerkstoffen, verläßliche Kennwerte für lange Betriebszeiten (bis zu 300 000 h) zu erlangen.

Die heute zur Verfügung stehenden Kennwerte sind bei der Zeitstandfestigkeit einem Streuband von ± 20 % und bei der 1 %-Zeitdehngrenze einem solchen von ca. ± 25 % und mehr zuzuordnen. Die meßtechnisch bedingten Ursachen dafür sind bekannt. Es fehlen noch fundierte Kenntnisse über die Auswirkungen der Werkstoffzusammensetzung und der werkstofftechnologischen Prozesse auf das Streuband.

Von den Einflüssen auf das Verformungs- und Bruchverhalten beim Kriechen ist vor allem die Wärmebehandlung hinreichend bekannt. Wenig erforscht sind dagegen die Auswirkungen von Spurenelementen (P, S, As, Sb, Sn) und Desoxidationselementen (Al, Si, Ti, Cl, Zr, Cd) auf das Zeitstandverhalten von Stählen. Ebenso fehlen fundierte Kenntnisse über das Entstehen und Wachsen von Rissen im Kriechgebiet. Zwar liegen dafür bereits Theorien vor, mit deren experimenteller Überprüfung aber erst begonnen wurde.

Auch Untersuchungen zur Beeinflussung des Zeitstandverhaltens durch zeitlich veränderliche Beanspruchungen stehen erst im Anfangsstadium.

Problembeschreibung und Zielsetzung

Um die steigenden Anforderungen an das Zeitstandverhalten der Werkstoffe für den Turbomaschinenbau erfüllen zu können,ist es notwendig, gezielt Werkstoffe für den Einsatz unter Kriechbeanspruchung weiterzuentwickeln und deren Auswahl durch Erweiterung der Kenntnisse über die Einflüsse auf das Zeitstandverhalten und den Schädigungsablauf beim Kriechen zu verbessern.

Ein erster Schritt dazu ist die Verbesserung der Versuchstechnik. Die in der Vergangenheit durchgeführten Untersuchungen hatten, insbesondere im Bereich des Dampfturbinenbaus, den Mangel, daß sie mit zu hohen Spannungen durchgeführt wurden. Bei zukünftigen Untersuchungen sollten die Spannungen so gewählt werden, daß eine Extrapolation der Versuchsergebnisse zur Festlegung der Werkstoffkennwerte nicht über den Faktor 3 in Zeitrichtung hinausgeht. Desgleichen ist die Ermittlung des Kriechkurvenverlaufs im primären und sekundären Kriechbereich meßtechnisch besser zu erfassen, um genauere Unterlagen für die Berechnung inhomogener Spannungsverläufe zur Extrapolation und Restlebensdauerbestimmung zu erhalten. Die Kurvenverläufe sollten dann auf die wahren Spannungen bezogen werden, wenn gegen Zeitstandbruchwerte und nicht, wie üblich, gegen Zeitdehngrenzwerte ausgelegt werden müßte.

Da nur wenige Bauteile der Turbomaschinen in der Praxis einer dem konventionellen Zeitstandversuch entsprechenden konstanten Belastung unterworfen sind, erscheint es von Bedeutung, den Einfluß wechselnder Spannung und/oder Temperatur auf das Zeitstandverhalten zu erfassen. Bisher angelaufene Untersuchungen haben gezeigt, daß derartige Schwankungen die Lebensdauer der Werkstoffe negativ beeinflussen. Bei Betrachtung der Bruchzeiten können die Schädigungsanteile nicht linear akkumuliert werden. Für die sichere Festlegung zulässiger Spannungen ist es daher eine Grundvoraussetzung, vermehrt Zeitstandversuche mit variablen Beanspruchungen durchzuführen, zumal deren Ergebnisse auch für die Berechnung der verbrauchten Lebensdaueranteile bei der Restlebensdauerbetrachtung benötigt werden.

Neben den Problemen, die den Stand der Versuchstechnik betreffen, bestehen auch Lücken in den Kenntnissen über die Auswirkungen von Werkstoffzusammensetzung und -behandlung auf das Zeitstandverhalten. So müßte der Einfluß moderner Erschmelzungs- und Desoxidationsverfahren auf das Zeitstandverhalten laufend überprüft werden. Nachdem stichprobenweise durchgeführte Untersuchungen gezeigt haben, daß auch Spurenelemente einen erheblichen Einfluß auf die Verformungsfähigkeit und Festigkeit aufweisen können, sind zudem systematische Überprüfungen des Einflusses der Spurenelemente auf das Zeitstandverhalten erforderlich. Diesen Untersuchungen kommt verstärkte Bedeutung zu, da durch die zunehmende Schrottverarbeitung das Niveau der in den Stählen vorhandenen Spurenelemente steigt.

Bei Zeitstanduntersuchungen und bei betriebsbeanspruchten Bauteilen hat sich herausgestellt, daß Schweißverbindungen eine niedrigere Zeitstandfestigkeit aufweisen können als unverschweißte Grundwerkstoffe. Als Schwachstellen haben sich entweder die WEZ (Wärmeeinflußzone) oder ein zu niedrig mit Kohlenstoff oder dessen Äquivalent legiertes Schweißgut erwiesen. Daher sollte der Einfluß höher gekohlter bzw. legierter Schweißzusätze und die Wirkung unterschiedlicher Wärmeeinbringungen auf das Zeitstandverhalten geprüft werden. Um die in den Bauteilen in der Regel vorliegende stützende Wirkung großer Querschnitte nachzuvollziehen, sind dafür bevorzugt dickwandige Proben zu wählen.

Schließlich sollte der Kenntnisstand über Rißeinleitung und -fortschritt unter Zeitstandbeanspruchung erweitert werden. Sowohl für die Bewertung von natürlichen Fehlstellen (Einschlüsse, Lunker etc.) auf die Rißeinleitung, wie auch für die Beurteilung von Rissen hinsichtlich ihrer Ausbreitung fehlen bis heute repräsentative Untersuchungsergebnisse, die für Bemessungsregeln benötigt werden.

Forschungsthemen

- *Zeitstandverhalten von Einkristall-Hochtemperaturwerkstoffen und gerichtet erstarrter Eutektika*
- *Herstellungsstudien an verschiedenen Si_3N_4-Qualitäten im Hinblick auf die Verbesserung der Langzeiteigenschaften bei hohen Temperaturen*
- *Entwicklung von Hochtemperaturwerkstoffen für Gasturbinen mit Gaseintrittstemperaturen von 1623 K*
- *Ermittlung des Langzeitkriechverhaltens von warmfesten und hochwarmfesten Werkstoffen für Dampf- und Gasturbinen*
- *Ermittlung der von ferritischen Werkstoffen bekannten bzw. zu messenden Zeitstanddaten für austenitische Rohr- und Schweißwerkstoffe, sowie für größere Guß- und Schmiedestücke zum Einsatz in 870 - 920 K Turbinen*
- *Untersuchungen über den Zeitpunkt des Übergangs von thermischer Werkstoffänderung zum Beginn irreversibler mechanischer Schädigungen im Verlaufe der Kriechbeanspruchung (Ermittlung der Übergänge von 1. zu 2. und von 2. zu 3. Kriechphase)*
- *Aufbau von Versetzungsstrukturen im Übergangsbereich der Kriechkurve*
- *Untersuchung des Temperatureinflusses während des Betriebs auf die Zähigkeit der Wellenwerkstoffe im Turbinenbau*
- *Überprüfung der Festigkeitshypothesen und der Auswirkungen mehrachsiger Beanspruchungen auf das Kriechverhalten und die Zeitstandbruchverformung*
- *zyklisches Kriechverhalten als Versetzungsmechanismus*
- *Einfluß von Oberflächenbeschaffenheit und Umgebungsmedien auf das Zeitstandverhalten von Dampfturbinenwerkstoffen*
- *Einflüsse moderner Erschmelzungs- und Desoxidationsverfahren auf das Zeitstandverhalten warmfester Dampfturbinenwerkstoffe*
- *Einflüsse der Spurenelemente auf das Zeitstandverhalten warmfester Dampfturbinenwerkstoffe*

- *Untersuchung höher gekohlter Schweißzusätze, unterschiedlicher Wärmeeinbringungen und Wärmenachbehandlungen auf das Zeitstandverhalten von Schweißverbindungen warmfester Dampfturbinenwerkstoffe unter Verwendung von Großproben*

- *Untersuchung der Einflüsse der Bauteil- und Probengeometrie auf Zeitstandverhalten, Kriechrißeinleitung und -wachstum; Erarbeitung von Bemessungsregeln, Ermittlung der Leck-vor-Bruch-Bedingungen für Hohlkörper*

- *Rißausbreitung in warmfesten austenitischen Stählen und Ni-Basislegierungen beim Kriechen*

- *Rißfortschrittsverhalten zeitstandbeanspruchter warmfester Schmiedewerkstoffe für Turbinenwellen*

- *Einfluß von Oberflächenschutzschichten und deren Aufbringung auf das Zeitstandverhalten*

6.1.2 Dehnungswechselverhalten

Stand der Forschung

Bauteile von Turbomaschinen, die bei Temperaturen im Kriechgebiet betrieben werden, unterliegen vielfach nicht nur ruhenden, sondern auch langsam wechselnden Dehnungsbeanspruchungen. Dementsprechend ist es sinnvoll, neben dem Zeitstandverhalten auch dem Dehnungswechselverhalten Aufmerksamkeit zu widmen.

Bei den stationären Gasturbinen, den Fluggasturbinen und Turboladern ist das Dehnungswechselverhalten für die Turbinenschaufeln (Thermische Ermüdung), Turbinenscheiben, Brennkammern und Gasführungen, sowie für Verdichterscheiben und Radialverdichterräder von Interesse. Bei den Dampfturbinen sind die gleichen Bauteile betroffen, für die auch das Zeitstandverhalten von Bedeutung ist.

Bei umfangreichen Forschungsvorhaben in den letzten Jahren wurde gezeigt, daß bei LCF-Beanspruchungen im Kriechgebiet die Dehnungswechselfestigkeit maßgeblich von der Kriechfestigkeit abhängt. Darüber hinaus bestimmen Ver- und Entfestigungsvorgänge das Dehnungswechselverhalten.

Noch kaum erforscht ist bis heute die Akkumulation von Zeitstandbeanspruchung und Dehnungswechselbeanspruchung. Als Arbeitshypothese wird zur Zeit die lineare Schadensanteilregel genutzt, die üblicherweise bei der Akkumulation unterschiedlicher Wechselbeanspruchungen oder auch bei zeitlich veränderlichen Zeitstandbeanspruchungen angewandt wird. Die Gültigkeit dieser Regel für den angesprochenen Fall ist bisher jedoch noch nicht in befriedigender Form erfolgt. Die bis heute vorliegenden Ergebnisse basieren auf kurzzeitigen, häufig nur zweistufigen Untersuchungen. Ergänzend liegen Ergebnisse über ratchetting oder incremental collapse für austenitische Rohrleitungen der Na-gekühlten Reaktoren vor. Untersuchungen an warmfesten Turbinenwerkstoffen fehlen noch.

Unvollständig sind auch noch alle Unterlagen über das Verhalten rißbehafteter Werkstoffe unter langsamer zyklischer Beanspruchung. Die vorliegenden Untersuchungen wurden bis auf wenige Ausnahmen bei zu hohen Frequenzen durchgeführt.

Problembeschreibung und Zielsetzung

Gegenüber dem Kenntnisstand zum Zeitstandverhalten liegen über das Dehnungswechselverhalten sowie über die Akkumulation von Zeitstand- und Dehnungswechselbeanspruchung geringere Kenntnisse vor. Theoretische Grundlagen zum Verständnis der Zusammenhänge der Werkstoffkennwerte, die das Kriechverhalten charakterisieren, mit dem Langzeitverhalten von Bauteilen bei kombinierten statischen und wechselnden Beanspruchungen unter erhöhter Temperatur fehlen. In bisher gelaufenen Untersuchungen wurden vor allem die Einflüsse von Temperatur, Zyklusform und Lastwechselzahl geprüft. Zukünftige Vorhaben sollten sich verstärkt mit dem Einfluß der chemischen Zusammensetzung des Werkstoffs, der Wärmebehandlung sowie den Auswirkungen des umgebenden Mediums und mehrachsiger Spannungen befassen. Das Ziel dieser speziellen Parameterstudien ist es, für die Berechnung allgemein anwendbare Werkstoffkennwerte festlegen zu können.

Weiterhin ist für die Auslegung und den Betrieb von Turbomaschinen, zur Ermittlung der zulässigen Beanspruchung eine zuverlässige Berechnungsmethode zur Akkumulation der Dehnungswechsel- und Kriechschädigungsanteile erforderlich. Zur Überprüfung der Wechselwirkung von Dehnungswechsel- und Kriechbeanspruchung sind Versuche geeignet, bei denen beide Beanspruchungen abwechselnd in unterschiedlicher Reihenfolge aufgebracht werden. Zyklenform, Temperaturverlauf und Zykluszahl sind den Betriebsbedingungen von Wellen, Gehäusen und Formstücken anzupassen. Die Untersuchungen sind an glatten, geometrisch gekerbten und rißartig gekerbten Proben durchzuführen.

Zusätzlich kann unter einer statischen Belastung und einer zyklischen Wechseldehnung eine von der Zyklenzahl abhängige, einsinnige Dehnungsakkumulation auftreten (ratchetting, incremental collapse). Manche bisher unaufklärbaren Kriechschäden, z. B. an Rohrbogen, sind mit großer Wahrscheinlichkeit auf eine derartige zyklische Dehnungsakkumulation zurückzuführen. Die wenigen bisher bekannten Untersuchungen dazu bieten zu geringe Unterlagen, um Beanspruchung und Werkstoff aufeinander abstimmen zu können.

Noch nicht ausreichende Ergebnisse für die praktische Nutzung liegen bisher auch über das Rißausbreitungsverhalten der warmfesten Stähle unter thermischer Dehnungswechselbeanspruchung und über die mögliche Beschreibung dieses Verhaltens mit LCF-Ergebnissen vor. Da es sich auch dabei um eine elastisch-plastische Verformung handelt, muß die Untersuchung des Einflusses der Proben- bzw. Bauteildicke wieder im Vordergrund stehen.

Lösungsvoraussetzungen

Für die Überprüfung der Wechselwirkung von Dehnungswechsel- und Kriechbeanspruchung sind Dehnungswechselanlagen zu benutzen, in denen sowohl anisotherme, wärmedehnungskompensierte Zug-Druck-Dehnungswechsel beliebiger Zyklusform wie auch unterbrechbare, paketisierte Langzeitdehnungswechselversuche durchführbar sind.

Forschungsthemen

- *Untersuchung des Zeitstandverhaltens unter zeitlich wechselnden Beanspruchungen und dessen Vorausberechnung*
- *Untersuchung des Einflusses von Wasserdampf auf das Dehnungswechselverhalten der Dampfturbinenwerkstoffe*
- *Untersuchung des Einflusses der an großen Turbinenkomponenten möglichen Gefügeausbildungen auf das Dehnungswechselverhalten der Dampfturbinenwerkstoffe im Kriechbereich*
- *Untersuchung des Rißausbreitungsverhaltens der Turbinenwerkstoffe unter Wechselplastifizierungen bei Berücksichtigung der an Turbinenbauteilen möglichen Abmessungen*
- *Entwicklung von Konzepten zur Beurteilung des Verhaltens von Werkstoffen im Turbomaschinenbau bei mehrachsigem Spannungszustand bei erhöhten Temperaturen und überlagerter Wechselbeanspruchung*
- *Ermittlung der Akkumulationsgesetze für LCF-Beanspruchungen und Beschreibung des Rißausbreitungsverhaltens mittels konventioneller LCF-Ergebnisse*
- *Werkstoffverhalten unter kombinierter Dehnungswechsel- und Kriechbeanspruchung*
- *Bestätigung bzw. Modifizierung der bestehenden Lebensdauer-Anteilregeln und Ermittlung der für die einzelnen Werkstoffgruppen zu beachtenden Grenzbeanspruchungen (Kriechdehnungen bzw. Dehnungsamplituden)*

- *Mikrostrukturuntersuchungen zur Überprüfung des Schädigungsablaufs bei kombinierter Dehnungswechsel- und Kriechbeanspruchung*
- *Untersuchung überlagerter Dehnungswechsel- und Kriechbeanspruchungen an geometrisch und rißartig gekerbten Proben (Einfluß von Haltezeiten)*
- *Untersuchung der Bedingungen für und der Auswirkungen von stufenweise einsinnigem Versagen unter Kriechbedingungen (incremental collapse, creep ratchetting)*
- *Übertragung der an Ferriten erhaltenen Daten und Gesetzmäßigkeiten auf austenitische Werkstoffe für 870 - 920 K-Turbinen*
- *Auswirkung langzeitiger Temperatureinwirkung auf das Dehnungswechselverhalten*
- *Zeitabhängigkeit der Festigkeit von keramischen Hochleistungswerkstoffen für Gasturbinen unter stationären und zyklischen Bedingungen*
- *Einfluß der Faserverstärkung von Keramikwerkstoffen für Leitschaufeln in Gasturbinen auf die Temperaturschockempfindlichkeit*

6.1.3 Schwingungsverhalten

Stand der Forschung

Das Schwingungsverhalten der Werkstoffe für den Turbomaschinenbau ist für sich allein von Interesse, besonders aber wenn Zusatzbeanspruchungen überlagert sind. Zu solchen Zusatzbeanspruchungen gehören Korrosion und thermische Belastung (Kriechgebiet). Kenntnislücken bestehen weiterhin bei der Bestimmung des Rißwachstums unter den genannten Bedingungen. Bei Gasturbinen sind davon Wellen, Verdichter- und Turbinenschaufeln betroffen, bei Dampfturbinen Wellen, Scheiben, Laufschaufeln und Rohrleitungen.

Das Werkstoffverhalten unter einer überlagerten Beanspruchung durch statische Kriech- und wechselnde kraftschlüssige Spannung wurde bisher überwiegend nur kurzzeitig überprüft. In dem für Dampfturbinen interessierenden Temperaturbereich verlaufen bei diesen Versuchen die Spannungs-Bruchzeitlinien der unter Wechselbelastung geprüften Proben in allen Fällen unter den unter ruhender Belastung erhaltenen Linien. Nach längeren Versuchszeiten nähern sich die Werte der wechselbelasteten Proben denen der statisch belasteten. Die Kerbwirkungszahl β_K der gekerbten Proben nimmt unter der Wechselbeanspruchung und wachsender Beanspruchungsdauer zunächst zu, um dann nach Überschreiten eines Höchstwertes stetig nach kleineren Werten hin abzufallen. Beim Vorliegen einer Mittelspannung bei Wechselfestigkeitsversuchen wird in dem untersuchten Zeit- und Temperaturbereich die Wechselfestigkeit erhöht, und zwar mit der Mittelspannung zunehmend.

Zahlreiche Untersuchungsergebnisse existieren inzwischen über das Rißwachstum unter zyklischer einachsiger Belastung bei vergleichsweise hohen Frequenzen (> 10 Hz) und bei Raumtemperatur sowie mäßig erhöhten Temperaturen. Unvollständig sind dagegen noch die Untersuchungen zum Rißwachstumsverhalten bei kleineren Frequenzen (< 1 Hz) und bei höheren Temperaturen. Bei heutigen Rißwachstums-Berechnungen werden Inhomogenitäten a priori als Risse eingestuft, was in fast allen Fällen zu konservativ ist. Untersuchungen, ob und unter welchen Bedingungen werkstoffspezifische Inhomogenitäten Risse werden können und wie lange die Rißeinleitungsphase ggf. dauert, gibt es kaum und sind noch sehr unvollständig.

Problembeschreibung und Zielsetzung

Für die Auslegung hochbeanspruchter Turbinenbauteile sind die bisher vorliegenden Ergebnisse aus Zeitschwingversuchen nicht ausreichend. Erforderlich sind Versuche, die den in der Praxis auftretenden Temperaturen entsprechen und deren Laufzeit mit der praktischen Lebensdauer korrelierbar ist. Soweit gekerbte Proben untersucht werden, sind Kerbfaktoren bis zu ca. 4,0 von Interesse. Des weiteren sollte auch der Einfluß von Mittelspannung und Probengröße überprüft werden.

Bei der Betrachtung des Rißwachstums erscheint es von Bedeutung, den Einfluß von Fehlstellen zu erfassen. Vor allem die im Dampfturbinenbau üblichen großen Guß- und Schmiedestücke, sowie die Gußteile (Schaufeln) im Gasturbinenbau können niemals von Inhomogenitäten frei sein. Diese müssen in ihren möglichen Auswirkungen rechnerisch erfaßt werden. Dabei ist es wichtig, die Zunahme ihrer Ausdehnung unterhalb einer kritischen Größe, die zum Versagen führen könnte, abzuschätzen. Die mit Hilfe der linear-elastischen Bruchmechanik formulierten Zusammenhänge reichen dazu vielfach nicht aus. Im Gebiet erhöhter Temperaturen bei den üblichen langzeitigen Lastabläufen müßte das Rißwachstum unter thermischer Dehnungswechselbeanspruchung mit den Werkstoffmechanismen der elastisch-plastischen Bruchmechanik berechenbar sein. Unterlagen fehlen dazu jedoch noch weitgehend.

Ein wesentlicher Punkt ist es, daß alle mit ZfP-Methoden (zerstörungsfreie Prüfmethoden) im Werkstoffinneren entdeckten Inhomogenitäten von vornherein als Riß in die Auslegungs- oder Restlebensdauerbetrachtung einbezogen werden müssen. Ursächlich dafür ist, daß die ZfP-Methoden bisher nicht gestatten, Risse von sonstigen Inhomogenitäten zu unterscheiden. Zur Verbesserung sind einmal die Prüfmethoden zu modernisieren und zum anderen die Rißeinleitungsphase zu ermitteln, wobei von den üblichen Inhomogenitäten in großen Bauteilen auszugehen ist. Eine Überprüfung, ob die Mehrachsigkeit am Riß bei großen Proben (Dehnungsbehinderung) bei sonst üblicher einachsiger äußerer Belastung genügend genau die Mehrachsigkeit in (rißbehafteten) Bauteilen simuliert, ist ebenfalls noch abzusichern. Darüber hinaus ist die Auswirkung einzelner, periodisch auftretender Überlastungen (Drehzahlwächterprüfung, Schleudern) auf das nachfolgende zyklische Rißwachstumsverhalten vertieft zu untersuchen und quantifizierbar zu machen.

Forschungsthemen

- *Ermüdungsversuche bei mittleren und hohen Temperaturen für Gasturbinenwerkstoffe*
- *Ermittlung des Ermüdungsverhaltens von Ti-Legierungen*
- *Untersuchung der Zeitschwingfestigkeit der warmfesten Laufschaufelwerkstoffe von Dampfturbinen im Temperaturbereich von 720 - 820 K bis zu mindestens 20 000 h*
- *Untersuchung der Zeitschwingfestigkeit der warmfesten Rohrleitungsstähle im Temperaturbereich von 720 - 820 K bis zu mindestens 20 000 h*
- *Fehlstellen im Werkstoff und ihre Bedeutung bei Kurzzeitermüdung und Dauerwechselbelastung*
- *Rißwachstum unter Zug-Druckwechselbeanspruchung*
- *Schadensakkumulation bei Kurzzeitwechselbeanspruchung*
- *Untersuchung des Einflusses mehrachsiger Beanspruchungen auf das unterkritische Rißwachstum unter dynamischer Beanspruchung*
- *Untersuchung der Rißeinleitung aus natürlichen Fehlstellen unter statischer und dynamischer Beanspruchung*
- *Einfluß von Überlastungen auf das zyklische Rißwachstum*
- *Abschätzung des Rißeinleitungs- bzw. Rißwachstumverhaltens von natürlichen Fehlern und von im Betrieb möglicherweise entstandenen Anrissen infolge Kriech- und langsamer Dehnwechselbeanspruchung bei höherer Temperatur*
- *Weiterentwicklung der Berechnungen der analytischen Anrißlebensdauer aus dem Ermüdungsverhalten des Werkstoffs*

6.1.4 Bruchmechanisches Verhalten

Stand der Forschung

Mit dem Begriff Bruchmechanisches Verhalten soll an dieser Stelle die Rißzähigkeit unter thermisch-mechanischer Beanspruchung abgehandelt werden. Die Untersuchung des bruchmechanischen Verhaltens der Turbinenteile hat durch die Explosion einiger Turbinen- und Generatorwellen in den 50er Jahren und durch die Anwendbarkeit der linear-elastischen Bruchmechanik für die dickwandigen Bauteile starke Impulse erhalten. Jedoch sind Kenntnisse über die Rißzähigkeit für den gesamten Turbinenbau von Interesse. Die unteren Grenzwerte der Rißzähigkeit (K_{IC}-Werte) können aus Untersuchungen an Proben einzelner Schmiede- und Gußstücke ermittelt werden.

Bei linear-elastischem Werkstoffverhalten kann ein Bauteilversagen mit Hilfe der Rißzähigkeit unter idealisierter Fehlerannahme eindeutig erfaßt werden. Zur Beschreibung des elastisch-plastischen Werkstoffverhaltens gibt es Werkstoffkenngrößen, wie die Rißspitzenaufweitung, das J-Integral oder den Tearing Modul und die Rißwiderstandskurve. Weiterhin existieren Ansätze zur Beschreibung des Werkstoffversagens unter Zähbruchbedingungen.

Problembeschreibung und Zielsetzung

Die Bestimmung der bruchmechanischen Kenngrößen sowie ihre Verwendung zur Sicherheitsabschätzung erfordern einen großen Aufwand. Gerade deswegen sollte möglichst genau bekannt sein, wie zuverlässig die Aussagen bei der Abschätzung sind und wie hoch die Sicherheitsbeiwerte liegen. Die Übertragungsfunktionen können mit Hilfe der Finite-Element-Rechnungen beschrieben werden. Wie genau die numerischen Abschätzungen sind, ist jedoch noch offen. In diesem Zusammenhang ist z. B. zu klären, ob zweidimensionale oder dreidimensionale Rechnungen nötig sind und welche Beanspruchungsmodi gewählt werden sollten. Weiterhin ist unbekannt, durch welche Parameter die Konzepte der linear-elastischen bzw. der elastisch-plastischen Bruchmechanik vom plastischen Kollaps abgegrenzt werden können und bis zu welchen Temperaturen das Konzept des plastischen Kollapses anwendbar ist. In engem Zusammenhang damit sind auch die theoretischen Grundlagen zum Verständnis der Zusammenhänge der Werkstoffkennwerte, die die Festigkeit und die Zähigkeit des Werkstoffes charakterisieren, mit dem Bruchverhalten der Bauteile bei vorwiegend statischen Belastungen zu erarbeiten. Das Ziel dabei sollte wiederum sein zu klären, wie genau die Kennwerte das Werkstoffverhalten charakterisieren.

Ein weiterer wesentlicher Schwerpunkt sollte es sein, die Werkstoffe für den gegebenen Einsatzbereich dahingehend zu optimieren, daß sie neben hohen Zeitstandeigenschaften eine ausreichend hohe Zähigkeit aufweisen, die maßgeblich für die Sprödbruchanfälligkeit z. B. bei Anfahrbedingungen des Bauteils ist. Dazu ist auch eine Vertiefung der Kenntnisse über die im Betrieb möglichen Zähigkeitsverluste infolge thermisch bedingter Werkstoffveränderungen nötig.

In langzeitigen Auslagerungsversuchen von belasteten und unbelasteten Proben, aber auch durch Untersuchung langzeitig im Betrieb beanspruchter Bauteile ist fortwährend zu überprüfen, welcher Grad der Zähigkeitsminderung bzw. Versprödung möglich ist und in welcher Weise diese Veränderungen von den Legierungs- und Spurenelementen, von den Beanspruchungstemperaturen und von den Wärmebehandlungsdaten abhängig sind bzw. wie man die Werkstoffeigenschaften bei höheren Beanspruchungstemperaturen verbessern kann.

Unsicherheiten bestehen auch noch bei der Bewertung von Fehlstellen aus dem Herstellungsprozeß. Anzeigen, die z. B. mit Ultraschall und Durchstrahlung ermittelt werden, werden bei der bruchmechanischen Bewertung wie Risse behandelt. Erste Untersuchungen erforschen z. Z. die Rißeinleitung von diesen Fehlstellen unter einachsiger mechanischer Zugschwellbeanspruchung bei Raumtemperatur. Bei der Bewertung der Befunde der zerstörungsfreien Prüfung liegen darüber hinaus noch Unsicherheiten bei der Fehlergrößenbestimmung von Innenfehlern vor bzw. in der Auflösung der Fehleranzeigen eng nebeneinander liegender Fehlstellen. Auch die Bewertung von Oberflächenfehlern, deren Geometrie mittels ZfP leichter zu beschreiben ist, muß insbesondere im Zähbruchbereich besser abgesichert werden. Die Geometrie-Unsicherheiten bzw. Wissenslücken können zu einem möglicherweise unnötigen Ausschuß von wertvollen Guß- und Schmiedestücken und im anderen Extremfall auch zu einer frühzeitigen Unbrauchbarkeit von Turbinenwellen und Gehäusen führen.

Forschungsthemen

- *Fließbruchkriterien und elastisch-plastische Bruchmechanik zur Bewertung der Sprödbruchsicherheit von Bauteilen bei statischer Überlastung*

- *Ermittlung von elastisch-plastischen Werkstoffkennwerten von Turbinenstählen bei Temperaturen oberhalb Raumtemperatur*

- *Ermittlung der Anwendungsgrenzen für die Bruchmechanik- und Zähbruchkonzepte in Abhängigkeit vom Werkstoffverhalten und den Bauteilabmessungen*

- *Entwicklung eines Konzeptes zur Beschreibung der Rißzähigkeit bei hohen Betriebstemperaturen (Kriechgebiet); Möglichkeiten der Versagensabschätzung*

- *Abgrenzung der Sicherheitsbeiwerte bei der Anwendung der Konzepte; Überprüfung der Übertragungsfunktionen und der numerischen Verfahren durch Korrelation Versuchs-/Bauteilverhalten-Rechnung*

- *Untersuchung des Einflusses mehrachsiger Beanspruchungen und der verschiedenen Beanspruchungsmodi auf das Versagen*

- *Die Bedeutung von Fehlstellen für die Rißeinleitung bei vorwiegend statischer Beanspruchung*

- *Entwicklung besserer Beurteilungsverfahren zur Wertung von Inhomogenitäten aus der Herstellung sowie von Fehlerstellen, die im Betrieb entstanden oder gewachsen sind (Fehler = Riß, Mehrfachrisse, Oberflächenfehler (sehr kurze Risse); Herstellung, z. B. pulvermetallurgisch gefertigte Superlegierungen; Betrieb, z. B. LCF, Kriechen oder SpRK)*

- *Entwicklung von Verfahren zur Bestimmung der wahren Fehlergröße von natürlichen Fehlern mittels zerstörungsfreier Prüfverfahren (Ultraschall)*

- *Entwicklung von Maßnahmen zur Verbesserung der Zähigkeit in höchstfesten Stählen*

- *Entwicklung von warmfesten Stählen, die neben hohen Zeitstandeigenschaften auch gute Zähigkeiten aufweisen (modifizierte 1 % CrMoV-Stähle)*

- *Entwicklung von „kaltzähen" Werkstoffen, die in der ND-Teilturbine bis zu 670 K eingesetzt werden können*

- *Untersuchung des Einflusses der Legierungs- und Spurenelemente, der Wärmebehandlung und der Prüftemperatur auf das Langzeitversprödungsverhalten von Werkstoffen für den Einsatz bei mäßig erhöhten Temperaturen (z. B. Anlaßversprödung) und im Kriechtemperaturbereich*

- *Übertragung der für ferritische Werkstoffe (mit temperaturabhängigem Bruchverhalten) erarbeiteten bzw. zu erarbeitenden Versagenskonzepte auf austenitische Werkstoffe für die Anwendung in 870 - 920 K-Dampfturbinen*

- *Klärung des Größeneinflusses auf* K_{IC} *bei Aluminiumoxidkeramik*

6.2 Werkstoffverhalten unter überwiegend korrosiven Beanspruchungen

6.2.1 Hochtemperaturkorrosion

Stand der Forschung

Mit der Hochtemperaturkorrosion wird eine schädigende Gas-Metall-Reaktion beschrieben, die unter der Einwirkung von Brenngasen abläuft. Dementsprechend sind davon vornehmlich die Brennkammern, Gasführungen und Turbinenschaufeln von Gasturbinen und Turboladern betroffen. Für diese Bauteile werden heute fast ausnahmslos Ni- und Co-Basislegierungen eingesetzt, die gegen die Kombination aus mechanischen, thermischen und korrosiven Beanspruchungen den besten Kompromiß bieten. Da die Reaktionsmechanismen dieser Legierungen unter Hochtemperaturkorrosion noch nicht vollständig geklärt sind, fehlen noch Kenntnisse zur gezielten Entwicklung spezieller Werkstoffstrukturen, die eine erhöhte Resistenz gegenüber dieser Beanspruchung bieten. Auch lassen sich geeignete Beschichtungen weiterentwickeln, die die Gas-Metall-Reaktion verhindern können oder die als Wärmedämmschichten eine Verminderung der thermischen Beanspruchung bewirken.

Eine weitere Möglichkeit, das mit der Metalloberfläche in Reaktion tretende Medium zu entschärfen, besteht darin, dem Treibstoff Additive zuzusetzen. Es ist bekannt, daß dadurch z. B. die stark korrosiven Sulfidanteile abgebunden werden können und daß die Bedingungen zur Ausbildung resistenter Schutzschichten auf der Werkstoffoberfläche verbessert werden.

Problembeschreibung und Zielsetzung

Der beste Weg zur Vermeidung von Hochtemperaturkorrosionsschäden liegt darin, Werkstoffe zu entwickeln, die durch geeignete Struktur und Gefügeaufbau hohe Warmfestigkeit besitzen, gleichzeitig aber in ihrem Verhalten gegenüber Gas-Metall-Reaktionen eine höhere Resistenz als heutige Legierungen aufweisen. Voraussetzung dafür ist eine Erweiterung der Kenntnisse über den Versagensmechanismus unter Hochtemperaturkorrosionsbedingungen. Aufbauend darauf sollte es möglich sein, verbesserte Werkstoffe mit erhöhten Langzeitfestigkeitswerten zu „konstruieren". Weitere Ansatzpunkte werden in der Weiterentwicklung von vorhandenen keramischen Werkstoffen, Verbund- und Sinterwerkstoffen gesehen, die durch geeignete Behandlung und verfahrenstechnische Maßnahmen mit den gegebenen Anforderungen besser abgestimmt werden sollten, als dies bis heute der Fall ist.

Bei der Entwicklung von Schichten zur Vermeidung der Gas-Metall-Reaktion ist darauf zu achten, daß damit erreichte Vorteile nicht durch Herabsetzung der mechanischen Belastbarkeit oder durch Verlagerung der Schwachstellen in den Übergangsbereich Schicht/Grundwerkstoff zunichte gemacht werden. Ein Ansatzpunkt, diese Nachteile zu umgehen, ist durch den Einsatz mehrlagiger Schichten gegeben.

Wie es sich gezeigt hat, vermögen auch Additive nicht nur die Korrosion herabzusetzen und hinsichtlich der Schutzschichtbildung günstige Auswirkungen auszuüben, sondern es ist möglich, daß sie unter spezifischen Bedingungen nachteilige Reaktionen auslösen. Weiterhin ist die positive Wirksamkeit in sehr sensibler Weise von der Zudosierung abhängig. Zur Nutzung der Vorteile der Additive sollten daher auf den bestehenden Erfahrungen über die Anwendung von Additiven bei stationären Gasturbinen Versuche planmäßig fortgeführt werden, diese Technologie auch für die hochbeanspruchten Werkstoffe der Fluggasturbinen einzusetzen. Für die Zudosierung bieten sich silizium- und magnesiumhaltige organische Stoffe an, die dem Flugtreibstoff im ppm-Bereich zudosiert werden können. Ansatzpunkte liegen auch mit der Zudosierung von seltenenen Erdmetallen vor, die in die Deckschichten eingebaut werden können.

Forschungsthemen

- *Ermittlung des Versagensmechanismus unter Hochtemperaturkorrosion; Beseitigung der durch die Analyse des Versagensmechanismus festgestellten gefüge- und strukturbedingten Schwachstellen*

- *Entwicklung von Werkstoffen, die unter statischer und dynamischer Belastung bei gleichzeitiger Hochtemperaturkorrosion erhöhte Langzeitfestigkeitswerte aufweisen*

- *Untersuchung des Verhaltens keramischer und gerichtet erstarrter Werkstoffe, sowie von Verbund- und Sinterwerkstoffen unter Hochtemperaturkorrosion*

- *Entwicklung und Verbesserung von Schichten, insbesondere mehrlagiger Schichten zum Schutz gegen Gas-Metall-Reaktionen bei hohen Temperaturen*

- *Untersuchung des Reaktionsablaufs zwischen Metalloberfläche und Medium bei Zugabe von Additiven, die nach Menge und Zusammensetzung definiert sind*

- *Prüfung der Veränderung von bestehenden Schichteigenschaften durch die Zugabe von Additiven*

- *Untersuchung des Regenerationsvermögens von Werkstoffen und von Schichten unter Additivzugabe*

- *Einfluß von Schichten auf die mechanischen und thermischen Eigenschaften der Substrate*

- *Entwicklung und Optimierung von Wärmedämmschichten*

6.2.2 Spannungsrißkorrosion

Stand der Forschung

Spannungsrißkorrosion (SpRK) tritt auf, wenn SpRK-empfindliche Werkstoffe in einem spezifischen Agens Spannungen ausgesetzt sind. Im Turbomaschinenbau wird sie überwiegend an statisch beanspruchten Teilen, wie aufgeschrumpften Scheiben, Schraubenbolzen, Rohrleitungen etc. festgestellt.

Für den stationären Verdichter ist als Korrosionsbeanspruchung die SpRK von ausschlaggebender Bedeutung. Zur Vermeidung von Schäden werden die gasberührten Werkstoffe auf der Grundlage von Ergebnissen aus Korrosionslaborversuchen ausgewählt. Die Annahmen über die vermutliche Korrosionsbeanspruchung im Verdichter werden dabei so getroffen, daß bei der vorgenommenen Werkstoffauswahl Korrosion praktisch vermieden wird. Aufgrund von Unsicherheiten über den Ablauf der SpRK werden die Bauteile dabei in vielen Fällen hinsichtlich der Korrosionsbeständigkeit überdimensioniert.

Starke Beachtung findet die SpRK an hochbeanspruchten Bauteilen aus Werkstoffen mit höherer Ausgangsfestigkeit, wie sie im Dampfturbinenbau eingesetzt werden. Umfangreiche Untersuchungen dazu sind im Gange. Um die dennoch auftretenden Schäden zu vermeiden, ist es von Bedeutung, Schäden an derartigen Teilen einer systematischen Schadensanalyse zu unterziehen. Trotz der umfangreichen Forschungsarbeiten ist der Zusammenhang zwischen Werkstoffen, ihrem Festigkeitszustand, korrosiver Beanspruchung sowie Rißeinleitung und -wachstum noch nicht ausreichend geklärt. Eine direkte Verbindung besteht zwischen Bruchmechanik und Lebensdauerabschätzung unter Berücksichtigung der Rißwachstumsrate und der kritischen Rißtiefe.

Problembeschreibung und Zielsetzung

Die Problematik bei der Erfassung der SpRK liegt in der Vielfältigkeit ihrer Erscheinung. Bis heute sind der Mechanismus bzw. die Mechanismen der SpRK noch nicht ausreichend erforscht. So fehlen beispielsweise wesentliche Kenntnisse über die SpRK unter Einwirkung der im Verdichterbetrieb einwirkenden Medien. Dafür sollte vor allem die Grundlage der SpRK von Stählen unter Einwirkung von Schwefelwasserstoff bei besonderer Berücksichtigung der vorkommenden Promotoren untersucht werden. Das Ziel ist es, dafür die Grenzen der Belastbarkeit der Stähle heraufzusetzen oder billigere SpRK-unempfindliche Ersatzwerkstoffe zu entwickeln.

Einer besonders kritischen Korrosionsbelastung unterliegen die Verdichter, die ein Gasgemisch aus Schwefelwasserstoff-H_2O mit oder ohne CO_2 fördern müssen. Die am höchsten belasteten Bauteile, die Laufräder, müssen aus martensitischen oder austenitischen Werkstoffen hergestellt werden. Die Belastbarkeit dieser Bauteile wird durch petrochemische Normen begrenzt, welche außerdem DIN-fremde Werkstoffe begünstigen.

In diesem Zusammenhang ergibt sich die Notwendigkeit einer Optimierung der Werkstoffauswahl, insbesondere für korrosionsbeständige Stähle zur Herstellung der Schaufeln und Laufräder mit höchster Dehngrenze, die gleichzeitig unempfindlich gegen anodische bzw. kathodische SpRK sein sollen. Außerdem ist zur Realisierung der Bauteile aus diesen Werkstoffen gute Verarbeitbarkeit (z. B. Schweißbarkeit oder Gießbarkeit) von großer Bedeutung.

Aufgrund der fehlenden Kenntnisse über die Zusammenhänge zwischen Festigkeit, Korrosionsbeanspruchung und Korrosionsbeständigkeit ergeben sich beim Einsatz höherfester Werkstoffe Probleme, die bei steigenden Leistungsgrößen der Kraftwerke aktuell werden. Hier sind Untersuchungen über das grundlegende Verhalten der Stähle gegenüber SpRK unter Betriebsbedingungen notwendig. Darüber hinaus ist es von Interesse, die Kenntnisse über mögliche Schutzmaßnahmen zur Vermeidung von SpRK zu erweitern bzw. gegenüber SpRK unempfindliche Werkstoffe zu entwickeln.

Forschungsthemen

- *Entwicklung korrosionsbeständiger Stähle für Schaufeln und Laufräder mit höchster Dehngrenze, geringster Anfälligkeit gegen SpRK und guter Verarbeitbarkeit (insbesondere Schweißbarkeit)*

- *Untersuchung von H_2S-SpRK an martensitischen Stählen der Turboverdichterlaufräder bei Anwesenheit von CO_2 u. ä.*

- *Untersuchung der Beanspruchungsreaktionen nichtrostender martensitischer und ferritisch-austenitischer Stähle in spezifischen Agensien*

- *Untersuchung des Verhaltens niedriglegierter Vergütungsstähle für Wellen, Scheiben, Schraubenbolzen u. ä. Bauteile gegenüber SpRK (Rißeinleitung und Rißwachstum) unter Turbinenbedingungen (Beanspruchungsbedingungen, Wasserchemie) in Abhängigkeit von Festigkeit, chemischer Zusammensetzung, Beanspruchungsniveau, Kerbfaktor etc. Klärung der Entstehungsmechanismen*

- *Entwicklung von Schutzsystemen gegen SpRK, z. B. galvanische Schutzschichten, Druckeigenspannungssysteme, kathodischer Schutz*

- *Anwendung verschiedener Beschichtungsverfahren als Reparaturmaßnahmen gegen Korrosion*

- *Entwicklung von Schaufelwerkstoffen mit verbesserter Beständigkeit gegen SpRK*

- *Untersuchung des SpRK-Verhaltens von pulvermetallurgisch hergestellten Bauteilen und Komponenten (vorzugsweise aus Al- und Ti-Werkstoffen). Überprüfung der K_{Iscc}-Werte zur Beurteilung der Bauteilsicherheit*

- *Entwicklung von verkürzten SpRK-Prüfmethoden*

6.2.3 Schwingungsrißkorrosion

Stand der Forschung

Der Mechanismus der Schwingungsrißkorrosion (SwRK) läuft ab, wenn Werkstoffe gleichzeitig dynamischen und korrosiven Beanspruchungen ausgesetzt werden. Unter diesen Bedingungen besteht vielfach keine Dauerfestigkeit mehr. Im Turbomaschinenbau tritt SwRK bevorzugt an dynamisch stark beanspruchten Bauteilen wie Laufschaufeln und Wellen der Dampfturbine auf. Umfangreiche Untersuchungen zur SwRK beschäftigten sich in den letzten 10 Jahren mit dem Einfluß der möglichen Dampfverunreinigungen und Betriebsbedingungen auf den Ablauf der SwRK an Laufschaufeln aus 13 % Cr-Stählen. Weitere Arbeiten haben Möglichkeiten der Verbesserungen der Korrosionsschwingfestigkeit dieser Stähle durch

Mo-Zulegierungen aufgezeigt und die Schadenseinleitung verdeutlicht. Derzeit laufende Vorhaben befassen sich mit Werkstoffen, die eine höhere Beständigkeit gegenüber SwRK erwarten lassen und mit Beschichtungen, die gegenüber SwRK-Beanspruchungen resistent sind.

Problembeschreibung und Zielsetzung

Die mit der Leistungsgröße stetig zunehmende Beanspruchung und der sich zwangsläufig daraus ergebende Wunsch nach Werkstoffen mit höherer Festigkeit wirft zunehmend mehr die Frage nach der zulässigen Korrosionsbeständigkeit unter dynamischer Beanspruchung auf. Die Beantwortung dieses Problems wird dadurch erschwert, daß die in der Dampfturbine möglichen Schädigungsmechanismen vielfältig und noch nicht vollständig erforscht sind. Zwar ist eine weitere Klärung anhand umfangreicher Untersuchungen, die derzeit im Ausland laufen, zu erwarten, eine völlige Übertragung auf deutsche Kraftwerke ist aber aufgrund anderer Fahrweise und Konstruktion nicht möglich. Zur Ergänzung der internationalen Vorhaben sind somit flankierende Untersuchungen, die der deutschen Turbinentechnik entsprechen, durchzuführen. Dabei ist besonders den Aspekten der Überlagerung von Spannungs- und Schwingungsrißkorrosion sowie der Beeinflussung von SwRK durch Lochfraß nachzugehen.

Zur Vermeidung von SwRK-Schäden sollte auf diesen Kenntnissen aufbauend sowie von den Erfahrungen mit bewährten Werkstoffen ausgehend, gezielt Änderungen in der Legierungszusammensetzung vorgenommen werden, um die Werkstoffe auf die gegebenen Anforderungen abzustimmen. Für die Entwicklung von Werkstoffen, die gegen SwRK beständig sind, wird z. B. ein wirksamer Ansatz darin gesehen, daß dem korrosionsauslösenden Medium der Kontakt zum Werkstoff verwehrt wird. Dazu eignen sich Legierungselemente, die unter spezifischen Korrosionsbedingungen dichte, festhaftende Deckschichten bilden, die nach Möglichkeit selbstausheilend sein sollten. Des weiteren ist die Möglichkeit zu prüfen, Beschichtungssysteme zur Vermeidung von SwRK auf der Oberfläche bewährter Werkstoffe aufzubringen.

Forschungsthemen

- *Untersuchung kombinierter Beanspruchungen durch SwRK, SpRK und Lochkorrosion an Bauteilen wie Schaufeln, Scheiben, Wellen*
- *Entwicklung von Schaufelwerkstoffen mit verbesserter Beständigkeit gegen SwRK*
- *Entwicklung von Beschichtungsverfahren, die gegenüber SwRK beständig sind*

6.2.4 Erosionskorrosion und Reibkorrosion

Stand der Forschung

Erosionskorrosion und Reibkorrosion sind Schadenserscheinungen, die unter überlagerter verschleißender und korrosiver Beanspruchung auftreten. Erosionskorrosion tritt auf an Turbinenschaufeln im Naßdampfbereich und an Verdichterschaufeln. Reibkorrosion wird vorwiegend an Rotor- und Statorteilen der Verdichter, sowie an den Füßen der Schaufeln von Dampf- und Gasturbinen vorgefunden.

Der in Sattdampfturbinen strömende Naßdampf führt wegen der großen Mengendurchsätze bei erhöhten Temperaturen gegenüber konventionellen Turbinen zu Angriffsformen wie Erosionskorrosion und Erosionsverschleiß. Bisher durchgeführte Untersuchungen haben gezeigt, daß durch die Wahl entsprechender, korrosionsbeständiger Werkstoffe Erosionskorrosion weitgehend vermeidbar ist. Dieser Vorteil muß jedoch mit hohem wirtschaftlichen Aufwand erkauft werden. Die durch die Relativbewegung der Bauteile ausgelöste Schädigung durch Reibkorrosion muß dauernd beachtet werden, ist aber vorwiegend als konstruktives Problem anzusehen. Die Kenntnisse über optimale Werkstoffpaarungen könnten noch erweitert werden.

Problembeschreibung und Zielsetzung

Das Hauptproblem bei der Vermeidung von Erosionskorrosionsschäden liegt darin, wirtschaftlichere Alternativen zu finden, als sie die teuren, dagegen beständigen Werkstoffe bieten. Da die Erosionskorrosion durch Grenzschichtvorgänge bei der Deckschichtbildung beeinfluß wird, scheinen dafür Verfahren wie die Erzeugung künstlicher Deckschichten und die Beeinflussung der Deckschichtbildung über die Wasserchemie geeignet.

Mehr Aufmerksamkeit sollte in Zukunft auch auf die Verhinderung von Reibkorrosion gelegt werden, zumal sie wahrscheinlich öfter als in der Regel vermutet, wesentlich Ermüdungsbrüche in Laufschaufeln und anderen dynamisch belasteten Bauteilen eingeleitet oder begünstigt hat. Zur Abhilfe sind hier in erster Linie Versuche an betriebsähnlich beanspruchten Konstruktionselementen nötig. Daraus sind dann Kenntnisse über optimale Werkstoffpaarungen und deren Oberflächenbehandlung zur Vermeidung von Reibkorrosion unter Berücksichtigung der sonstigen Oberflächenbeanspruchungen abzuleiten.

Eine Möglichkeit, Reibverschleiß zu vermeiden, ist der Einsatz von verschleißbeständigen Stellitschichten. In Kernkraftwerken führt jedoch der Hauptlegierungsanteil des Stellits, nämlich Kobalt, zu einer nicht beabsichtigten Zunahme der Co 60-Kontamination der Wasser-Dampfkreisläufe. Zukünftig muß ein verschleißfester Co-freier Werkstoff für diesen Anwendungsfall gefunden werden, um die Co 60-Kontamination und damit die Strahlenbelastung des Revisionspersonals gering zu halten.

Einen Sonderfall der Reiboxidation stellt die Gefahr von Bränden in O_2-Verdichtern dar, die durch die Reibung metallischer Bauteile ausgelöst wird, wie sie beim Durchgang von Fremdpartikeln auftreten können. Eine derzeit noch unbekannte Abhängigkeit der Brandentstehung und -fortpflanzung von den beteiligten Werkstoffpartnern verhindert eine sichere Werkstoffauswahl. Dafür ist es notwendig, Zusammenhänge zwischen Brandentstehung und Werkstoffpaarungen zu untersuchen.

Forschungsthemen

- *Einflüsse der Konditionierung des Wasser-Dampfkreislaufs auf die Beständigkeit der Werkstoffe gegen Erosionskorrosion*
- *Entwicklung von Schutzschichten gegen den Angriff durch Erosionskorrosion*
- *Entwicklung verschleißfester Schichten aus Co-freien Werkstoffen, Verfahren zur Überprüfung der Haftfestigkeit und Verfahren zur Simulation wichtiger Betriebsbedingungen im Versuch*
- *Ermittlung der Erosionskorrosionsbeständigkeit von Verdichterwerkstoffen auf Ti- und Ni-Basis*
- *Anwendung verschiedener Beschichtungsverfahren als Reparaturmaßnahme gegen Korrosion und Erosion*
- *Optimale Werkstoffpaarungen und deren Behandlung zur Vermeidung von Reiboxidation bzw. Reibkorrosion*
- *Untersuchung der Einleitung von Bränden in O_2-Verdichtern durch Reibung metallischer Bauteile und deren Abhängigkeit von den Werkstoffpartnern*

6.3 Werkstofftechnologie

6.3.1 Erschmelzen, Gießen und Erstarren

Stand der Forschung

Durch das Erschmelzen, Gießen und Erstarren werden wesentliche Werkstoffeigenschaften festgelegt. Die Erstarrungsvorgänge bestimmen das Werkstoffgefüge. Das Gießen und Schmelzen können als der Erstarrung vorangestellte Verfahrensstufen betrachtet werden.

Die zuletzt durchgeführten Forschungsarbeiten zu den Vorgängen beim Schmelzen und Gießen werden einerseits durch Untersuchungen zur Metallurgie (Thermodynamik und Kinetik) bestimmt und andererseits durch Arbeiten im Bereich der Prozeßtechnik und den damit verbundenen Einrichtungen. Entsprechend sind die Prozeßstufen Schmelzmetallurgie (Analyseneinstellung), Block- und Strangguß, Gehäuseguß, Genau- und Feinguß sowie die Liquidus-/Solidusbereichsverfahren als Basis für weiterführende Untersuchungen anzusehen. Entwicklungen auf dem Gebiet großer Guß- und Schmiedestücke werden hier nicht betrachtet, da dies das Ziel entsprechender Stahlentwicklungsprogramme sein sollte.

Nach dem gegenwärtigen Erkenntnisstand auf dem Gebiet des Erstarrens ist eine weitgehende Erstarrungslenkung durch eine lokale Kontrolle der Abkühlungsgeschwindigkeiten und der Unterkühlung der Schmelze möglich. Somit sind die Voraussetzungen für eine gerichtete bzw. gelenkte Erstarrung gegeben.

Problembeschreibung und Zielsetzung

Die wesentlichen Ziele zukünftiger Arbeiten auf dem Gebiet des Erschmelzens, Gießens und Erstarrens sind es, wirtschaftlichere Fertigungsverfahren einzuführen, sowie die Erhöhung der Werkstoffbeanspruchbarkeit zu ermöglichen. Dafür ist es insbesondere von Interesse, das Gießen problematischer Werkstoffe in den Griff zu bekommen und Fortschritte bei der Prozeßregelung zu erzielen. Schwerpunktmäßig sollten dafür die Kenntnisse erweitert werden, homogene Gefüge ohne Poren herzustellen, Stahl durch GGG, Ti-Guß und Mg-Basisguß zu ersetzen, geregelte Prozesse für Ti-Guß zu entwickeln und Flüssig-Fest-Gemische (Rheocasting) zu nutzen.

Das für Bauteile der Strömungsmaschinen allgemein gut geeignete Gießen erfordert insbesondere für die Sonderanwendungsfälle des Turboverdichterbaus vertiefte Untersuchungen. Davon sind sowohl die Verdichtergehäuse als auch die Laufräder betroffen, bei denen es beispielsweise beim Einsatz bei tiefen Temperaturen oder unter hohen Drücken besonders auf die Anwendungsmöglichkeit wirtschaftlicher Werkstoffe ankommt. In beiden Fällen muß durch eine Entwicklung günstiger Werkstoffe und besonders durch vereinfachte Modellherstellung und Gießverfahren die Anwendung des Gießens wirtschaftlich gemacht werden. Besonders erfolgversprechend scheint eine Verbesserung der Wirtschaftlichkeit beim Einsatz von Gießverfahren für die Halbzeugherstellung, so daß hier ein Schwerpunkt der Entwicklung liegen sollte. Bei Gasturbinen ist es vor allem von Interesse, verbesserte Methoden für den Feinguß einzusetzen.

Auf dem Sektor der gerichteten und schnellen Erstarrung sollten die Kenntnisse über die Herstellung von Einkristallen und eutektischen Legierungen sowie über das Aufbaugießen erweitert werden. Hier liegen Ansatzpunkte, eine Temperaturerhöhung bei den Gasturbinen zu ermöglichen. Das Aufbaugießen ist vor allem für Gasturbinenscheiben von Bedeutung.

Forschungsthemen

- *Erweiterung der Desoxidationspraxis bei der Stahlerschmelzung*
- *Vakuummetallurgie für Superlegierungen*
- *Rechnerisches Modellieren bei Block- und Strangguß zwecks homogenerer und fehlerfreier Gefüge*
- *Rechnerisches Modellieren bezüglich des Einström- und Erstarrungsverhaltens beim Gehäuseguß, sowie beim Genau- und Feinguß*
- *Optimierung von Ti-, Al- und Mg-Legierungsguß (Genau/Feinguß)*
- *Entwicklung von anschnitt- und speisearmem Genau- und Feinguß*
- *Einsatz von Vermikulargußeisen*
- *Stahlersatz durch GGG bei Fein- und Genauguß*
- *Verbesserung des Feingießens für höher warmfeste Werkstoffe der Gasturbinen*
- *Verbesserung der Gießverfahren zur Herstellung größerer Verdichterlaufräder*
- *Gerichtete bzw. gelenkte Erstarrung eutektischer Superlegierungen*
- *Herstellung von Gasturbinenbauteilen durch gerichtete Erstarrung (Einkristalle und Säulenkristalle)*
- *Entwicklung von Aufbaugießverfahren mit feinen, zähen und korrosionsfesten Gefügen durch schnelle Erstarrung*

6.3.2 Pulvermetallurgie

Stand der Forschung

Der Vorteil der pulvermetallurgischen Verfahren ist dort angesiedelt, wo andere Verfahren versagen. Davon sind insbesondere die Kombinationen diverser Werkstoffphasen, z. B. Metall-Keramik, sowie isotrope Gefüge, Gefüge mit vorauswählbar gradierten Eigenschaften und sehr hoch (oder gar nicht) schmelzende Werkstoffe betroffen. Entsprechend ist eine Anwendung der Pulvermetallurgie überwiegend für den Gasturbinenbau von Interesse. Aus wirtschaftlichen Gründen (Werkstoffwahl, Bearbeitungsverfahren) ist sie jedoch auch für den Dampfturbinenbau zu beachten.

Der derzeitige Stand der Forschung ist nur unter Einbeziehung neuerer technischer Entwicklungen der Pulverherstellung wiederzugeben. Forschung und Technologie sind stark verknüpft. Aus werkstofforientierten Gesichtspunkten ist der Entwicklungsstand soweit, daß billige, refraktäre Keramik, Superlegierungen, Stähle und Leichtmetalle mechanisch legiert werden können. Verfahrenstechnisch werden inzwischen reaktives Sintern, Drucksintern, Strangpressen und heißisostatisches Pressen (HIP) angewandt. Des weiteren wird auch die superplastische Formgebung genutzt.

Problembeschreibung und Zielsetzung

Im Gasturbinenbau für Flugzeuge ist es notwendig, leichte, hochfeste Werkstoffe einzusetzen. Daher werden die Werkstoffeigenschaften bis zu sicheren Belastungsgrenzen ausgereizt. Dementsprechend ist es vorteilhaft, wenn die Eigenschaftsstreuung des Werkstoffs gering gehalten werden kann. Bei der häufigen Verwendung von pulvermetallurgisch hergestellten Bauteilen ist es folgerichtig wesentlich, eine Einengung der Eigenschaftsstreuung anzustreben. Ein weiterer wesentlicher Gesichtspunkt für die vermehrte Anwendung von pulvermetallurgischer Fertigung für Gasturbinenbauteile sind die hohen Bearbeitungskosten der Superlegierungen die wegen der hohen Temperaturen eingesetzt werden müssen. Unter Berücksichtigung dieser von der Praxis vorgegebenen Zielsetzungen sind zukünftige Vorhaben zur Verbesserung der Herstellung von Pulvern und der Fertigungsverfahren (z. B. HIP; RSR) zu werten.

Forschungsthemen

- *Entwicklung verbesserter Pulvermetallurgie für höher warmfeste Werkstoffe (auch für ODS und neue Legierungen)*
- *Entwicklung neuer, besserer Bauteile sowie geeigneter Werkstoffe*
- *Rechnerisches Modellieren im Hinblick auf Druck und Temperatur des Verdichtungsprozesses*
- *Korrelation der Eigenschafts- und Pulverparameterzusammenhänge*
- *Werkstoff- und energiesparende Anwendung der Pulvermetallurgie*
- *Verbesserung der nutzbaren Festigkeit konventioneller Werkstoffe durch Einengung der Eigenschaftsstreubänder durch pulvermetallurgische Herstellverfahren*
- *Verbesserung des Ermüdungsverhaltens von pulvermetallurgisch hergestellten Ti-Legierungen*
- *Entwicklung wirtschaftlicher Verdichtungsverfahren*

6.3.3 Umformen

Stand der Forschung

Unter dem Begriff Umformen sollen hier Verformungsverfahren abgehandelt werden, die für den Bau moderner Turbomaschinenteile genutzt werden können. Neben den konventionellen Verfahren beim Schmieden, Walzen und Strangpressen kommen dafür das isotherme Schmieden und das heißisostatische Pressen zur Nachbehandlung poröser Bauteile in Frage. Zusätzlich ist in letzter Zeit die Verarbeitung anfangs teilflüssiger Medien auf Interesse gestoßen. Da das Gießen und Umformen dabei in einer Hitze erfolgt, sind dafür vor allem Energieoptimierungsgründe ausschlaggebend. Von ständigem Interesse bleibt die Stoff-Fluß-Analyse und ihr Einfluß auf Eigenschaften und Prozeß.

Problembeschreibung und Zielsetzung

Ein wesentliches Ziel der Forschungsarbeiten auf dem Gebiet des Umformens sollte es sein, die Zahl der notwendigen Arbeitsgänge zu reduzieren, um eine kostengünstigere Fertigung beim Umformen zu erreichen. Dazu ist es notwendig, konturnähere Bauteile wie z. B. Gasturbinenscheiben zu fertigen. Entsprechend ist festzustellen, wie weit komplexe „Halbzeuge" aus einem Stück herstellbar sind. Eine weitere Voraussetzung zur besseren Nutzbarkeit des Umformens im Turbomaschinenbau ist es, bessere Kenntnisse über den Werkstoff-Fluß beim Verformen zu erlangen. Neben diesen anzustrebenden Verbesserungen der konventionellen Verfahren sollten jedoch auch neue Verfahren hinsichtlich ihrer Anwendbarkeit geprüft werden. Dabei erscheint vor allem die Nachbehandlung poröser Bauteile erfolgversprechend.

Forschungsthemen

- *Rechnerisches Modellieren bezüglich Stoff-Fluß beim Schmieden und Walzen: Auswirkung auf Prozeßparameter/Werkzeug/Bauteiloptimierung*
- *Konturnahes Schmieden*
- *Verbesserung der Matrixfestigkeit am System Ni Mo Al* $(\gamma/\gamma'\text{-}\delta)$ *durch Warm-Kaltumformen nach gerichteter Erstarrung*
- *Arbeiten mit superplastischen Haufwerken beim Strangpressen*
- *Verarbeitung teilflüssiger Gemische*

6.3.4 Fügen

Stand der Forschung

Im Bereich des Fügens ist der gegenwärtige Trend der Forschung durch das Streben nach einer unauffälligeren Schweißnaht und einem besser angepaßten Nahtgefüge gekennzeichnet. Die danach orientierten Schmelzschweißverfahren verwenden inzwischen sehr leistungsfähige Energiequellen, wie Plasma, Elektronen- und Laserstrahl. Bei den vornehmlich auf Diffusions- und mechanischen Verzahnungsvorgängen beruhenden Prozessen wird mit angepaßter Werkstoffwahl gearbeitet. So werden Zwischenschichten aufgebracht (Diffusionslöten oder -schweißen, etwa beim TLP-Bonding) oder es werden Adhäsionskräfte genutzt (Reib-, Explosionsschweißen). Die vorangehend dargestellten Verfahren sind gerade für den Turbomaschinenbau wesentlich und finden dort mit Ausnahme der Diffusionsverfahren bereits Anwendung.

Problembeschreibung und Zielsetzung

Die derzeit in Anwendung befindlichen Fügeverfahren erfüllen sowohl hinsichtlich der Wirtschaftlichkeit als auch hinsichtlich ihrer Anwendbarkeit für Räder kleiner und extrem großer Durchmesser nicht die an sie gestellten Anforderungen. Daher sollten die bereits erprobten Verfahren weiterentwickelt werden und die neueren Fügeverfahren, z. B. das Diffusionsschweißen, zur praktischen Nutzbarkeit geführt werden.

Letzteres ist insbesondere für Schaufeln, Segmente und Reparaturschweißungen von Bedeutung. Für die anderen Verfahren ist es von Interesse, geregelte Prozesse zu ermöglichen, sowie das Fügen von komplizierten Bauteilen zu ermöglichen (z. B. Dickwandschweißen an Getriebekomponenten und Schaufeln mit Hilfe von EB- (Electronic Beam) und Laserstrahlschweißen oder Schweißen an schwer zugänglichen Stellen).

Forschungsthemen

- *Rechnerisches Modellieren bezüglich Temperaturen, Schweißgeschwindigkeiten und Gefügeausbildung aller Schweißverfahren*
- *Diffusionsschweißversuche mit Komponenten aller Art und Werkstoffe*
- *Entwicklung ortsbeweglicher EB-Schweißtechnik für große Komponenten*
- *Entwicklung von Reparaturtechniken mit Hilfe des EB- und Laserschweißens*
- *Entwicklung geeigneter Fügeverfahren für Radialverdichterläufer, insbesondere mit kleinen Kanalquerschnitten und großen Durchmessern bei Berücksichtigung der hohen Anforderungen an Oberflächenqualität und Toleranzen*

- *Schweißen in engen, langen Kanälen*
- *Entwicklung kostengünstiger, hochbelastbarer Lötverbindungen*

6.3.5 Oberflächenveredeln

Stand der Forschung

Verfahren zum Oberflächenveredeln werden durchgeführt, um dem Oberflächenbereich von Bauteilen gezielt Eigenschaften zu vermitteln, die das Grundmaterial nicht aufweist. Auf diese Art können über die Oberfläche wirkende Beanspruchungen wie Korrosion, Erosion oder thermische Belastung in ihrer Auswirkung vermieden, vermindert bzw. unterbunden werden.

In erster Linie kommen dafür Beschichtungsverfahren zur Anwendung. Gegen Korrosion beschichtete Turbinenschaufeln oder plasmagespritzte Brennkammergasaustrittsgehäuse sind Beispiele für die Bedeutung des Oberflächenveredelns in der Turbomaschinenfertigung. Heute werden dabei vor allem das Plasmaspritzen sowie physikalische Aufdampfverfahren (PVD) und physikalisch-chemische Auftragsverfahren (CVD) genutzt. Alle drei Gebiete sind jedoch erst so wenig entwickelt, daß noch intensive Forschungs- und Entwicklungsarbeiten durchgeführt werden müssen.

Problembeschreibung und Zielsetzung

Zur Weiterentwicklung der CVD- und PVD-Verfahren ist ein Schwerpunkt auf werkstofforientierte F- und E-Vorhaben zu legen. Vor allem sind dabei Schichtlegierungen zu entwickeln, die gewisse mechanische Verträglichkeit mit dem Grundwerkstoff zeigen, reparaturfreundlich sind und gleichzeitig Schutz gegen Korrosion, Erosion oder hohe Temperatur gewährleisten. Während die Korrosions- und Erosionsschutzschichten für alle Turbomaschinen einsetzbar sein sollten, sind Wärmedämmschichten vor allem für die Gasturbine wichtig. Das Konzept der Beschichtung zur Absenkung der Werkstofftemperaturen ist der heute meist eingesetzten intensiven Bauteilkühlung überlegen, da dafür bis zu 5 % der Verdichterluft aufgewendet werden müssen. Neben den werkstoffkundlichen Problemen weist auch die Verfahrenstechnik des Oberflächenveredelns, insbesondere auf dem Gebiet des Plasmaspritzens mit dem Niederdruckverfahren (LPPS ≙ low pressure plasma spraying), eine für die nächste Zeit folgeträchtige Arbeitsrichtung aus. Zusätzlich sollte bei der Untersuchung aller Beschichtungsverfahren deren Eignung für Reparaturmaßnahmen geprüft werden, da eine wirtschaftliche Fertigung auf derartige Verfahren nicht verzichten kann.

Neben den Beschichtungsverfahren erscheint auch eine Weiterentwicklung des Anschmelzveredelns von Interesse. Die damit zu erzielenden feinsten Gefüge lassen besonders korrosions- und erosionsfeste Oberflächen erwarten, ohne daß eine Fremdphase aufgebracht wird. Schließlich ist zu prüfen, ob eine ähnliche Wirkung durch die Optimierung von Oberflächenverformungen durch Teilchenstrahlung zu erreichen ist.

Forschungsthemen

- *Rechnerisches Modellieren beim Beschichten bezüglich Prozeßparametern, Schichtdicken und -zusammensetzung*
- *Entwicklung prozeßangepaßter, besserer Schichtwerkstoffe*
- *Weiterentwicklung von Wärmedämmschichten*
- *Weiterentwicklung von erosionsfesten Beschichtungen*
- *Anwendung verschiedener Beschichtungsverfahren als Reparaturmaßnahme und gegen Korrosion und Erosion*
- *Rechnerisches Modellieren bezüglich Gefügeausbildung und Eigenschaften beim Anschmelzveredeln*
- *Metallkundliche Untersuchungen von schmelzveredelten Oberflächen*
- *Ermittlung des Verspannungszustands und der Eigenschaftsoptimierung beim Oberflächenverformen*

6.3.6 Verbundwerkstoffe

Stand der Forschung

Verbundwerkstoffe haben, sofern ihr Gültigkeitsbereich nur auf faserverstärkten Materialien (z. B. C-Faser-, B-Faser-, Al-Faser-, W-Faser-Ni-Basis-Legierung) oder auf in-situ Komposite eutektisch gerichtet erstarrter Prägung ausgedehnt wird, noch keinen durchbrechenden Eingang in Turbomaschinenteile gefunden. Mit ihrer Synthese ist jedoch die Vielzahl neuerer Fertigungsprozesse verbunden. Wird beispielsweise die beschichtete oder diffusionsgeschweißte Turbinenschaufel ebenfalls als Verbundbauteil gewertet, so gehören auch die Fügetechnologien in diesen Betrachtungskreis. Über Verbundwerkstoffe werden bisher bereits eine Vielzahl grundlegender Erkenntnisse gewonnen, vor allem zur Frage der Langzeit-Hochtemperaturkompatibilität verschiedener Werkstoffkomponenten und deren Rückwirkung auf die geforderten Technologien. Es fehlen dagegen Kenntnisse über das Verhalten von Verbundwerkstoffen unter den komplexen Beanspruchungen, wie sie in Turbomaschinen vorliegen.

Problembeschreibung und Zielsetzung

Die Beanspruchungen in den rotierenden Teilen von Radial- und Axialverdichtern hängen im wesentlichen von den spezifischen Gewichten der rotierenden Massen ab. Da der Werkstoff bis zur Grenze seiner sicheren Nutzung eingesetzt werden soll, um die bewegten Massen so klein wie möglich zu halten, sind leichte und gleichzeitig hochfeste Materialien anzustreben. Dies gilt umso mehr, da angestrebte Erhöhungen des Gasdurchsatzes und der Druckverhältnisse von Fluggasturbinen eine weitere Steigerung der mechanischen Belastung mit sich bringen. Wegen ihres geringen spezifischen Gewichts sind faserverstärkte Kunststoffe daher besonders geeignet. Abgesehen von der noch zu erbringenden notwendigen Entwicklungsarbeit, um komplette Bauteile aus solchen Werkstoffen herstellen zu können, müssen auch noch die besonderen Probleme der Erosion und Korrosion bei der Verwendung von Kunststoffen in Strömungsmaschinen mit langer Lebensdauer untersucht werden. Besonders erfolgversprechend erscheinen dafür Weiterentwicklungen von künstlichen Verbundwerkstoffen mit nichtmetallischer Matrix, Leichtmetallmatrix und Superlegierungsmatrix sowie eutektischer Verbundwerkstoffe. Aus dem Bereich der Verbundtechnologien sind Sandwich-Techniken, sowie kontinuierliche Verformungen von Interesse.

Forschungsthemen

- *Entwicklung von Faserverbundwerkstoffen mit hoher spezifischer Festigkeit für Schaufeln und Scheiben von Gasturbinen*
- *Entwicklung von Axialverdichterlaufschaufeln aus faserverstärkten Kunststoffen*
- *Erhöhung der Steifigkeit von Titanlegierungen durch Kurzfaserverstärkung mit SiC-Fasern*
- *Entwicklung von Mg- und Ti-Verbundwerkstoffen*
- *Untersuchung komplexer Einlagerungsmuster von Fasern und Einschlüssen aller Art*
- *Optimierung diverser Technologiefamilien zum Erlangen optimaler Bauteile*
- *Untersuchung der Phasenverträglichkeit bei komplexen Beanspruchungen durch Temperatur, Zeit, Spannungen etc. bei eutektischen Verbundwerkstoffen*

6.4 Werkstoffprüfung

6.4.1 Qualifikation neuer Werkstoffe

Stand der Forschung

Bei Betrachtung des gesamten Werkstoffangebots mit seiner spezifischen Eignung für die verschiedenen Einsatzzwecke stellt sich heraus, daß im Turbomaschinenbau nur eine vergleichsweise kleine Werkstoffauswahl zum Einsatz kommt, die überwiegend speziell für die Anforderungen der Turbomaschinen entwickelt wurden. Werkstoffe, die in anderen artverwandten Technologiebereichen eingesetzt werden, insbesondere neuentwickelte Werkstoffe, werden noch zu wenig auf die Eignung für den Turbomaschinenbau geprüft.

Problembeschreibung und Zielsetzung

Nur wenige Werkstoffe aus anderen Gebieten werden unmittelbar zum Einsatz für den Turbomaschinenbau geeignet sein. Es ist somit anzustreben, daß Werkstoffe, die in verwandten Technologiebereichen bereits erfolgreich genutzt werden, zunächst in Simulationsversuchen auf ihre Eignung in Bezug auf die Anforderungen aus dem Turbomaschinenbau geprüft und anschließend für die neuartige Anwendung optimiert werden. Besonders erfolgversprechend erscheinen dabei Untersuchungen zur Qualifikation hochfester, mikrolegierter Feinkornbaustähle, martensitaushärtender Cr- und Ni-Stähle hoher Festigkeit, austenitisch-ferritischer Stähle, Superferrite, höherfester 12 und 17 % Cr-Stähle sowie höherfester Cr-Ni-Stähle für Rohrleitungen.

Neben der Eignungsuntersuchung bewährter Stähle sollten auch neuartige Werkstoffe hinsichtlich ihrer Qualifikation für den Turbomaschinenbau verstärkt geprüft werden. So scheint es beispielsweise von Interesse, neuartige Werkstoffe zu untersuchen, die den entscheidenden Durchbruch zur Erhöhung der Gaseintrittstemperatur bei Gasturbinen erlauben. Neben hochwarmfesten Ni- und Co-Gußlegierungen mit gerichteter Erstarrung oder Einkristallstruktur kommen dafür in Frage:
dispersionsgehärtete ODS-Legierungen (Oxide Dispersion Strengthened),
eutektische hochwarmfeste Gußlegierungen mit gerichteter eutektischer Kristallisation,
keramikfaserverstärkt hochwarmfeste Legierungen und
Keramikwerkstoffe.

Ein anderes Beispiel, das die Wichtigkeit dieser Prüfungen zeigt, wäre die Untersuchung von Werkstoffen mit hoher spezifischer Festigkeit zum Einsatz in rotierenden Bauteilen. Dafür könnten Titanlegierungen, faserverstärkte Kunststoffe und martensitaushärtbare Ni-Stähle geeignet sein.

Forschungsthemen

- *Laufende Prüfung neuer, weiterentwickelter und bereits in anderen Technologiebereichen eingesetzter Werkstoffe unter besonderer Beachtung der Beanspruchungsparameter für den Turbomaschinenbau*

6.4.2 Ermittlung von Werkstoffkennwerten

Stand der Forschung

Zur Bestimmung der Werkstoffeigenschaften und zur Erfassung der Betriebsbeanspruchungen liegen zahlreiche Untersuchungsverfahren vor (vgl. Abschnitt 7.7), die aber bei weitem nicht alle Anforderungen befriedigen.
So beruhen die bis heute vergleichsweise geringen Kenntnisse über Werkstoffreaktionen auf korrosive Beanspruchungen zu einem nicht unerheblichen Teil darauf, daß die Korrosion nicht in gleichem Maß wie die mechanischen und thermischen Beanspruchungen quantitativ erfaßt werden können. Entsprechend dem Stand der Prüftechnologie wird die Bauteilauslegung gegenüber Korrosion noch immer überwiegend empirisch vorgenommen. Die dafür notwendigen Kenntnisse werden in erster Linie durch die Auswertung von Simulationsversuchen erworben. Weiterhin entsprechen die heute vorliegenden Verfahren zur zerstörungsfreien Werkstoffprüfung vielfach nicht den Anforderungen im Turbomaschinenbau. Ein Grund dafür sind die meist komplizierten Bauteilformen der Turbomaschinen.

Problembeschreibung und Zielsetzung

Neben den im Abschnitt 7.7 beschriebenen, grundlegend notwendigen Verbesserungen auf dem Gebiet der werkstoffspezifischen Meß- und Prüfverfahren sind aus der Sicht der Werkstofftechnik vor allem Weiterentwicklungen auf dem Gebiet der Korrosionsmessung und der zerstörungsfreien Prüfverfahren notwendig.

Das Fehlen ausreichender Bewertungskriterien von Werkstoffen, die komplexen Beanspruchungen mit überwiegend korrosiven Komponenten ausgesetzt sind, läßt es erforderlich erscheinen, Eignungsprüfungen zu entwickeln, die repräsentativ für bestimmte Beanspruchungsfälle sind. Wesentliches Ziel dieser Arbeiten soll die Bereitstellung von Daten sein, die es erlauben, die korrosive Beanspruchung quantitativ zu erfassen. Zusätzlich sollten Meßmethoden erarbeitet werden, die es erlauben, während des Betriebs die jeweilige korrosive Beanspruchung mit repräsentativen Meßmethoden zu erfassen. Beispielsweise liegt eine wichtige Aufgabe in der kontinuierlichen Messung der relativen Feuchtigkeit im Verdichter während des Betriebs. Eine derartige und ähnliche Messung würde es ermöglichen, die korrosionsbestimmenden Schritte zu kontrollieren und die Zuverlässigkeit der Maschine zu erhöhen.

Ziel der Entwicklung neuer oder im Labormaßstab bekannter zerstörungsfreier Prüfverfahren muß es sein, in wirtschaftlicher Weise unzulässige Fehler in gesamten Bauteilen ausschließen bzw. nachweisen zu können. Das gilt vor allem auch für die Prüfung von Schichten, die in Zukunft als Mittel gegen Korrosion und Erosion zunehmend an Bedeutung gewinnen werden. Mit Nachdruck sollten auch ZfP-Verfahren, insbesondere die Ultraschalltechnik, entwickelt werden, um Risse im Anfangsstadium mit ausreichender Sicherheit festzustellen, damit kostspielige und zeitaufwendige Demontagen zur Rißerkennung vermieden werden können. Neben der zerstörungsfreien Fehlerprüfung sind auch Entwicklungen zur Bestimmung von Werkstoffeigenschaften von Interesse, wobei besonders der zerstörungsfreien Messung der Zähigkeit große Bedeutung für die Betriebssicherheit zukommt.

Forschungsthemen

- *Entwicklung von Prüfverfahren zur Erfassung elektrolytischer Korrosionsvorgänge und von Gas-Metall-Reaktionen*
- *Kontinuierliche Messung der die Korrosion im Verdichter bestimmenden Gasdaten*
- *Prüfverfahren zur zerstörungsfreien Volumenprüfung komplizierter Bauteile, insbesondere von Radialverdichterlaufrädern*
- *Entwicklung einer geeigneten US-Technik zur Erkennung und Größenbestimmung von Korrosionsrissen an Wellen und Scheiben*
- *Einsatz der Schallemission bei Festigkeitsprüfungen im Schleudertest und bei der hydraulischen Druckprüfung*
- *Zerstörungsfreie Prüfung von Werkstoffversprödungen*
- *Zerstörungsfreie Prüfung von Schichten*

6.4.3 Übertragbarkeit von Werkstoffkennwerten

Stand der Forschung

Der Stand der Forschung auf den meisten Gebieten der Werkstoffwissenschaften baut auf Erkenntnissen auf, die in Laboruntersuchungen gewonnen werden. Zwar arbeitet die Praxis mit diesen Werten, der Schritt zur voll gesicherten Umsetzung dieser Kenntnisse in die Praxis ist vielfach noch nicht erfolgt. So ist z. B. bis heute der Sicherheitsabstand bei der Übertragbarkeit der an Kleinproben erzielten LCF-Ergebnisse auf Turbinenteile nicht ausreichend erforscht. Lediglich aus einem derzeit laufenden Vorhaben, in dem der Einfluß von Kerben eines großen rotationssymmetrischen Metallkörpers überprüft wird, liegen erste Hinweise zur Übertragbarkeit der Meßergebnisse auf Bauteile vor. Ebenso fehlen teilweise Kenntnisse über die Übertragbarkeit von Rißeinleitung und -ausbreitung unter zyklischer betriebsähnlicher (langsamer) Beanspruchung. Lücken bestehen auch beim Kenntnisstand über die Nutzbarkeit von Laboruntersuchungen über Korrosionsbeanspruchungen. Da die Korrosionsvorgänge in Turbomaschinen sehr komplex sind, ist es äußerst schwierig, Laborergebnisse auf reale Bauteile zu übertragen.

Problembeschreibung und Zielsetzung

Zur besseren Nutzbarkeit der in Laborversuchen gewonnenen Werkstoffkennwerte ist es unumgänglich, Regeln aufzustellen, die eine Übertragbarkeit auf das Werkstoffverhalten im Bauteil zulassen. Grundsätzlich sollte es möglich sein, durch vergleichende Untersuchungen Korrekturfaktoren oder -verfahren zu ermitteln, die es ermöglichen, die im Labor erarbeiteten Daten besser auf die spezifischen Gegebenheiten im praktischen Betrieb zu übertragen. Ein geeigneter Weg dazu wäre es, zunächst die Übertragbarkeit auf bauteilähnliche Modellkörper zu prüfen, die definiert beansprucht werden. In einem weiteren Schritt sind dann geeignete Prüfstände zu errichten, in denen gezielt wenige wichtige Bauteile realen Betriebsbeanspruchungen unterworfen werden können. Voraussetzung dazu ist es, genaue Kenntnisse der Betriebsbeanspruchungen und der entsprechenden Werkstoffreaktionen zu haben.

Eine der vordringlichen Aufgaben in diesem Sinne ist es, die Übertragbarkeit der Zeitstandeigenschaften zu prüfen. Das Zeitstandverhalten der Werkstoffe wurde aus wirtschaftlichen Gründen bis heute in der Regel nur an kleinen Proben überprüft. Um die möglichen Abweichungen zwischen dem Verhalten von Kleinproben und Bauteilen einschließlich der Schweißnähte kennenlernen zu können, sind langzeitige Zeitstanduntersuchungen an glatten und gekerbten Großproben bei zusätzlicher Variation der Werkstoffzähigkeit durchzuführen. Ergänzende Untersuchungen an einzelnen Bauteilen, z. B. an innendruckbeanspruchten Formstücken und Rohrbogen, sollten die Untersuchungen der Großproben begleiten. Damit kann auch gleichzeitig der Einfluß einer mehrachsigen Beanspruchung auf das Zeitstandverhalten, die Kriechgeschwindigkeit und Zeitstanddehnung untersucht werden und die Gültigkeit der Festigkeitshypothesen (GE-Hypothese für Kriechverhalten, Hochtemperatur-Hypothese, Hypothese für Bruchverhalten) langzeitig endgültig nachgewiesen werden.

Des weiteren sollten bereits begonnene Versuche, die die Untersuchung der Übertragbarkeit der an kleinen Proben ermittelten Ergebnisse auf Turbinenteile zum Ziel haben und die Akkumulation unterschiedlicher Dehnungsausschläge beschreiben, festgesetzt werden.

Neben diesen Untersuchungen, die die Übertragbarkeit überwiegend mechanisch beeinflußter Kenngrößen zum Ziel haben, sollte ein weiterer Schwerpunkt auf die Übertragbarkeit von Korrosionsdaten gelegt werden.

Forschungsthemen

- *Vergleichende Untersuchungen zur Übertragbarkeit von im Labor erarbeiteten Ergebnissen auf Praxisbedingungen*
- *Untersuchungen an bauteilähnlichen Modellkörpern zur Übertragbarkeit der an Kleinproben ermittelten Ergebnisse im Dehnungswechselversuch*
- *Übertragung des Zeitstandverhaltens von Stählen auf das Bruchverhalten im Bauteil mit Kerben und mehrachsigen Spannungen*
- *Übertragung von Korrosionsversuchen auf reale Bauteile im Betrieb*
- *Erarbeitung besserer Kenntnis der Betriebsbelastungen und der entsprechenden Werkstoffreaktionen*

6.4.4 Analyse von Werkstoffkennwerten

Stand der Forschung

Wie bereits im vorangehenden Kapitel dargelegt wurde, können in Laborversuchen ermittelte Werkstoffkennwerte nicht immer in befriedigendem Umfang für die Praxis genutzt werden. Die fehlenden Kenntnisse über die Möglichkeit zur Übertragbarkeit sind unter anderem darauf zurückzuführen, daß die Zusammenhänge zwischen den Werkstoffkennwerten und dem Werkstoffverhalten nicht ausreichend bekannt sind. Es fehlen Analysen, die die Aussagefähigkeit von charakteristischen Werkstoffdaten, auch unter variablen Einflüssen, beschreiben.

Problembeschreibung und Zielsetzung

Zur besseren Nutzung der einfach zu messenden Werkstoffkennwerte müssen Regeln für deren Übertragbarkeit auf das Verhalten im Bauteil aufgestellt werden. Grundvoraussetzung dafür ist es, daß die empirisch bestimmten Zusammenhänge zwischen Kenndaten und Werkstoffverhalten rational erklärt werden können. Eine Aufgabe für die theoretische Werkstofforschung wird es dabei sein, die werkstoffphysikalischen Erkenntnisse zum Verständnis der Zusammenhänge von Werkstoffkennwerten und Werkstoffeigenschaften mit Kristallaufbau und Gefügestruktur zu erweitern. Ergänzend sind Parameterstudien durchzuführen, die den Einfluß der Modifikationen bei der chemischen Zusammensetzung und der Verarbeitungsverfahren auf die Werkstoffkennwerte ermitteln sollten.

Für die praktische Anwendung dieser neu zu gewinnenden Kenntnisse ist es zusätzlich notwendig, die bei Werkstoffschädigungen wirksamen Einflußgrößen vollständig zu erfassen und deren Wirkung zu werten. Dazu wird empfohlen, einen Forschungsschwerpunkt zu setzen, der sich mit der Auswertung von Schäden im Turbomaschinenbau befaßt. Damit sollen Schadensabläufe vergleichbar gemacht werden, und es kann der Versuch unternommen werden, Einflußgrößen zu quantifizieren.

Forschungsthemen

- *Verknüpfung mikrostruktureller Beobachtungen mit makroskopischen Meßwerten*
- *Untersuchung des Einflusses der Wärmebehandlung auf die Eigenschaften von Schaufelwerkstoffen im Turbinenbau*
- *Korrelation zwischen Mikrogefüge und den Eigenschaften von Keramikwerkstoffen, die das Thermoschockverhalten beeinflussen*
- *Aufstellung von Schadenserscheinungen unter möglichst vollständiger Kenntnis aller dabei wirksam gewordenen Einflußgrößen*
- *Untersuchung der Rißeinleitung in Abhängigkeit von der Fehlergeometrie, insbesondere der natürlich vorkommenden Fehler*
- *Morphologie und Mikromechanismus der Entwicklung eines werkstoffbestimmten Schadens bei lokalen Überlastzuständen*
- *Rißfortschrittsverhalten konventioneller und Titanwerkstoffe in Abhängigkeit vom Gefügeaufbau*
- *Erstellen eines Katalogs von Bruchbildern von Turbomaschinenwerkstoffen unter definierten Beanspruchungsbedingungen*
- *Analyse des Ablaufs der korrosiven Schädigungen und Zuordnung der den Schädigungsstadien entsprechenden Mikromechanismen und der daraus resultierenden Morphologie im Schadensbild*

7 Meß- und Prüfverfahren

Einleitung

Zielsetzung der Meß- und Prüfverfahrenforschung ist die

Bereitstellung experimentell gesicherter Unterlagen für verbesserte Berechnungs- und Auslegungsverfahren und für wirtschaftliche Fertigungsmethoden sowie die

Erfassung und/oder Überwachung des Betriebszustandes zur Gewährleistung eines sicheren und wirtschaftlichen Betriebes unter Berücksichtigung unterschiedlicher Optimierungskriterien wie Minimierung des Energiebedarfs, maximale Nutzung der Leistungsreserven, Erhöhung der Lebensdauer, Reduzierung des Wartungsaufwandes und Minimierung der Lärm- und Schadstoffemission.

Der wirtschaftliche Nutzen und die Bedeutung und damit auch die bisherige Entwicklung der Meß- und Prüfverfahren innerhalb der Turbomaschinenforschung wurde und wird im wesentlichen bestimmt durch wirtschaftlich und technisch begründete Leistungssteigerungen und durch daraus resultierende Fragen der Betriebssicherheit und Verfügbarkeit. Dazu kamen aus der Einbettung der Turbomaschinen in unsere Umwelt in den letzten Jahren rapid anwachsende Aufgaben für die Meß- und Prüftechnik. Auch in Zukunft werden diese Gesichtspunkte die Meß- und Prüfverfahrenentwicklung bestimmen, mit wachsender Bedeutung des Umweltschutzes, der wirtschaftlichen und technischen Konsolidierung der vorhandenen Technik und einer nur noch begrenzten Steigerung der Einheitsleistungen unter Berücksichtigung der verschiedensten wirtschaftlichen, technischen und energiepolitischen Aspekte. Dies gilt, obgleich zunehmende Betriebserfahrungen und Kenntnisse in der Strömungstechnik, Thermodynamik, Mechanik, Festigkeit, Werkstofftechnik sowie Fertigungstechnik die theoretische Entwicklung und Auslegung von Turbomaschinen immer besser ermöglichen. Man kann annehmen, daß auch in Zukunft mehr als die Hälfte des Gesamtaufwandes für die Turbomaschinenforschung auf die Versuchs-, Meß- und Prüftechnik entfällt. Damit kommt der experimentellen Technik zur Bestätigung und Ergänzung der Theorie innerhalb der Turbomaschinenforschung eine große Bedeutung zu. Sie bietet vielfach Hinweise auf bisher unbekannte physikalische Zusammenhänge, oft die einzige Möglichkeit zur Lösung anstehender Aufgaben und Probleme. So helfen z. B. Meß- und Prüfverfahren an entscheidender Stelle mit, Turbomaschinen wirtschaftlich und sicher herzustellen und zu betreiben, insbesondere durch entsprechende Meß- und Diagnosetechniken zur Verhütung von Störungen und Schäden und damit zur Erhöhung der Verfügbarkeit. Denn Zuverlässigkeit und Lebensdauer und damit Verfügbarkeit einer Turbomaschine hängen, neben der konstruktiven Gestaltung, neben optimalen Berechnungsverfahren und richtiger Werkstoffauswahl, sicher auch von der Betriebsweise, d. h. von Lastzuständen, Belastungsänderungen, Belastungskollektiven usw., ab. Antworten zu diesen Fragen lassen sich meist nur über Messungen und experimentelle Untersuchungen geben. Eine besondere und ständig wachsende Bedeutung haben Meß- und Prüfverfahren in

Verbindung mit der Einordnung, dem Betrieb und der Integration der Turbomaschinen in ihre Umwelt. Zunehmende Forderungen nach abnehmender Umweltbelastung, letzteres festgelegt durch entsprechende Gesetze, zwingen zur Verbesserung vorhandener, vielfach auch zur Entwicklung neuer Meß- und Prüfverfahren. Beispiele dazu finden sich bei Geräusch-, Abgas-, Wasser- und Strahlenuntersuchungen, und zwar sowohl bei der Produktentwicklung und Produktverbesserung, als auch bei der laufenden Betriebsüberwachung.

Für die Meß- und Prüfverfahren innerhalb der Turbomaschinenforschung ergeben sich damit zusammenfassend folgende *Schwerpunkte:*

Hinsichtlich der *Gesamtanlage* beeinflussen laufende Messungen und Prüfungen der verschiedensten physikalischen Größen im Rahmen des Betriebsverhaltens direkt und indirekt die Entwicklung. Der Komplex „Umwelt" erfordert spezielle Untersuchungen von Geräusch, Abgas und Abwärme. Auch bei der Regelung und Überwachung sind Messungen und Prüfungen aus wirtschaftlichen und sicherheitstechnischen Gründen unumgänglich. Ein sehr wichtiges, jedoch z. Z. noch unterentwickeltes Gebiet im Rahmen der Gesamtanlage ist eine umfassende meß- und prüftechnisch fundierte Schadensfrüherkennung und Diagnosetechnik.

Bei *Verdichter und Turbine, einschließlich Akustik,* spielt die Strömungsmeßtechnik eine dominierende Rolle. Gemessen werden statische und dynamische Drücke, Geschwindigkeiten und Temperaturen, besonders in Verbindung mit Schaufeln, Gehäusen u. a. Komponenten. In zunehmendem Maße gewinnen hier instationäre Vorgänge an Bedeutung und daraus resultierend mechanische, akustische, chemische und verfahrenstechnische Probleme, wie z. B. Schaufelschwingungen, unzulässige Verbrennungsvorgänge, Abgasgeräusch und Abgaszusammensetzungen. Spezielle Meßaufgaben bei Gasturbinen betreffen Untersuchungen in Brennräumen, bei Dampfturbinen in Mehrphasen-Strömungen. Bei der Kontrolle und Prüfung von Auslegung, Optimierung und Betriebsverhalten sind Kennfeld- und Abnahmemessungen unumgänglich.

Bei *Brennkammern* sind zur Analyse von Verbrennungsvorgängen in Flammen und Brennräumen umfangreiche Versuche und Messungen unumgänglich zur Stützung und Ergänzung der hier äußerst schwierigen und komplexen theoretischen Arbeiten. Erfaßt werden müssen globale und örtliche sowie zeitlich veränderliche Temperaturen und Drücke, ferner Art und Verteilung unverbrannter und verbrannter Brennstoffanteile in den Brennräumen und in den Flammen. Von großer Bedeutung ist hier auch die Abgas- und Partikelmeßtechnik, insbesondere zur Erfassung von No_X, Schwefelverbindungen, Ruß u. a. Abgaswerte. Auch die Kontrolle, Überwachung und Erfassung der Regelung und Steuerung, der Brennstoffzufuhr, der Zündung und des Geräuschverhaltens ist ein vorwiegend meßtechnisches Problem.

Zur Untersuchung der *Bauteilkühlung und Wärmezufuhr* werden bei Gasturbinen z. B. für die Schaufelkühlung umfangreiche Temperatur- und Temperaturverteilungsmessungen durchgeführt, vorwiegend zur Bestimmung von Wärmeübergangszahlen bei turbulenter, laminarer oder überlagerter Strömung. Weitere Meßaufgaben entstehen bei Dampf- und Gasturbinen in Verbindung mit Spaltveränderungen durch Temperaturverformungen und speziell bei Gasturbinen durch die Rotor- und Scheibenkühlung.

Im Rahmen der *Strukturmechanik und Konstruktion* sind Meß- und Prüfverfahren ganz allgemein zur Grundlagenentwicklung (z. B. an Modellen) und zur Kontrolle unter Originalbedingungen erforderlich. Gemessen werden dabei statische und dynamische Belastungen (Verformungen und Beanspruchungen, Schwingungen), verursacht durch mechanische, strömungstechnische und thermische Einwirkungen an hochbeanspruchten Komponenten wie Schaufeln, Rotoren, Gehäusen, Lagern, Rohrleitungen und Verbindungselementen. Von besonderer Bedeutung sind hier noch werkstoffspezifische Meß- und Prüfverfahren für den Einsatz von konventionellen Werkstoffen und von Sonderwerkstoffen im Hinblick auf elastisch-plastisches Verhalten, Kriechen, Kerbprobleme, Bruchmechanik, Oberflächenprobleme, Erosion, Korrosion und Eigenspannungen. Dies gilt sowohl für die Entwicklung, als auch den laufenden Betrieb. Im letzteren Falle werden zur Störungs- oder Schadensverhütung bzw. -analyse besonders zerstörungsfreie Prüfverfahren eingesetzt. Die Entwicklung und Erprobung von Sonderwerkstoffen, wie z. B. faserverstärkte Werkstoffe und Keramik, erfordern zusätzliche spezielle Messungen und Untersuchungen.

Für die Gebiete *Werkstoffe und Werkstofftechnologie* kommen vorwiegend werkstoffspezifische Meß- und Prüfverfahren zum Einsatz. Gemessen wird parallel zur Entwicklung, im Rahmen der Fertigung und auch beim direkten Betriebseinsatz. Ziel der Messungen ist in der Regel die Erfassung diverser mechanischer, thermischer u. a. Parametereinflüsse, insbesondere in Verbindung mit verschiedenen Umgebungseinflüssen.

Die aufgeführten Schwerpunkte an *Meß- und Prüfaufgaben* zeigen, daß ohne eine leistungsfähige Meß- und Versuchstechnik Turbomaschinenforschung und -entwicklung nicht möglich ist. Zur Abdeckung dieser Aufgaben ist eine Vielzahl von Verfahren erforderlich, die in den letzten Jahren enorme Weiterentwicklungen und Verbesserungen erfahren haben. In den meisten Fällen erfüllen sie jedoch auch heute noch nicht oder nur beschränkt die meist hohen Anforderungen. Gründe sind vielfach die technischen Besonderheiten der Turbomaschinen, wie z. B. ungünstige Umgebungsbedingungen für die Meßwertaufnehmer, hohe Temperaturen und Drücke, hohe Beschleunigungen für Messungen an rotierenden Teilen usw. Für solche, heute noch nicht oder nur begrenzt lösbare Meß- und Prüfaufgaben müssen deshalb im Rahmen der Turbomaschinenforschung vorhandene Verfahren verbessert oder entsprechend neue Verfahren entwickelt werden. Dies gilt sowohl für Einzelprobleme, als auch für gesamte Meßsysteme, bestehend aus „Meßwertaufnehmer – Meßwertübertragung – Meßwertverarbeitung einschließlich Ausgabe, Bewertung und evtl. Weiterverarbeitung". In verstärktem Maße werden hier neben der traditionellen analogen Verarbeitung digitale bzw. hybride Verfahren eingesetzt.

Sowohl der hohe derzeitige Leistungsstandard der im Turbomaschinenbau eingesetzten Meß- und Prüfverfahren, als auch die Ergebnisse zukünftiger Forschungsarbeiten bringen für viele andere Wirtschaftszweige und Fachrichtungen beträchtliche Vorteile im Sinne eines *Technologietransfers.* So ist die direkte oder indirekte Nutzung der hochentwickelten Turbomaschinen-Meß- und Prüfverfahren z. B. in anderen technischen Disziplinen, wie der Bautechnik, der chemischen Verfahrenstechnik, der Verkehrstechnik und Energiewirtschaft, ferner in technisch fremden Gebieten, wie z. B. der Biomedizin (für Strömungs- und Dehnungsmessungen an Modellen oder sogar direkt an Menschen oder Tieren) möglich.

Die im folgenden im Detail angegebenen *Meß- und Prüfverfahren,* zusammengefaßt in *7 Themengruppen* und jeweils aufgeteilt nach „Stand der Forschung, Problembeschreibung, Forschungsthemen", überdecken den gesamten Bereich der Turbomaschinenforschung. Ohne Anspruch auf Vollständigkeit hinsichtlich Auswahl und Aufzählung der Verfahren und Forschungsthemen wurden nur solche Meß- und Prüfverfahren aufgeführt, für die kurz-, mittel- oder langfristig Forschungsthemen vorliegen. Dabei sind, im Sinne eines thematisch und zeitlich möglichst umfassenden Orientierungsrahmens bei manchen Problembeschreibungen und Forschungsthemen auch Zielvorstellungen genannt, die nach dem heutigen Stand der Forschung, Entwicklung und Technik nur sehr schwierig und langfristig zu verwirklichen sind.

7.1 Messung von Wegen, Schwingungen und akustischen Größen

7.1.1 Weg- und Spaltmeßverfahren

Stand der Forschung

Die Anforderungen, die an Verfahren zur Weg- und Spaltmessung im Turbomaschinenbau gestellt werden und die Einsatzbedingungen, denen die Meßsysteme unterworfen werden, decken einen weiten Bereich ab. Für Wegmessungen erstreckt sich der Meßbereich zwischen 0,1 mm und über 60 mm bei einer Genauigkeitsforderung von 1 %. Der Meßbereich für Spaltmessungen liegt zwischen 0 und 4 mm und die Genauigkeitsanforderung beträgt 0,5 %. Die Temperatur- und Druckbelastung am Meßort reicht von Umgebungsbedingungen bis Bedingungen von 1500 K bzw. 200 bar. Ebenfalls hohe Anforderungen werden in Bezug auf die Langzeitstabilität und Zuverlässigkeit gestellt.

An ruhenden Bauteilen werden für Weg- und Spaltmessungen mechanisch berührende Verfahren (Taster, Uhren, Extremometer), optische oder pneumatische Nivelliergeräte (Planplattenmikrometer, Schlauchwaagen) und induktive Verfahren standardmäßig verwendet. Für die Weg- und Spaltmessung zwischen rotierenden bzw. rotierenden und ruhenden Bauteilen werden kapazitive, induktive sowie optische und elektromechanische Verfahren angewandt. Die Meßverfahren werden bei Umgebungsbedingungen und Beschleunigungswerten unter 5 g mit guten Ergebnissen angewandt.

Messungen oberhalb 340 K erfordern eine aufwendige Temperaturkompensation und Kalibrierung, wobei die Genauigkeit mit zunehmender Temperaturbelastung am Meßort abnimmt. Messungen bei Umgebungstemperaturen über 620 K sind bei den geforderten Genauigkeiten nicht oder nur sehr beschränkt möglich. Bei optischen Wegmeßverfahren tritt mit zunehmender Meßlänge eine Verfälschung des Meßergebnisses aufgrund der Ablenkung des Meßstrahls durch Dichteunterschiede zwischen Meßgerät und Meßobjekt auf. Ein weiterer Nachteil ist die hohe Empfindlichkeit gegen Schwingungen des Meßobjektes bzw. des Meßgerätestandorts.

Problembeschreibung und Zielsetzung

Die genaue Messung und Überwachung von Wegen und Spalten unter Betriebsbedingungen ermöglicht die Einstellung besonders enger Spiele. Dadurch werden in Strömungsmaschinen hohe Wirkungsgrade und in Luftsystemen (Labyrinthe, Dichtflächen) geringe Leckluftmengen erreicht, die unmittelbar zu Brennstoffeinsparungen und hohen Leistungsdichten führen. Meßgeräte für Einsatztemperaturen über 670 K und Beschleunigungen über 10 g sind auf dem Weltmarkt nicht erhältlich. Prototypen, die bei Firmen und Instituten in Entwicklung sind, erfordern spezielle Kenntnisse und sind für den Dauereinsatz noch nicht geeignet. Vorhandene Geräte für Weg- und Spielmessungen für den Einsatz bei Umgebungsbedingungen sind noch zu wenig automatisiert in Bezug auf Datenauswertung und erfordern zeitaufwendige Handhabung und Meßwertauswertung.

Forschungsthemen

- *Automatisierung vorhandener Meßsysteme bei gleichzeitiger Erfassung und Kompensation von Einflußparametern*

- *Entwicklung von Verfahren zur Messung von Verformungen an Schaufeln unter Triebwerks- bzw. Turbinen-Verdichterbedingungen*

- *Entwicklung und Miniaturisierung vollautomatisch arbeitender Taststiftsysteme; Messung radialer oder axialer Schaufelspitzenspiele mit einer Auflösegenauigkeit von 0,005 mm*

- *Entwicklung neuer kapazitiver Verfahren zur Messung von Spalten und Spielen während instationärer Betriebszustände (Beschleunigen, Verzögern, Pumpen)*

- *Entwicklung optischer Verfahren unter Berücksichtigung der Laser- und Lichtleitertechnik zur Messung von Spalten und Spielen in Bereichen hoher Temperatur (Turbinen)*

7.1.2 Allgemeine Schwingungsmeßverfahren

Stand der Forschung

Zur Schwingungsmessung an Turbomaschinen werden absolut messende seismische Aufnehmer nach dem elektrodynamischen Prinzip und relativ messende berührungslose Aufnehmer nach dem Induktiv- oder Wirbelstromprinzip eingesetzt. Die Messungen an stehenden und bewegten Teilen werden meist unter realen Betriebsbedingungen durchgeführt. Neben Stellen maximaler Beanspruchung interessieren Frequenz und Amplitude der Wellenschwingung zur Überwachung radialer Spiele und kinetischer Überbeanspruchung, denn Torsionsschwingungen, Spalterregung und die Feder- und Dämpfungskonstanten beeinflussen in hohem Maße das Betriebsverhalten.

Problembeschreibung und Zielsetzung

Bei den Messungen steht die Ermittlung der Erregung aus der Maschine, z. B. Spalterregung, die Kenntnis der Feder- und Dämpfungskonstanten von Lager und Ölfilm über Schwingungs- und Wegmessungen im Vordergrund. Es sollen die veränderlichen Größen im Betrieb bestimmt und die Stabilitätsgrenzen festgesetzt werden . Es sind Schwingungsmeßverfahren notwendig, deren Einsatz nicht durch hohe Temperaturen, Feuchtigkeit, magnetische und elektrische Ströme und Verschleiß sowie durch schwierige Einbauverhältnisse begrenzt werden. Eine starke Komprimierung der Meßdaten im Zeit- und Frequenzbereich (Echtzeit) mit anschließender statistischer Auswertung und graphischer Darstellung führt zu einer verbesserten Analyse der Schwingungsmechanismen in Turbomaschinen. Bislang eingesetzte Meßverfahren und mehrkanalige schnelle Auswertemethoden mit Hilfe digitaler Prozessoren unter Anwendung von Algorithmen wie der modalen Analyse (FFT-Real-Time) müssen weiterentwickelt werden.

Forschungsthemen

- *Schwingungsmeßgeräte für den laufenden Betrieb unter extremen Bedingungen*
- *Beherrschung höherer Temperaturen ohne Beeinträchtigung der Signalqualität*
- *Schnellere und verbesserte statistische Auswertung mit digitalen Prozessoren (Modalanalyse)*
- *Weiterentwicklung spezifischer Software wie z. B. zur Modalanalye*

7.1.3 Schwingungsmessungen an Schaufeln

Stand der Forschung

Zur Schwingungsmessung an rotierenden Schaufeln, auch bei hohen Temperaturen, werden Dehnungsmeßstreifen und piezokeramische Meßstreifen sowie Beschleunigungsaufnehmer eingesetzt. Die analoge Signalübertragung erfolgt über Schleifringe oder Telemetriesysteme.

In Abhängigkeit vom gewählten Betriebszustand werden durch laufende Betriebsüberwachung und Labormessungen die maximalen Schwingungsamplituden der Schaufeln gemessen, um die Auswirkungen der veränderten Zuströmung auf die maximale Wechseldehnungsbeanspruchung der Schaufeln im Resonanzfall bei Zwangs- oder Selbsterregung zu bestimmen.

Problembeschreibung und Zielsetzung

Schaufelschwingungsmessungen dienen sowohl der Betriebsüberwachung als auch dazu, maximale dynamische Beanspruchung in Abhängigkeit der veränderlichen Strömungserregerkräfte möglichst unbeeinflußt vom Meßaufnehmer zu erfassen.

Für die Betriebsüberwachung sind berührungslose Meßverfahren (mittels Laseroptik oder induktiver Geber) in der Erprobung, die jedoch wie die konventionelle Dehnungsmeßstreifentechnik nur indirekt in der Lage sind, die maximale Beanspruchung der rotierenden Schaufeln zu messen. Ein Vorteil dieser Verfahren ist es, daß die Schwingungsamplituden und Phasenlage aller Schaufeln am Umfang erfaßt werden können, unabhängig von den herrschenden Betriebsbedingungen. Basierend auf der Modalanalyse kommen auch Meßmethoden zum Einsatz, die im Betrieb auf die Erregerkräfte an der rotierenden Schaufel schließen lassen. Diese Methode zur Erregerkraftbestimmung ist jedoch über den Standard der Laborentwicklung noch nicht hinaus. Im Vergleich von Stillstandsmessungen mit Dehnungsmeßstreifen sowie der Holographie, sollten sowohl der Erregerkraftverlauf in einer Maschine, resultierend aus der Strömung selbst, als auch die auftretenden maximalen Spannungen in der Schaufel unter realen Betriebszuständen bestimmt werden.

Forschungsthemen

- *Weiterentwicklung korrelativer Meßverfahren mit Hilfe der Modalanalyse zur Bestimmung der Erregerkräfte an Meßschaufeln*
- *Entwicklung berührungsloser Schaufelschwingungsmeßverfahren*
- *Weiterentwicklung des Zeit-Impuls-Differenzenverfahrens*
- *Einsatz der Modalanalyse zur Bestimmung der modalen Parameter, insbesondere der Dämpfung*

7.1.4 Akustische Meßverfahren

Stand der Forschung

Die in der akustischen Meßtechnik eingesetzten Geräte zur Weiterverarbeitung der Meßwertsignale besitzen einen hohen technischen Standard. Die computergestützte Auswertung von Schallmessungen wird in verstärktem Maße benutzt und ist technisch weit entwickelt. Die Meßwertaufnehmer genügen in vielen Fällen den Anforderungen nicht, insbesondere hinsichtlich extremer Umgebungsbedingungen. Für Schalldruckmessungen in ruhenden, gasförmigen Medien und Absolutdrücken von etwa 1 bar existieren hochwertige Mikrofone (Frequenzbereich 2 Hz . . . 140 kHz) für den Temperatureinsatz zwischen 210 K und 420 K (kurzzeitig bis 520 K). Bei Absolutdrücken bis etwa 200 bar können Druckaufnehmer auf piezoelektrischer Basis zur Messung von Schalldrücken oberhalb ca. 1 mbar zwischen 120 K und 620 K, mit besonderer Kühlung bis etwa 870 K, verwendet werden. Körperschallmessungen erfolgen mit Beschleunigungsaufnehmern, die bis 670 K, in Sonderfällen darüber, stabil sind. Schalldruckmessungen in Luft- oder Gasströmungen bis zu ca. 350 K lassen sich mit Mikrofonvorsätzen durchführen, die bis zu Geschwindigkeiten von 30 m/s turbulente Druckschwankungen sowie Geräusche, die bei der Umströmung der Mikrofone entstehen, ausreichend unterdrücken.

Problembeschreibung und Zielsetzung

Die bei Turbomaschinen erzeugten Schalleistungen müssen in verstärktem Maße verringert werden. Eine Reduktion der Geräusche an der Erregerquelle erübrigt kostspielige, sekundäre Schallschutzmaßnahmen. Dazu müssen weit mehr als bisher einzelne Schallquellen mit ihren Schalleistungen erfaßt und die Ursachen der Schallentstehung erforscht werden. Hierzu sind erforderlich verbesserte Meßwertaufnehmer wie Mikrofone, piezoelektrische Aufnehmer, die einwandfreie Messungen unter ungünstigen Umgebungsbedingungen (hohe Drücke und Temperaturen, hohe Strömungsgeschwindigkeiten, aggressive und feuchte Medien) gestatten, sowie verbesserte Meßverfahren für Schalluntersuchungen an und in Turbomaschinen. Beides ist z. Z. nicht befriedigend abgedeckt.

Forschungsthemen

- *Weiterentwicklung von Mikrofonen für den Einsatz in aggressiven Gasen bis 1070 K und 20 bar sowie in Flüssigkeiten und in Wasserdampf bis 870 K und 250 bar*
- *Entwicklung von temperaturfesten Mikrofonvorsätzen für Messungen in Strömungen (mindestens bis 470 K einsetzbar, möglichst bis 870 K), die Störschallanteile (turbulente Druckschwankungen) bis ca. 100 m/s ausreichend unterdrücken*

- *Weiterentwicklung von piezoelektrischen Aufnehmern für Messungen in Flüssigkeiten, Gasen und an festen Bauteilen bis 1070 K . . . 1270 K*

- *Entwicklung von Meßverfahren für eine detaillierte Erfassung von Lärmquellen in einem Systemverband (evtl. Anwendung der Kreuzkorrelation), für Geräuschuntersuchungen an rotierenden Beschaufelungen (Sondenmeßverfahren) sowie zur Ermittlung von abgestrahlten Schalleistungen aus Körperschallmessungen mit Hilfe des Abstrahlgrades*

- *Verbesserung von Meßverfahren zur Schadensfrüherkennung an Beschaufelungen (Betriebsüberwachung)*

7.1.5 Schallemissionsanalyse

Stand der Forschung

Die Schallemissionsanalyse (SEA) ist ein wichtiges Verfahren zur Sicherheitsüberwachung und Früherkennung von Schäden. Ihre Instrumentierung sowie Meß- und Auswertetechnik, auch für vielkanalige Messungen, ist technisch hoch entwickelt. Es existieren verschiedene Meßwertaufnehmersysteme, ebenso sind Verstärker, Zähler, Analysatoren, Energie- und Ortungsmeßsysteme sowie Speicher und Registriergeräte in verschiedenen Ausführungen auf dem Markt vorhanden. Laufzeitdifferenzen diskreter Impulse lassen sich hinreichend genau bestimmen, so daß man Fehler- oder Ereignisortungen weitgehend als Stand der Technik betrachten kann. Kriterien für gröbere Bemessungen des Schweregrades der Fehler sind ebenfalls vorhanden. Detaillierte Aussagen über Materialdefekte erlaubt die SEA z. Z. noch nicht. Als integrales Verfahren gestattet sie, mit wenigen Meßwertaufnehmern großflächige Bauteile zu überwachen. Sie wird erfolgreich eingesetzt zur Fehlererkennung in Drucksystemen, zur Überwachung von Schweißarbeiten und Wärmebehandlungsvorgängen. Spezielle Anwendungen im Turbomaschinenbau, wie z. B. zur Betriebsüberwachung von Lagern, Gehäusen oder Schraubverbindungen, sind nicht bekannt.

Problembeschreibung und Zielsetzung

Zur Überwachung von Anrißbildungen und Verfolgung von Rißfortschritten als Betriebsüberwachungsmethode für „stationäre" Bauteile von Turbomaschinen, wie z. B. Lager oder hochbelastete Schraubverbindungen, muß der Zusammenhang zwischen den Meßsignalen und den verursachenden Vorgängen im Werkstoff einwandfrei bekannt sein. Probleme entstehen hier z. Z. auch noch besonders durch die Schallausbreitung in unregelmäßig gestalteten Bauteilen mit Werkstoffinhomogenitäten, durch die normalen Betriebsgeräusche und die unzulänglichen Meßwertaufnehmer. Bei der Überwachung rotierender Bauteile, wie z. B. Beschaufelungen, sind die Schwierigkeiten um ein Vielfaches größer mangels geeigneter Meßwertübertragungseinrichtungen und Meßwertaufnehmer, insbesondere für den Dauereinsatz bei den hohen Temperaturen und Drücken.

Forschungsthemen

- ○ *Erforschung der Wellenausbreitung in realen Konstruktionen, d. h. Einbeziehung von unregelmäßig gestalteten Bauteilen, von Unstetigkeitsflächen und Inhomogenitäten im Material, um die Meßwertsignale den Fehlerentstehungsmechanismen besser zuordnen zu können*
- ○ *Verbesserungen in der Auswertetechnik von SE-Signalen (Einfluß der Fehlerentstehung auf Signalform und Spektrum)*
- ○ *Erstellen von Bewertungskriterien für charakteristische Fehlerentstehungen an kritischen Bauteilen*
- ○ *Entwicklung von Meßwertaufnehmern für Temperaturen bis 870 K und Drücken bis 250 bar*
- ○ *Entwicklung spezieller Meßwertübertragungssysteme für den in der SEA benutzten Frequenzbereich (30 kHz – einige MHz) zwecks Anwendung zur Betriebsüberwachung rotierender Bauteile von Turbomaschinen*

7.2 Messung von Dehnungen, Spannungen und Kräften

7.2.1 Dehnungsmeßstreifen (DMS)

Stand der Forschung

Die *Dehnungsmeßstreifentechnik* im Raumtemperaturbereich ist heute weitgehend Standard; dies gilt sowohl für die Installation, als auch die Erfassung und Weiterverarbeitung statischer und dynamischer Meßwerte. Zum Einsatz kommen vorwiegend ohmsche Dehnungsmeßstreifen. Bei einer großen und vielfach bereits auch mittleren Anzahl von Meßstellen werden in zunehmendem Maße Meßwerterfassungsanlagen und Rechner eingesetzt mit einem hohen gerätetechnischen Standard hinsichtlich der Meßwertverarbeitung (analog und digital).

Messung in Druckräumen bis zu Drücken größer 400 bar sind möglich.

Messungen oberhalb 350 K erfordern umfassende Kenntnis und Korrekturen des Meßstreifenverhaltens in Abhängigkeit von den Randbedingungen (Temperatur,

Zeit, Belastung, DMS-Typ, Installationstechnik usw.). Statische Dehnungsmessungen sind in vertretbaren Fehlergrenzen bis ca. 820 K möglich, dynamische Messungen können bis ca. 1170 K brauchbare Ergebnisse liefern. Zum Einsatz kommen vorwiegend ohmsche Meßstreifen, in Sonderfällen kapazitive Meßstreifen und Ermüdungsmeßstreifen. Gemessen bzw. aus den Meßwerten abgeleitet werden Dehnungen, Spannungen, Kräfte, Biege- und Torsionsmomente.

Problembeschreibung und Zielsetzung

Dehnungsmeßstreifen-Kenndaten für Anwendungen oberhalb ca. 350 K sind oft unzureichend, ungenau und nach Herstellerangaben zu optimistisch. Für Einsatzgebiete oberhalb ca. 470 K gibt es außerdem auf dem Weltmarkt nur wenige brauchbare Meßstreifentypen mit z. T. beträchtlichen Einschränkungen im praktischen Einsatz unter Temperatur, Druck, statischer und/oder dynamischer Last, strömendem Medium, Strahlung usw. In allen Fällen sind in der Regel aufwendige Voruntersuchungen unumgänglich. Für spezielle Anforderungen und Randbedingungen, wie z. B. Langzeit-Betriebsüberwachungen, müßte nach neuen Aufnehmern bzw. Meßverfahren gesucht und/oder bekannte, wie z. B. kapazitive DMS, Ermüdungs-DMS, weiterentwickelt werden.

Forschungsthemen

- *Bereitstellung zuverlässiger Kenndaten der bekannten DMS*
- *Erweiterung des Typenangebots hinsichtlich Meßgittergeometrie (z. B. < 10 mm) und Temperaturgrenzen (z. B. bis 1170 – 1370 K)*
- *Verbesserung der Lebensdauer von DMS-Meßstellen, besonders bei hohen Temperaturen (Ziel Wochen, möglichst Monate)*
- *Weiterentwicklung kapazitiver DMS, z. B. im Hinblick auf spezielle Langzeitmessungen und Einsatz bei höheren Temperaturen, möglichst bis 1170 - 1370 K*
- *Weiterentwicklung von Ermüdungsmeßstreifen bis zu Einsatztemperaturen von ca. 570 – 770 K (z. Z. ca. 350 K) und bis Ansprechschwellen von ca. 100 – 200 µm/m (z. Z. ca. 1000 µm/m)*

7.2.2 Spannungsoptik

Stand der Forschung

Bei der *Spannungsoptik* wird vorwiegend an Modellen gemessen, in Sonderfällen mit dem Oberflächenschichtverfahren auch an Originalbauteilen. Die Anwendung dient in erster Linie zur Bestimmung von Spannungsspitzen und -verteilungen bei

komplexen Formen und Randbedingungen bezüglich der Krafteinleitung. Untersuchungen ebener Probleme (Modellherstellung mit Kopierfräsmaschine, halb manuelle Auswertung) sind heute Standard.
Räumliche Untersuchungen erfordern bezüglich Modellherstellung, Versuchstechnik und Auswertung einen relativ großen Aufwand (und entsprechendes know how) und werden deshalb fast nur bei ausgesuchten räumlichen Problemen angewandt. In zunehmendem Maße kommen rechnergestützte Erfassungen und Auswertungen (über digitale Bildverarbeitung) zum Einsatz.

Problembeschreibung und Zielsetzung

Während eine ausreichend genaue und wirtschaftliche Herstellung ebener Modelle heute möglich ist, bereiten besonders größere, qualitativ einwandfreie räumliche Modelle vielfach beträchtliche Schwierigkeiten. In beiden Fällen ist die Erfassung und Verarbeitung der optischen Daten vielfach noch relativ schwerfällig, aufwendig und nutzt noch nicht ausreichend die heute grundsätzlich vorhandenen technischen Möglichkeiten (Rechner). Letzteres gilt besonders für ebene Untersuchungen und die dort verwendeten bekannten Verfahren. Bei räumlichen Versuchen und Auswertungen sollten neben den klassischen Auswerteverfahren auch neue Verfahren, wie z. B. das Streulichtverfahren, weiterentwickelt werden.

Forschungsthemen

- *Verbesserungen in der Herstellung und Zerlegung, insbesondere großer dreidimensionaler, spannungsoptischer Modelle (Modellmaterialien, Versuchstechnik)*

- *Entwicklung und Einführung rechnergestützter digitaler Bilderfassung und -verarbeitung bei spannungsoptischen Untersuchungen*

- *Weiterentwicklung des Streulichtverfahrens für räumliche spannungsoptische Untersuchungen*

- *Verbesserung des spannungsoptischen Oberflächenschichtverfahrens hinsichtlich Einsatzmöglichkeiten im Turbomaschinenbau*

7.2.3 Sonstige Spannungs-Dehnungsmeßverfahren

Stand der Forschung

Im Turbomaschinenbau werden zur Messung und Analyse von Beanspruchungen (Dehnungen, Spannungen, Kräfte und Momente) z. Z. folgende Verfahren benutzt (Prozentangaben geschätzt nach Anzahl und Kostenaufwand aller Untersuchungen):

Dehnungsmeßstreifentechnik (ca. 60 – 80 %)
Spannungsoptik u. ä. Verfahren (ca. 10 – 15 %)
Sonstige Verfahren, z. B. Röntgenographische Verfahren und Lackrißverfahren (ca. 5 – 15 %)

Das *Röntgen-Verfahren* wird bereits an vielen Stellen routinemäßig besonders zur Ermittlung von Eigenspannungen eingesetzt, bei Meßgenauigkeiten von ca. ± 10 N/mm^2 und Meßzeiten von ca. 5 Minuten pro Meßstelle. In zunehmendem Maße werden hier computergestützte Anlagen entwickelt und eingesetzt, auch als mobile Einrichtungen für Einsätze z. B. in Kraftwerken.

Weitere Verfahren, die im Turbomaschinenbau in Sonderfällen, vielfach noch mit Einschränkungen zur Spannungs-Dehnungs-Messung eingesetzt werden, sind das Lackrißverfahren, mechanische Verfahren wie z. B. Setzdehnungsmessungen, optische Verfahren auf Laser-, Moiré- o. ä. Basis, interferometrische, insbesondere holographische Verfahren und elektrische Verfahren auf kapazitiver, piezoelektrischer, induktiver oder magnetoelastischer Basis.

Problembeschreibung und Zielsetzung

Das *Röntgen-Verfahren* ist z. Z. noch auf feinkristalline, vorwiegend ferritische Werkstoffe beschränkt. Unbefriedigend ist ferner noch die Spannungsermittlung in Abhängigkeit von der Werkstofftiefe, die Spannungsanalyse bei steilen Spannungsgradienten senkrecht zur Oberfläche und die noch etwas eingeschränkte Versuchstechnik beim mobilen Einsatz.

Lackrißverfahren, obgleich für großflächige Spannungsanalysen grundsätzlich gut geeignet, zeigen auch heute noch erhebliche Mängel, wie z. B. relativ geringe Ansprechempfindlichkeit, Neigung zum Krakelieren, Einschränkungen bei der Verarbeitung usw.

Auch bei den erwähnten diversen *optischen Verfahren* stehen einigen Vorteilen, wie berührungslose und großflächige Messungen, einige für die Praxis nicht unerhebliche Nachteile gegenüber, wie aufwendige Versuchs- und Analysetechnik, keine Fernmessung, Temperaturbegrenzung usw.

Forschungsthemen

- *Weiterentwicklung der Röntgenverfahren hinsichtlich Bauteilwerkstoffe, Spannungsanalyse über die Tiefe, Gerätetechnik, insbesondere für den mobilen Einsatz, Trennung von Eigenspannungen*
- *Weiterentwicklung der Lackrißverfahren hinsichtlich geeigneterer Lacke, Verarbeitung (insbesondere bei ungünstigen Umgebungsbedingungen), höherer Ansprechempfindlichkeit, Sichtbarmachung der Linien*

- *Weiterentwicklung der Holographie und Moiré-Technik, besonders hinsichtlich einfacherer Versuchs- und Analysetechnik*

- *Prüfung der Einsatzmöglichkeiten und gegebenenfalls Weiterentwicklung der piezoelektrischen, induktiven und magnetoelastischen Dehnungsmeßtechnik*

7.2.4 Kraft-, Momenten- und Torsionsmeßverfahren

Stand der Forschung

Kraft-, Momenten- und Torsionsmessungen überdecken heute den Temperaturbereich von ca. 70 K bis 470 K (Basis Piezo) bzw. von ca. 220 K bis 390 K (Basis Induktiv und DMS). Praktisch keine Einschränkungen bestehen hinsichtlich des Meßbereiches.

Problembeschreibung und Zielsetzung

Bei allen Verfahren bestehen gewisse Einschränkungen bezüglich oberer Grenzfrequenz und spezieller Umgebungseinflüsse durch das Übertragungssystem. Bei Übertragungen von rotierenden Systemen treten zusätzliche Probleme und Grenzen auf hinsichtlich Temperatur-, Arbeitsfrequenz- und Drehzahlbereich.

Forschungsthemen

- *Entwicklung von Kraftmeßverfahren bis ca. 970 K unter Beibehaltung der Standardeigenschaften und Verminderung der Aufnehmerabmessungen*

- *Für Momentenmeßverfahren Entwicklung von Meßwertübertragungssystemen mit größerer Unempfindlichkeit gegen Umgebungseinflüsse für den Betriebseinsatz und Steigerung der zulässigen Umgebungstemperatur (bis ca. 390 K) und zulässigen Drehzahl*

- *Entwicklung von Torsionsmeßverfahren mit erweitertem Arbeitsfrequenzbereich ohne Beschränkung hinsichtlich der Meßgrößen- und Drehzahlbereiche sowie Unempfindlichkeit gegen Umgebungseinflüsse*

7.3 Messung von Drücken, Geschwindigkeiten und Temperaturen

7.3.1 Druckmeßverfahren

Stand der Forschung

Die zur Verfügung stehenden Methoden ermöglichen die Messung stationärer und instationärer Drücke in zahlreichen Problemkreisen. Dabei finden sowohl Wandbohrungen als auch elektronische Analoggeber in ortsfesten und rotierenden Systemen auch bei hohen Temperaturen (z. B. Brennkammern und Brennräumen) Verwendung. Die möglichen Meßbereiche der elektronischen Geber erstrecken sich bezüglich des Druckes von 0 bis 10^4 bar, bezüglich der Temperatur für ungekühlte Geber von 230 bis 620 K sowie für gekühlte Geber bis maximal 1470 K.

Problembeschreibung und Zielsetzung

Die elektronischen Geber versagen zur Zeit noch bei bestimmten Meßaufgaben im Turbomaschinenbau und in der Aerodynamik. Begründet ist dies in der Empfindlichkeit der Miniaturdruckgeber gegenüber mechanischen Beanspruchungen und gegenüber Temperaturschwankungen. Außerdem läßt die Integrierbarkeit in Oberflächen (Schaufeln, Sonden) zu wünschen übrig. Aufgrund relativ großer Membrandurchmesser wird durch die Geber eine örtliche Aufintegrierung der Meßsignale vollzogen.

Auch die zeitintegrierten Messungen von dreidimensionalen Druckfeldern durch Sonden sind beim Auftreten von stärkeren Gradienten und in Wandnähe fehlerbehaftet. Bei Messungen in Dämpfen werden schließlich die Ergebnisse durch Kondensationseffekte verfälscht.

Forschungsthemen

- *Verbesserung der Methoden zur Messung zeitintegrierter Druckverteilungen mit den Zielen, einfache Korrekturmöglichkeiten in Gradientenfeldern, Wandkorrekturen, Meßmöglichkeiten im schallnahen Bereich und Reynoldszahlkorrekturen zu erarbeiten*
- *Allgemeine Weiterentwicklung der Miniatur-Druckgeber mit dem Bestreben, Temperatureinflüsse auf Übertragungsverhalten und Nullpunkt der Geber zu verringern, die Geber weiter zu verkleinern, die Beschädigungsanfälligkeit bei hohen Strömungsgeschwindigkeiten und Kontamination herabzusetzen und die maximale Einsatztemperatur für ungekühlte Geber zu erhöhen*
- *Entwicklung von Sonden zur Messung dreidimensionaler Druckpulsationen (Übertragungsverhalten, Integrationseffekte, Schwingungsanfälligkeit der Sondenkörper)*

- *Weiterentwicklung der Meßverfahren zur Erfassung pulsierender Wanddrücke in Bezug auf Integrierbarkeit der Meßtechnik in flache schwingungsanfällige Profile, Messung an Vorder- und Hinterkanten, Erfassung des Beschleunigungseinflusses auf die Meßsignale*

7.3.2 Geschwindigkeitsmeßverfahren einschließlich Hitzdrahtmeßtechnik

Stand der Forschung

Stand der Technik sind Geschwindigkeitsmeßverfahren bei einfach gearteten Strömungsproblemen und Vorgabe mäßiger Genauigkeiten, insbesondere bei einphasigen Strömungsfeldern mit kleiner Machzahl, aber nicht zu geringen Geschwindigkeiten. In den hiervon abweichenden Fällen ist es meist schwierig, die Geschwindigkeitsmeßverfahren getrennt von der zu untersuchenden Strömungsproblematik zu entwickeln. Bekannte minimale Abmessungen von pneumatischen Sonden betragen bei 5-Lochsonden z. Z. 1,5 mm Durchmesser und bei Fischmaulsonden 0,25 mm Dicke, minimale Wandabstände 0,2 mm. Mit Hitzdrahtsonden können Geschwindigkeiten bis 500 m/s bei Temperaturen bis 420 K oder bis 350 m/s bei max. 970 K gemessen werden.

Problembeschreibung und Zielsetzung

Beim genauen Ausmessen von Strömungsfeldern in Turbomaschinen und ihren Versuchsanlagen entstehen vielfach Probleme und Schwierigkeiten durch starke periodische Fluktuationen, große stochastische Turbulenzen und große Geschwindigkeitsgradienten in Wandnähe sowie extreme Geschwindigkeits- und Temperaturbereiche und Mehrphasigkeit. Pneumatische Sonden können selbst keine instationären Strömungsvorgänge hoher Frequenz erfassen, sondern nur zeitliche Mittelwerte.

Forschungsthemen

- *Weiterentwicklung von kleinen pneumatischen Fischmaul-, 3-Loch-Fischmaul-, 5-Loch-Sonden, gekühlten Sonden bei hohen Temperaturen und Gegendrucksonden für mehrphasige Strömungen und deren Meßwertübertragungen für hohe Meßgenauigkeit und kurze Einstellzeiten bei weiten Betriebsbereichen. Erstellung von Korrekturbeziehungen für fluktuierende Strömungen und für große stochastische Turbulenzen, für Messungen in Wandnähe (0,2 mm Wandabstand) sowie im transsonischen- und Überschallbereich (Einfluß der Form des Sondenkopfes). Vergleichende Untersuchungen von stehenden und rotierenden Sonden*

- *Hitzdraht- und Heißfilm-Sonden messen nur die Summe aus den periodischen Fluktuations- und stochastischen Turbulenzbewegungen. Für das Strömungsverhalten ist oft nur der relativ kleine stochastische Anteil verantwortlich. Es ist deshalb wichtig, Verfahren zu entwickeln, die eine Trennung der beiden Anteile ermöglichen*

- *Genaue Messungen von zweidimensionalen und dreidimensionalen Temperatur- und Geschwindigkeitsgrenzschichten in unmittelbarer Wandnähe (0,2 mm) auch bei fluktuierender Strömung*

- *Untersuchungen über den Einfluß fluktuierender Strömung, stochastischer Turbulenz und Wandnähe durch kombinierte Anwendung von pneumatischen und Hitzdrahtsonden*

- *Entwicklung von Eichmethoden*

7.3.3 Geschwindigkeitsmeßverfahren mittels L2F und LDA

Stand der Forschung

Diese berührungslosen Geschwindigkeitsmeßverfahren basieren auf der Ausmessung von Streulichtimpulsen. Mit Hilfe des L2F (Laser-2-Focus)-Verfahrens lassen sich zweidimensionale Messungen in festen und rotierenden Systemen in einem Bereich von 0,5 m/s bis 600 m/s durchführen. Da es ein relativ hohes Signal-Rausch-Verhältnis besitzt, eignet sich dieses Verfahren für Messungen in engen Kanälen und in Wandnähe. Das LDA (Laser-Doppler-Anemometer)-Verfahren läßt sich in Bereichen von 0 bis ± 600 m/s anwenden und ist zur Auflösung von turbulenten Schwankungen prädestiniert. Mittels einer Dreifarbenoptik sind in einfachen Fällen dreidimensionale Messungen möglich. Beide Verfahren werden eingesetzt zur Geschwindigkeitsmessung in Gasströmungen, Flammen und Brennkammern.

Problembeschreibung und Zielsetzung

Die Anwendung der Verfahren ist infolge langer Meßzyklen sehr zeitintensiv. Dies gilt besonders für das L2F-Verfahren, welches zur Ermittlung des Geschwindigkeitsvektors ein Nachdrehen des Meßvolumens erforderlich macht. Außerdem ist die Rückstreuung von natürlich verschmutzten Fluiden oftmals zu gering, so daß vor allem beim LDA-Verfahren eine Zumischung von Partikeln notwendig wird, deren Folgeverhalten vor allem in Wandbereichen nicht vollständig geklärt ist. Für die in Turbomaschinen vorhandenen räumlichen Strömungen liefern rein zweidimensionale Verfahren nur unzulängliche Ergebnisse. Schließlich werden infolge zu starker Hintergrundstrahlung beim LDA-Verfahren wandnahe Messungen problematisch.

Forschungsthemen

- *Optimierung des L2F-Verfahrens im Hinblick auf kürzere Meßzeiten durch Automatisierung von Steuerung, Signalaufnahme und Signalverarbeitung und kontinuierliche Messung mit Signal-, Orts- bzw. Zeitkorrelation*

- *Optimierung der Partikelzumischung in wandnahen Bereichen und Eckenströmungen*

- *Untersuchung des Folgeverhaltens bei instationären, wandnahen, turbulenten Strömungen*

- *Ausdehnung des L2F-Verfahrens auf räumliche Strömungen*

- *Verbesserung der Dreikomponenten-Messung mittels LDA-Verfahren*

- *Verringerung des Wandabstandes bei Rückstreumessungen mit LDA*

7.3.4 Fluid-Temperaturmeßverfahren

Stand der Forschung

Zur Regelung und Überwachung von Turbomaschinen werden für die Messung der Dampf- bzw. Gastemperaturen überwiegend Thermoelemente und Widerstandsthermometer eingesetzt. Im Temperaturbereich von 200 K – 1600 K sind diese Meßverfahren gut handhabbar, besitzen eine hohe Zuverlässigkeit und ermöglichen eine einfache Registrierung und Weiterverarbeitung der Meßwerte. Für die Analyse der Strömungsvorgänge im Temperaturbereich von 1600 K – 2200 K kommen ebenfalls Thermoelement-Sonden und zusätzlich kalorimetrische und pneumatische Temperaturmeßverfahren zum Einsatz. Die Forderungen nach mechanischer Festigkeit, Temperatur-Wechselbeständigkeit und chemischer Resistenz schränken aber die Anwendungsmöglichkeit ebenso ein wie mögliche Störungen der Strömung und der Reaktionsabläufe durch die Sonden. Spektroskopische Meßverfahren, bei denen aus der Intensität der Gasstrahlung auf die Gastemperatur geschlossen wird, ermöglichen nur dann eine örtliche Temperaturbestimmung, wenn Rotationssymmetrie vorliegt. Mit Hilfe der Methode der Spektrallinienumkehr kann eine örtliche Temperaturmessung nur erreicht werden, wenn die Gasströmung nicht stark turbulent ist oder rezirkuliert.

Problembeschreibung und Zielsetzung

Sowohl die genaue Messung der mittleren stationären Temperatur der Strömung als auch die Erfassung von Temperaturschwankungen und von Temperaturprofilen sind wesentliche Voraussetzungen für eine optimale Triebwerksregelung und für Verbesserungen des stationären und instationären Triebwerksverhaltens und der

Komponentenwirkungsgrade. Bei der Messung der Fluidtemperatur mit Sonden sind systematische Meßfehler infolge Wärmeableitung, Strahlungsaustausch, Strömungsgeschwindigkeit etc. zu berücksichtigen. Problematisch ist die Erfüllung der gegensätzlichen Forderungen nach hoher Standfestigkeit und guter Zeitauflösung auch bei Messungen in Strömungen hoher Temperatur (> 1 400 K), hoher Geschwindigkeit und starker Fluktuation sowie in Verbrennungsgasen, die sowohl oxydierend als auch reduzierend sein können. Besonders zur Feststellung des Verbrennungsablaufs in Brennräumen sind verbesserte berührungslose Meßverfahren und geeignete Sondenmeßtechniken erforderlich.

Forschungsthemen

- *Fluidtemperatur-Meßverfahren für die Regelung und Überwachung von Turbomaschinen und Analyse von Strömungsvorgängen:*
  - *Entwicklung / Verbesserung von Meßwertaufnehmern hoher Meßgenauigkeit (< 0,5 %), ausreichender Standfestigkeit und Temperaturwechselbeständigkeit, geringer Ansprechzeit (< 100 ms)*
  - *Verbesserung von Verfahren zur Korrektur / Kompensation von systematischen Meßfehlern, Berücksichtigung des Integrationseffektes von Sonden*
  - *Entwicklung von Verfahren zur Diagnose ungleichmäßiger Temperaturprofile (besonders Brennkammeraustritt zur Vermeidung örtlicher Überhitzungen)*
- *Meßverfahren für die örtliche Temperaturmessung in Brennräumen:*
  - *Entwicklung / Verbesserung von Thermoelement-Meßsonden hoher Standfestigkeit, Vermeidung katalytischer Reaktionen an Oberflächen (Edelmetalle)*
  - *Entwicklung / Verbesserung von Rauschthermometern (basierend auf dem Nyquist-Theorem für thermisches Rauschen) und kalorimetrischer und pneumatischer Temperatur-Meßverfahren*
  - *Verbesserung der Handhabbarkeit von Emissions-Absorptions-Meßverfahren (Spektrallinienumkehr)*

7.3.5 Bauteil- und Oberflächen-Temperaturmeßverfahren

Stand der Forschung

Zur Kontrolle der thermischen Belastung von Bauteilen werden Berührungsthermometer (Thermoelemente und Widerstandsthermometer) und Strahlungspyrometer mit Erfolg eingesetzt. Bei Berührungsthermometern wird versucht, durch geeignete

Materialauswahl und kleine Fühlerabmessungen eine Störung des Temperaturfeldes weitgehend zu vermeiden. Bei der Strahlungspyrometrie wird durch elektronischen Abgleich eine problemlose Handhabung erreicht, beeinträchtigt aber wird die Meßgenauigkeit durch Änderung des Emissionsgrades der Oberflächen während des Betriebs. Zur Messung von Temperaturverteilungen an Oberflächen, deren punktweise Ausmessung umständlich und schwierig ist, kommen Temperaturmeßfarben zum Einsatz. Die Abhängigkeit der Farbumschläge von der Temperatur und der Einwirkungszeit schränken die Anwendbarkeit dieses Verfahrens ein. Für eine laufende Überwachung kritisch belasteter Bauteile ist die Methode nicht geeignet.

Problembeschreibung und Zielsetzung

Für eine sichere Grenzwertüberwachung und Lebensdauerermittlung sowie für die Entwicklung effizienter Kühlverfahren sind verbesserte Verfahren zur Messung der Temperaturverteilung und der zeitlichen Temperaturgradienten an thermisch belasteten Bauteilen notwendig. Problematisch sind bei Berührungsthermometern die Verbesserung der zeitlichen Auflösung bei hoher Standfestigkeit, die Vermeidung bzw. Korrektur der Temperaturfeldstörungen und die Übertragung der Meßwerte bei thermisch hochbelasteten bewegten Teilen (Laufschaufeln), bei der Anwendung strahlungspyrometrischer Verfahren die Anbringung von Fenstern, die Veränderung des Emissionsgrades der Oberflächen durch Verschmutzung sowie die Bestimmung von Temperaturverteilungen.

Forschungsthemen

- *Verbesserung der Berührungsthermometrie: Verringerung der Wärmekapazität von Fühlern (Widerstandsthermometern und Thermoelementen); Verfahren zur Korrektur der Temperaturfeldstörungen*

- *Weiterentwicklung der Strahlungspyrometrie: Verbesserung elektronischer Abgleichverfahren; Korrektur / Kompensation der Emissionsgradänderungen durch Verschmutzung; Entwicklung von Abtastverfahren zur Messung von Temperaturverteilungen (Flammrohr, Turbinenschaufeln u. a.)*

- *Temperaturmeßfarben: Verbesserung der Auflösung und des Meßbereichs; Klärung der Abhängigkeit der Farbumschläge von der Temperatur und der Einwirkungszeit; Verbesserung der Haftfähigkeit*

7.4 Messung von Massenströmen, Energieströmen und Fluidbeschaffenheiten

7.4.1 Meßverfahren für Massenströme

Stand der Forschung

Für die Durchflußmessung stehen heute eine Reihe von Standardmethoden zur Verfügung: Wirkdruckverfahren, Schwebekörperdurchflußmessung, Turbinenradmesser, magnetisch, induktive Durchflußmesser, Netzmessung, Tracerverfahren, akustische Verfahren und Bilanzverfahren.

Mit diesen Verfahren wird praktisch der gesamte Einsatzbereich für einphasige, stationäre Strömungen (Druck, Temperatur, Durchfluß, Leitungsgröße) überdeckt. Einschränkungen ergeben sich bei der Mehrphasenmessung, bei hohen Temperaturen, pulsierenden Strömungen und bei schwierigen Randbedingungen.

Problembeschreibung und Zielsetzung

Bei den Wirkdruckverfahren ist der Einfluß des Strömungsprofils vor dem Meßgerät auf dessen Anzeige noch nicht genügend bekannt. Bei ungünstigen Randbedingungen (zu kurze Beruhigungsstrecke zwischen Vorstörung und Drosselgerät) ist die Meßgenauigkeit zu gering.

Pulsierende Strömungen (z. B. nach Verdichtern oder Gebläsen mit stoßweiser Förderung) können im allgemeinen nicht direkt gemessen werden. Umwege (Drosselung und großes Speichervolumen) sind möglich.

Bei der Messung von Zweiphasenströmungen bzw. von Strömen in der Nähe der Siedelinie (insbesondere in der Nähe des kritischen Punktes) versagen im allgemeinen die konventionellen Methoden (nicht homogene Verteilung der Phasen, Schlupf, Ausdampfen, sehr große Dichte/Temperaturänderungen). Besonders problematisch ist bei Flugtriebwerken die Kraftstoffzumessung bei Flügen hoher Geschwindigkeit in Bodennähe infolge der Kraftstofferwärmung (Zersetzung des Kraftstoffes ab ca. 320 K).

Bei einigen Methoden (z. B. Induktiv, Drall- oder Wirbelfrequenzmessung) ist der Einsatz bei höheren Temperaturen (> 470 K) noch schwierig.

Forschungsthemen

- *Genaue Ermittlung des Einflusses verschiedener Vorstörungen auf die Durchflußkoeffizienten bei den Wirkdruckverfahren*

- *Verbesserung/Erweiterung der Methoden zur Mehrphasen- und Sattwassermessungen, insbesondere der Tracermethoden*

- *Weiterentwicklung der induktiven Durchflußmessung für den Einsatz bei hohen Temperaturen (derzeit etwa 470 K)*

- *Verbesserung der Verfahren zur Bestimmung des Kraftstoffdurchsatzes bei Flugtriebwerken, Genauigkeit < 0,5 %, Zeitkonstante < 50 ms*

7.4.2 Meßverfahren für Energieströme

Stand der Forschung

Die Bestimmung mittlerer Wärmeübergangszahlen (WÜZ) mittels Energiebilanzen (Massen- und Temperaturmessungen) bei stationären Verhältnissen, hat einen in den meisten Fällen befriedigenden Stand erreicht. Zur Bestimmung der örtlichen WÜZ und zur Bestimmung zeitlich veränderlicher WÜZ gibt es eine große Anzahl von Methoden, die nach verschiedenen Prinzipien arbeiten: Örtliche Heizung durch Wärmeflußgeber (isotherme Oberflächen), flächenmäßige Heizung z. B. durch Heizfolien und örtliche Erfassung der Temperatur (konstante Wärmestromdichte), Bestimmung der örtlichen Dichte des Gases, Ausnutzung der Analogie zwischen Stoff-Impuls- und Wärmeübertragung.

Problembeschreibung und Zielsetzung

Der Einsatz von Wärmeübergangsfühlern zur Bestimmung der WÜZ auf Flächen führt oft zu örtlichen Störungen des Vorganges (Oberflächenstruktur, Temperatur oder Wärmefluß) und ist im allgemeinen wegen der hohen Kosten nur beschränkt möglich.

Die thermographische Methode zur Bestimmung der örtlichen WÜZ setzt strahlendurchlässiges Fluid und optisch zugängliche Oberflächen voraus. Die Anwendung der Analogieverfahren ist derzeit noch auf tiefere Temperaturen beschränkt und mit großem Aufwand verbunden.

Forschungsthemen

- *Weiterentwicklung der bekannten Methoden zu höherer Genauigkeit, einfacherer Einsatzmöglichkeit und größerem Einsatzbereich*

- *Entwicklung neuer Methoden zur einfachen und wirtschaftlichen Messung der Wärmeübergangszahlen, insbesondere bei höheren Temperaturen*

7.4.3 Abgasmeßtechnik

Stand der Forschung

Die für Abgasmessungen notwendigen Geräte, die zum Nachweis der Einhaltung der Schadstoffemissionsgrenzwerte dienen, sind vom Gesetzgeber spezifiziert. Die Geräte haben einen hohen Entwicklungsstand erreicht und entsprechen in den betreffenden Meßbereichen den geforderten Genauigkeiten. Auch Geräte zur Messung der Abgaszusammensetzung für die Forschung, wozu insbesondere Messungen von Sauerstoff-Stickstoff- und Kohlendioxydkonzentrationen gehören, entsprechen den geforderten Meßbereichen und Genauigkeiten. Die Messung spezifischer Aldehyde und Aromate im Abgas ist mit einfachen Geräten nicht möglich. Für diese Substanzen müssen noch die physiologische Wirkung und die schädlichen Konzentrationsmengen quantitativ festgelegt werden. Für anspruchsvolle Forschungsarbeiten bezüglich reaktionskinetischer Vorgänge in Brennkammern von Turbomaschinen werden Gaschromatographen und Massenspektrometer verwendet.

Problembeschreibung und Zielsetzung

Die von verschiedenen Gesetzgebern vorgegebenen und von Firmen und Instituten angewendeten Abgasmeßverfahren unterscheiden sich untereinander. Um einen zuverlässigen Vergleich von Meßergebnissen zu ermöglichen, sind die Probeentnahme, das Meßverfahren, der Meßaufbau und die Meßgeräte einheitlich zu spezifizieren und in Form von Normen festzuschreiben. Ringvergleiche, wie sie z. Z. durchgeführt werden, geben die Größe der Meßwertabweichungen untereinander nur näherungsweise wieder. Die repräsentative Probeentnahme, die das Meßergebnis maßgeblich beeinflußt, ist durch Entwicklung geeigneter Sonden, deren Ausführung weitgehend vereinheitlicht werden kann, sicherzustellen.

Die Abgaszusammensetzung in zeitlich stark fluktuierenden Strömungen ist nur integral über eine vom Meßverfahren bestimmte Zeitdauer möglich. Um für die Forschung notwendige Erkenntnisse zu liefern, sind zeitlich schnellauflösende optische Meßverfahren unter Vermeidung von Probeentnahmen zu entwickeln. Die gepulste Raman-Spektroskopie eröffnet die Möglichkeit Konzentration und Dichte von Substanzen berührungslos zu messen. Für die praktische Anwendung des Verfahrens ist auf dem Gebiet der gepulsten Laser als auch zur Auflösung von Absorptionsspektren im Rückstrahlverfahren erhebliche Grundlagenforschung zu betreiben.

Forschungsthemen

- *Vereinheitlichung der Probeentnahme und der Meßverfahren*

- *Entwicklung geeigneter Sonden zur repräsentativen Probeentnahme*

- *Verbesserung der Abgasmeßtechnik durch Anwendung moderner Digitalisierungstechniken mit dem Ziel, die Meßzeit und die Auswertung der Meßergebnisse erheblich zu reduzieren*

- *Entwicklung von berührungslosen Meßverfahren zur Bestimmung der Gaszusammensetzung und der Dichte der Substanzen in stark fluktuierenden Strömungen*

7.4.4 Partikel- und Tröpfchenmeßverfahren

Stand der Forschung

Aufgrund der Bedeutung der Partikel- und Tropfenverteilungsmessung für die Kontrolle optimaler Betriebsbedingungen von Turbomaschinen und deren Bauteile sowie für die Umwelttechnik wurde eine Vielzahl von Aerosolmeßgeräten entwickelt, die auf unterschiedlichsten Meßprinzipien beruhen. Einfache Geräte mit direkter Probeentnahme wie Filter, Impaktoren oder Zyklone mit selektiver Mengenmessung werden zur Bestimmung der Nässe, der Brennstofftröpfchenverteilung und der Gastrübung verwendet. Optische Meßverfahren wie die fotographische Ablichtung von Aerosolspektren oder das Streulicht u. a. auch über die Holographie und Laser-Dopplerverfahren, bei denen die Schwächung der Lichtintensität zur Charakterisierung der Spektren dient, sind zeitaufwendig und in der Anwendung kompliziert. Auch elektrische und physikalisch-chemische Meßverfahren (z. B. Teilchenionisation, Chromatographie, Atomabsorptions- und Röntgenfluoreszenzspektroskopie) sind Verfahren hoher Komplexität, die einen hohen Entwicklungs- bzw. Spezialisierungsgrad voraussetzen.

Problembeschreibung und Zielsetzung

Die größten Möglichkeiten zur direkten selektiven Aerosolmessung im Turbomaschinenbau bieten optische Meßverfahren (Extinktions- und Lichtstreuverfahren).
Alle Forderungen an entsprechende Spektrometer für Messungen in Original-Dampfturbinenanlagen, wie keine Probenentnahme, Ausbildung als Sonde, keine Störung der Strömung, großer Tropfengrößenmeßbereich, Messung des Tropfenstromes durch einen Querschnitt usw., sind z. Z. nicht oder nur sehr eingeschränkt zu erfüllen. Die heute verfügbaren Geräte, die im Direktlichtverfahren arbeiten, sind für praktische Anwendungen zu Rückstrahllichtverfahren weiterzuentwickeln. Weiterhin ist die Genauigkeit der Auflösung, der Meßbereich betreffend Tröpfchengröße und das Langzeit-Meßverhalten beim Einsatz der Geräte als Kontrollgeräte erheblich zu verbessern. Die Eichung der Geräte erfolgt heute nur anhand individueller Vergleichsspektren, wodurch ein quantitativer Vergleich von Ergebnissen nicht möglich ist. Es sind deshalb künstliche Test- und Eichaerosole zu entwickeln. Da die angewandten Tröpfchenspektren z. Z. nicht ausreichen, um für

Partikel- bzw. Tröpfchenspektren spezifische physikalische und chemische Eigenschaften quantitativ zu charakterisieren, sind entsprechende Kriterien einzuführen und zu überprüfen. Nur dadurch kann z. B. der „Ruß", unter dem ein Konglomerat unverbrannter Kohlenstoffe und Kohlenwasserstoffe verstanden wird, selektiv analysiert werden.

Forschungsthemen

- *Weiterentwicklung der Extinktionsmethode zur Messung der Größe und Verteilung von Partikeln- und Tröpfchen*

- *Weiterentwicklung des Lichtstreuverfahrens zur Messung der Größe und Verteilung von Partikeln und Tröpfchen unter besonderer Berücksichtigung der Bedingungen des Turbomaschinenbaus*

- *Entwicklung von Test- und Eichaerosolen und Methoden zur Kalibrierung von Geräten*

- *Weiterentwicklung von Analyseverfahren zur selektiven Charakterisierung physikalisch-chemischer Eigenschaften von Aerosolen*

- *Weiterentwicklung der holographischen Aerosolmeßtechnik mit zeitauflösender Bewegungsanalyse zur Bestimmung der räumlichen Bewegung und Veränderung von Partikeln bzw. Tröpfchen*

- *Auswahl, Entwicklung und Anpassung eines geeigneten Tröpfchenmeßsystems für Hochdruckzweiphasenströmungen, Einsatz in Versuchsständen und anschließend in einer Großanlage*

7.5 Spezielle optische, atomphysikalische und chemische Meßverfahren

7.5.1 Schlierentechnik und Interferometrie

Stand der Forschung

Mit Schlierentechnik und Interferometrie können berührungslos im Überschall und hohen Unterschall quantitativ auswertbare Strömungsbilder erzeugt werden. Das Schlierenverfahren bildet dabei Dichteänderungen ab. Mit Hilfe eines Interferometers wird die Dichte direkt gemessen. Beide Verfahren nutzen den Effekt der Brechungsindexänderung der Luft bei einer Dichteänderung und finden allgemein Anwendung zur Darstellung stationärer Effekte an Windkanälen (Durchleuchtung) und an geschlossenen Maschinen (Koinzidenz-Schlierenverfahren).

Problembeschreibung und Zielsetzung

Bei niedrigen Strömungsgeschwindigkeiten versagen die Verfahren bisher wegen zu geringer Dichteänderungen. Darüber hinaus sind sie relativ anfällig gegen mechanische und akustische Schwingungen und daher z. Z. auf Maschinen nur beschränkt anwendbar. Auch bei Grenzschichtmessungen gelten merkliche Einschränkungen infolge Beugungserscheinungen an der Wand.

Forschungsthemen

- *Verbesserung der Schliereninterferometrie mit den Zielen höherer Lichtausbeute, Herabsetzung der Schwingungsempfindlichkeit und Anwendung auf Maschinen*

- *Weiterentwicklung der Schlierentechnik und Interferometrie für den Einsatz bei instationären Effekten, u. a. durch Einsatz stroboskopischer Lichtquellen mit den Zielen: Realer Einsatz in Gitterkanälen und Turbomaschinen (auch bei rotierenden Systemen) und Erstellung von Zeitlupenaufnahmen der Strömungsvorgänge*

- *Weiterentwicklung der Laserschlierenmethode zur Grenzschichtmessung mit den Zielen, Messung der Dichtegradienten in der Grenzschicht, Lokalisierung und Untersuchung abgelöster Grenzschichten*

- *Anwendung der Feinfokussierung einer Schlierenoptik im Koinzidenzverfahren hinsichtlich dreidimensionaler Strömungsbilder. Voraussetzung dazu ist: Verbesserung der Lichtausbeute und Herabsetzung der Schwingungsanfälligkeit*

7.5.2 Sichtbarmachungstechniken und Äquidensitenverfahren

Stand der Forschung

Bei niedrigen Unterschallgeschwindigkeiten wird zur Sichtbarmachung häufig Rauch- oder Staubeinblasung, Farbeinspritzung und/oder Staubniederschlag auf benetzter Oberfläche benutzt.

Registrierungen sichtbarer Effekte erfolgen allgemein mittels einfacher Fotokamera, Fernsehaufzeichnung oder Hochgeschwindigkeitskamera.

Mittels der Äquidensitenverfahren werden in Bildern Linien gleicher Graufärbung auf fotografischem oder elektronischem Wege als Isolinien dargestellt. Das Verfahren dient damit zur präziseren Analyse von Strömungen, Flammenbildern u. ä.

Problembeschreibung und Zielsetzung

Bei den Verfahren zur Visualisierung, Registrierung und Verarbeitung insbesondere von instationären Effekten treten vielfach Einschränkungen durch nicht ausreichende Beleuchtung und zu hohe Geschwindigkeiten bzw. Frequenzen auf.

Das Äquidensitenverfahren wird fototechnisch durchgeführt und ist durch die Notwendigkeit mehrmaligen manuellen Umkopierens äußerst zeitintensiv. Die elektronische Erstellung von Äquidensiten-Bildern ist noch nicht ausreichend entwickelt.

Forschungsthemen

- *Weiterentwicklung des Äquidensitenverfahrens unter Einsatz von Videotechnik und Rechnern, insbesondere zur Auswertung auch kleiner und kleinster Gradienten*
- *Entwicklung von Möglichkeiten zur Sichtbarmachung instationärer Effekte in der Maschine (lokal eingeblasene Partikel, Einbau geeigneter Triggergeräte in die Aufnahmeoptik)*
- *Entwicklung von Möglichkeiten der Grenzschichtuntersuchung, z. B. mittels Flüssigkristallen, unter Einsatz von Rechnern*

7.5.3 Holografische Meßverfahren

Stand der Forschung

Die *Auflichtholografie* umfaßt Doppelbelichtungstechnik, Realtime-Verfahren, Time-average-Technik, Pulstechnik und Stroboskopbelichtung zur dreidimensionalen Ausmessung von Verschiebungen, Deformationen und Schwingungszuständen, mit z. T. unterschiedlichem Entwicklungsstand und praktischem Einsatz. Diese Techniken dienen u. a. zur Schadensanalyse, zur Ermittlung von Fertigungsfehlern und zur Unterstützung der Berechnung und Konstruktion, und zwar bei statischen, dynamischen und besonders bei schwingenden Belastungen.

Die *Durchlichtholografie* umfaßt Doppelbelichtungstechnik, Realtime-Verfahren, Pulstechnik und Stroboskopbelichtung zur Ausmessung von Dichtefeldern in strömenden Medien. Letztere können dabei durch Strömungen und/oder Temperaturfelder verursacht werden. Auch Partikel bzw. Tröpfchen in durchsichtigen, stehenden oder strömenden Medien lassen sich mit der Durchlichtholografie nach Größe und Verteilung bestimmen.

Problembeschreibung und Zielsetzung

Sowohl die Geräte- als auch Auswertetechniken obiger Verfahren sind in einzelnen Punkten, besonders im Hinblick auf den praktischen Einsatz, noch unbefriedigend und verbesserungswürdig. Dies gilt z. B. für den erforderlichen schwingungsisolierten Aufbau, für die dreidimensionale Auswertung von Strömungsfeldern, auch für die Bestimmung von Größen und Verteilungen von Partikeln bzw. Tröpfchen.

Forschungsthemen

- *Verbesserungen in der Schwingungsisolation holografischer Einrichtungen*
- *Entwicklung von Verfahrens- und Auswertetechniken für den Einsatz der Holografie bei rotierenden Bauteilen*
- *Weiterentwicklung der Holografie an größeren Objekten (> 1 m^2 Flächen) mit großen Relativbewegungen*
- *Verbesserung holografischer Versuchs- und Auswertetechniken bei der Anwendung auf dreidimensionale Strömungsfelder*
- *Entwicklung einfacher holografischer Verfahrens- und Auswertetechniken für die Partikel- und Tröpfchenmeßtechnik*
- *Einsatz von Rechnern bzw. der digitalen Bildverarbeitung bei der Auswertung von Hologrammen*

7.5.4 Funkenblitzmethode

Stand der Forschung

Mit der Funkenblitzmethode können Strömungsfelder durch Funkenentladungen sichtbar gemacht werden. Das Verfahren findet besonders im Unterschall allgemeine Anwendung an ebenen Gittern, wird jedoch auch in der Maschine (Axialgebläse, Radialverdichter) eingesetzt. Das Einsatzgebiet reicht bis zu hohen Überschallströmungen. Die Modelle oder Teile des Originals sind dabei durchsichtig, wie z. B. aus Plexiglas. Instationäre Strömungen werden mit Hochgeschwindigkeitskameras aufgenommen und anschließend, auch dreidimensional und quantitativ, analysiert.

Problembeschreibung und Zielsetzung

Obwohl die Methode bereits in der Praxis bei Einzelaufgaben mit großem Erfolg eingesetzt wurde, sind in der Versuchs- und Auswertetechnik dringend Verbesserungen erforderlich. An derzeitigen Problemen wären besonders zu nennen:

Unzulänglichkeiten hinsichtlich der Blitzfolge besonders bei hohen Strömungsgeschwindigkeiten, allgemeine Isolationsschwierigkeiten bei hohen Spannungen, unerwünschte Gleitfunkenbildung auf der Oberfläche und begrenzte Größe des auszumessenden Querschnitts.

Forschungsthemen

- *Auswahl und Erprobung geeigneter Materialien (wie z. B. Keramik, Glas, Kunststoff) in Bezug auf die Verwendung der Funkenblitzmethode in Modellen bzw. Originalbauteilen, bei industriellen Betriebsbedingungen, insbesondere auch an hochbeanspruchten Teilen, wie z. B. Schaufeln und Ventilen*

- *Entwicklung geeigneter Grenzschichtelektroden zur Zündung von Funkengardinen parallel zur Oberfläche mit den Zielen: Bestimmung der Strömungsgeschwindigkeit innerhalb der Grenzschicht und Feststellung von Ablösegebieten und Rückströmung; Trennung von Gleitfunkeneinfluß und Grenzschichtströmung*

- *Allgemeine geräte- und versuchstechnische Verbesserungen zur Erhöhung der Blitzfolge*

- *Weiterentwicklung und Vereinfachung der Auswertetechnik, evtl. unter Einsatz von Rechnern (digitale Bildverarbeitung)*

7.5.5 Atomphysikalische Meßverfahren

Stand der Forschung

Die Raman-Spektroskopie, basierend auf einem extrem schwachen Streuprozeß der den makroskopischen Zustand des Mediums nicht verändert, hat sich unter Laborbedingungen als eine wertvolle Analysemethode der Strömungs- und Verbrennungsvorgänge in Flammen erwiesen. Aufschluß über die Gaszusammensetzung geben die Frequenzverschiebungen der Ramanlinien relativ zur eingestrahlten Frequenz. Die Intensität der Linien ist ein Maß für die Konzentration und aus dem Intensitätsverhältnis von Stokes- bzw. Antistokes-Linien kann auf die Schwingungs- bzw. Rotationstemperatur der Moleküle geschlossen werden. Nachteilig sind die geringe zeitliche Auflösung und der hohe experimentelle Aufwand. Wesentlich höhere Signalintensitäten als beim spontanen Ramaneffekt werden beim CARS-Verfahren (Coherent Anti-Stokes-Raman-Spectroscopy) durch den Einsatz gepulster und abstimmbarer Hochleistungslaser erzielt. Dadurch wird auch eine gute zeitliche Auflösung möglich. Laser-Fluoreszenz-Verfahren eröffnen ebenfalls neue Möglichkeiten zur berührungslosen Messung der Temperatur von Verbrennungsgasen und zur Bestimmung der Konzentration wichtiger Reaktionspartner in Verbrennungszonen. Zur Bestimmung von Konzentrationsprofilen werden Elektronenstrahl-

Fluoreszenz-Verfahren im Temperaturbereich bis 1000 K labormäßig mit Erfolg eingesetzt. Stickoxyd-Konzentrationsprofile können durch Molekülresonanzabsorption meßtechnisch erfaßt werden; das Verfahren wird gegenwärtig an technischen Flammen erprobt.

Problembeschreibung und Zielsetzung

Für die Klärung der Reaktionsabläufe und Schadstoffbildungsmechanismen sind Meßverfahren erforderlich, die ohne Störung von Strömung und Reaktionen eine Analyse der Vorgänge mit guter zeitlicher und räumlicher Auflösung ermöglichen. Bei Untersuchungen an technischen Flammen wird der Einsatz von spektroskopischen Verfahren erschwert durch Turbulenz und Rezirkulation der Strömung, durch hohes Eigenleuchten der Flammen, durch hohe Fluoreszenzanteile etc. In Vielkomponentensystemen erfolgt eine Überlagerung verschiedener Spektrallinien, die eine Störung der Intensitätsverteilung der Linien des betrachteten Moleküls bewirken können. Die Auswertung der Spektren ist schwierig und kompliziert, notwendig sind rechnergestützte Verfahren z. B. für Vergleiche von experimentell aufgenommenen mit computer-simulierten Spektren.

Forschungsthemen

- *Weiterentwicklung der Raman-Spektroskopie für Messungen der lokalen Temperatur und Dichte in technischen Flammen; Verbesserung der zeitlichen Auflösung; Überprüfung und Verbesserung des CARS-Verfahrens; Verbesserung und Automatisierung der Auswertungsverfahren*

- *Weiterentwicklung von Laser-Fluoreszenz-Verfahren für lokale Konzentrationsmessungen in reagierenden Strömungen; Erhöhung der Meßgenauigkeit; Anwendung gepulster Hochleistungslaser*

- *Überprüfung und Verbesserung von Elektronenstrahl-Fluoreszenzverfahren für Konzentrationsmessungen bei technischen Verbrennungen*

- *Weiterentwicklung der Molekülresonanzabsorption und Messungen von NO (evtl. –OH) in Flammen sowie in schnell ablaufenden Verbrennungsprozessen*

7.6 Überwachung, Datenübertragung, Schadensfrüherkennung und Lebensdauerermittlung

7.6.1 Überwachung und Datenübertragung

Stand der Forschung

Meß- und Prüfverfahren spielen bei der Überwachung von Versuchsabläufen und im Originalbetrieb eine immer größere Rolle. Das System „Meßwertaufnehmer – Meßwertübertragung – Meßwertverarbeitung und Bewertung" wird dabei, u. a., in zunehmendem Maße geprägt durch die Digitaltechnik, insbesondere auch durch Mikroprozessoren. Von großer Bedeutung sind hier, neben den einzelnen Bausteinen, besonders auch die Schnittstellen.

Eine Besonderheit bei rotierenden Systemen ist die Datenübertragung über Schleifringe oder Telemetriesysteme.

In allen diesen Fällen sind z. Z. eine Vielzahl von hard- und softwaremäßigen Einrichtungen und Verfahren bei den verschiedensten Anwendungen mit z. T. unterschiedlichem Entwicklungsstand im Einsatz.

Problembeschreibung und Zielsetzung

Eine befriedigende *Überwachung* erfordert, insbesondere auch für den Originalbetrieb, fast immer die Lösung vieler, von Fall zu Fall unterschiedlicher Einzelprobleme. Trotz ihrer Vielfalt zeigen sich hier einige Problemschwerpunkte, wie z. B. unbefriedigende Langzeitstabilität, mangelnde Kompatibilität an Schnittstellen und Unzulänglichkeiten bei der Verarbeitung (für die „Bewertung") und bei der Ergebnisdarstellung (für die „visuelle Überwachung") bzw. Weiterverarbeitung (für die „automatische Überwachung").

Bei der *Datenübertragung* liegt der Schwerpunkt der Weiterentwicklungen bei den Telemetriesystemen, insbesondere unter den Gesichtspunkten der kleineren Bauweise, erschwerte Randbedingungen, Mehrkanaligkeit, Pulse Code Modulations-Technik (PCM-Technik), hohe Betriebssicherheit bei gleichzeitig nicht zu hohen Herstellungskosten.

Forschungsthemen

- *Verbesserung der Langzeitstabilität vorhandener Meßwertaufnehmer, evtl. Entwicklung entsprechend neuer Aufnehmer*

- *Entwicklung preisgünstiger, anwendungsfreundlicher, standardisierter und kompatibler Schnittstellen bzw. Adaptoren*

- *Entwicklung berührungslos messender Meßsonden zur Überwachung rotierender Bauteile (bis ca. 1100 K, geeignet für Schwingungen, Spalte, Temperaturen und Dehnungen)*
- *Entwicklung/Verbesserung von Verfahren zur Ermittlung des Beginns einer Strömungsablösung (Anti-Stall-Diagnose)*
- *Einsatz von Mikroprozessoren in Überwachungssystemen, Ausbau von Verfahren zur Selbstüberwachung und Fehleridentifizierung*
- *Entwicklung eines Schleifringübertragers bis ca. 100 000 U/Min.*
- *Entwicklung eines Telemetriesystems für folgende Randbedingungen: Volumen ≦ ca. 3 cm^3, ertragbare Beschleunigungen bis 300 g dynamisch und 30 000 g statisch, zulässig für max. 400 K, Übertragungsmöglichkeit von DMS-Signalen und Thermoelementspannungen, Genauigkeit ca. 1 %*
- *Weiterentwicklung der PCM-Technik*

7.6.2 Schadensfrüherkennung

Stand der Forschung

Zur Schadensdiagnose und Schadensfrüherkennung kommen folgende Überwachungsverfahren bei Turbomaschinen zum Einsatz:

optische Kontrolle (z. B. mit Hilfe von Endoskopen),
Bauteilprüfung auf Rißbildung (z. B. mit Hilfe von Ultraschall u. Röntgenstrahlen),
Tribologische Meßverfahren (Beispiel: Analyse der Rückstände der Ölfilter),
Messung von Schwingungen, Druckschwankungen und Lärmemission,
Messung der Betriebsdaten (Drücke, Temperaturen, Treibstoffverbrauch usw.),
Registrierung der Betriebsstunden und der Belastungszyklen.

Trendanalyseprogramme zur Schadensfrüherkennung, die auf thermogasdynamischen Gesetzmäßigkeiten und empirisch gefundenen Kenngrößen basieren, sind u. a. für Flugtriebwerke entwickelt worden. Trotz der Erfolge der Überwachungsverfahren während des Betriebs sind hier aber zusätzlich Inspektionen und Revisionen nach vorgegebenen Betriebsstunden bzw. Belastungszyklen notwendig, um eine hohe Betriebssicherheit und Verfügbarkeit zu garantieren.

Problembeschreibung und Zielsetzung

Voraussetzung für eine Schadensfrüherkennung ist eine zuverlässige und empfindliche Meßtechnik, um schon geringe Veränderungen des Betriebszustands zu erfassen. Die Identifizierung der Turbomaschinenparameter, Schwingungsgrößen usw., die sensibel auf Schäden ansprechen, so daß durch Trendanalysen eine sichere frühzeitige Schadensfeststellung möglich wird, ist aber schwierig. Notwendig sind zusätzlich Funktionsanalysen, die Abweichungen vom ungestörten Betriebszustand diagnostizieren. Dafür ist die genaue Kenntnis der thermodynamischen Zusammenhänge des ungestörten Prozesses in den verschiedenen Betriebsphasen erforderlich. Die Funktionsmodelle z. B. der Triebwerksprozesse bzw. des Triebwerksverhaltens müssen deshalb entsprechend der thermodynamischen Alterung ständig modifiziert werden. Bei der Analyse instationärer Meßgrößen (Vibration, Druck, Lärm usw.) können durch Frequenz- und Modalanalysen sowie Korrelationsverfahren Schäden festgestellt und lokalisiert werden. Voraussetzung ist die Kenntnis der Signalmuster des gesunden Systems.

Forschungsthemen

- *Entwicklung und Verbesserung von Verfahren zur Schadensfrüherkennung:*
  - *Trendanalyse thermodynamischer Zustandsgrößen, Schwingungsgrößen, tribologischer Meßwerte usw.*
  - *Funktionsanalyse des thermodynamischen Prozesses und des Verhaltens von Triebwerken u. ä. Bauteilen unter Berücksichtigung der thermodynamischen Alterung des Systems*
  - *Analyse von Schwingungen, Druckschwankungen, Lärmemission (Frequenz- und Modalanalysen, Korrelationsverfahren)*

- *Verbesserung der Meß- und Diagnosetechnik; Entwicklung von Meßsystemen hoher Empfindlichkeit und Reproduzierbarkeit; Automatisierung tribologischer Meßverfahren*

7.6.3 Lebensdauerermittlung

Stand der Forschung

Die Bestimmung des Lebensdauerverbrauchs bzw. die Festlegung des Warnzeitpunktes, an dem frühestens Inspektions- und Instandhaltungsarbeiten erforderlich werden, erfolgen nach Methoden der Bruchmechanik. Definiert werden maximale Betriebszeiten und Belastungszyklen unter besonderer Berücksichtigung von Überlastzeiten. Die Zeiten zwischen den Überholungen (TBO) werden mit zunehmender Betriebserfahrung den tatsächlichen Erfordernissen angepaßt.

Problembeschreibung und Zielsetzung

Um eine Wartung bzw. Revision nach Zustand zu realisieren, müssen die Verfahren zur Schadensfrüherkennung mit Schadensakkumulationsverfahren für die Bestimmung des tatsächlichen Lebensdauerverbrauchs kritischer Bauteile gekoppelt werden. Das erfordert sichere Kenntnisse über Belastungsgrenzen und Versagensmechanismen der Werkstoffe sowie eingehende Analysen der Betriebsweise und der Bauteilbeanspruchung. Notwendig sind die meßtechnische Erfassung der statischen und dynamischen Belastungen sowie der Belastungsfolgen. Problematisch ist die quantitative Feststellung der Verschleißvorgänge wie Erosion, Korrosion, Abrieb und Beschädigung durch Fremdkörper.

Forschungsthemen

- *Langzeitüberwachung der statischen und dynamischen Bauteilbelastungen, zusätzlich bei der statischen Dehnung Kriechen, relaxierte Spannungen, Wärmespannungen; kontinuierliche Messungen von Torsionswechselspannungen (Wellen); Erfassung von Belastungsfolgen und -gradienten (Temperatur)*

- *Verbesserung von Schadensakkumulationsverfahren zur Bestimmung des Lebensdauerverbrauchs:*
  - *Verbesserung statistischer Analysemethoden*
  - *Bewertungsverfahren für zyklische Beanspruchungen*
  - *Klärung von Versagensmechanismen, Festlegung von Lebensdauerkriterien*

7.7 Werkstoffspezifische Meß- und Prüfverfahren

7.7.1 Allgemeine Meß- und Prüfverfahren

Stand der Forschung

Zur Werkstoffcharakterisierung und Qualitätssicherung werden üblicherweise folgende Verfahren benutzt:

Mechanische Prüfung (Zug-, Zeitstand-, Ermüdungsversuche)
Chemische Analyse
Gefügebeurteilung

Weitere Sonderprüfungen können hinzukommen, z. B. Tiefungsversuch oder Patchtest; diese sollen die Eignung des Werkstoffes für bestimmte Fertigungsverfahren zeigen.

Problembeschreibung und Zielsetzung

Die oben in Auswahl angegebenen Verfahren befriedigen heute die Bedürfnisse im wesentlichen. Verbesserungen sind denkbar mit folgenden Zielrichtungen:

betriebsnähere Prüfung bei der Werkstoffbewertung, um die betriebsrelevanten Wechselwirkungen der einzelnen Belastungsparameter (mechanische Spannung, Temperatur, Umgebungseinfluß) einschließlich ihrer Gradienten zu erfassen,

Vereinfachung und Rationalisierung der gebräuchlichen Prüfungen,

Querverbindung der gemessenen Einzeldaten in abgestimmten Datenfeldern durch Ausnutzung der bekannten theoretischen Zusammenhänge zwischen den einzelnen Größen der Werkstoffkennzeichnung.

Der Nutzen der genannten Zielrichtungen ist einerseits in einer möglichen Erniedrigung der zur Teileauslegung benötigten Sicherheitsbeiwerte zu sehen, andererseits könnte eine Reduzierung des Prüfaufwandes direkt Kosten sparen.

Forschungsthemen

- *Theoretische Arbeiten, um die verfügbare Meßtechnik optimal einzusetzen*
- *Nutzung der Vorteile der Digitaltechnik bei den werkstoffspezifischen Standard-, Meß- und Prüfverfahren (u. a. technische und wirtschaftliche Vorteile bei der Erfassung, Verarbeitung, Dokumentation von Werkstoffdaten)*
- *Einführung der digitalen Bildverarbeitung bei der Erfassung, Analyse und Dokumentation „flächenhafter" Meß- und Prüfergebnisse, wie z. B. bei Gefügeaufnahmen*

7.7.2 Zerstörungsfreie Meß- und Prüfverfahren

Stand der Forschung

Die konventionellen zerstörungsfreien Meß- und Prüfverfahren (ZfP) für Metalle sind: Röntgenprüfung, Ultraschallprüfung, Magnet- bzw. Farbeindringstoffprüfung sowie Wirbelstrommessungen. Die Auflösungsgrenzen sind abhängig von Art und Lage der Fehler und liegen zwischen 0,1 und 1 mm. Die Sicherheit, Fehler wirklich zu entdecken und/oder nach Lage und Größe richtig einzuschätzen, ist nicht immer in den erwünschten Maßen gegeben.

Problembeschreibung und Zielsetzung

Die konventionellen Verfahren sind verbesserungsbedürftig im Hinblick auf

Zuverlässigkeit der Auffindung und Bewertung von Fehlern

Auflösungsgrenze sollte bis < 0,1 mm verschoben werden

Automatische Erfassung und Auswertung der Prüfergebnisse ohne subjektive Beeinflussung durch den Prüfer.

Neue Werkstoffgruppen beginnen besonders in den Triebwerkbau einzudringen: Fasertechnik und Keramik. Für sie müssen spezifische ZfP-Verfahren entwickelt werden, um ihr jeweiliges Potential möglichst weit ausnutzen zu können.

Der wirtschaftliche Nutzen dieser Entwicklungen liegt in einer kostengünstigen und zuverlässigen Bewertung der Qualität der Bauteile. Hierdurch wird unnötiger Ausschuß vermieden und neue Werkstoffe erst nutzbar.

Forschungsthemen

- *ZfP-Verfahren für Keramik*
- *ZfP-Verfahren für Faserverbundwerkstoffe*
- *ZfP-Verfahren für pulvermetallurgische Werkstoffe*
- *ZfP-Verfahren für Fügungen (Schweißen, Diffusionsverbinden, Löten)*
- *Verbesserung der konventionellen Verfahren, z. B. im Hinblick auf Zuverlässigkeit der Auffindung und Bewertung von Fehlern, Auflösungsgrenzen und automatische Erfassung und Auswertung von Prüfergebnissen*

7.7.3 Korrosion und Erosion

Stand der Forschung

Zur Beurteilung des Erosionsverhaltens von Werkstoffen stehen ausreichend Prüfverfahren zur Verfügung.

Das Korrosionsverhalten wird meist durch Messung der Gewichtsänderung in korrosiver Atmosphäre bei erhöhter Temperatur beurteilt ohne Berücksichtigung der jeweils aktuell auftretenden wesentlich komplexeren Belastungskollektive.

Problembeschreibung und Zielsetzung

Korrosionsprobleme sind äußerst anwendungsspezifisch, so daß nur wenig allgemeingültige Meßverfahren entwickelt werden können.

Die Wechselwirkung zwischen Korrosion und den übrigen Belastungen bleibt meist unberücksichtigt. Durch sie kann sich aber eine Eignungsreihung von Werkstoffen leicht verändern. Weiterhin sind die zur Zeitraffung verschärften Prüfbedingungen häufig irreführend.

Für eine realistische Werkstoffbewertung sind daher Verfahren zu entwickeln, welche den Korrosionseinfluß möglichst betriebsnah darstellen. Der wirtschaftliche

Nutzen solcher Entwicklungen liegt im Einsatz besser anwendungsangepaßter Werkstoffe, wodurch Korrosionsschäden vermieden werden, ohne daß unangemessen teure Werkstoffe verbaut werden.

Bei faserverstärkten Kunstharzen ist die Degradation der mechanischen Eigenschaften durch Umwelteinflüsse weitgehend ungeklärt. Notwendig sind Meßverfahren zur Klärung der Wirkungsmechanismen.

Forschungsthemen

- *Entwicklung von Versuchsführungen mit betriebsnaher Belastung und Beurteilung des Korrosionsverhaltens (die Aufgaben müssen in enger Anlehnung an den jeweiligen Problemfall gelöst werden)*

- *Meßverfahren zur Feststellung des Einflusses von Umgebungsbedingungen (Luftfeuchte, Kraftstoffdämpfe, Temperatur, UV-Strahlung etc.) auf mechanische Eigenschaften von faserverstärkten Kunstharzen; zeitgeraffte Simulation von Betriebsbedingungen*

8 Anhang: Liste der beteiligten Institutionen und Personen

8.1 Beteiligte Institutionen

– *Aus dem Bereich der FVV-Mitgliedsfirmen*

AEG Kanis, Nürnberg

Brown, Boveri & Cie (BBC), Baden und Mannheim

Borsig, Berlin

Daimler-Benz, Stuttgart

Escher-Wyss, Ravensburg

Gebr. Sulzer, Winterthur

Maschinenfabrik Augsburg-Nürnberg (MAN)
– Werk Nürnberg
– Unternehmensbereich GHH Sterkrade

KHD-Luftfahrttechnik, Oberursel

Kühnle, Kopp und Kausch, Frankenthal

Kraftwerk-Union (KWU), Mülheim

Mannesmann DEMAG, Duisburg

Motoren- und Turbinen Union (MTU), München

Siemens Turbinenwerk, Wesel

Volkswagenwerk (VW), Wolfsburg

Geschäftsstelle der FVV, Frankfurt/Main

– *Aus dem Bereich der Hochschulen*

Institut für Dampf- und Gasturbinen der RWTH Aachen

Institut für Strahlantriebe und Turboarbeitsmaschinen der RWTH Aachen

Gießereiinstitut der RWTH Aachen

Lehrstuhl für Fluidenergiemaschinen der Ruhr-Universität Bochum

Institut für Maschinenelemente und Fördertechnik der TU Braunschweig

Lehrstuhl für Flugantriebe der TH Darmstadt

Institut für Werkstoffkunde der TH Darmstadt

Lehrstuhl für Thermische Turbomaschinen und Anlagen der TH Darmstadt

Lehrstuhl für Strömungsmaschinen der Gesamthochschule (GHS) Duisburg

Institut für Werkstoffwissenschaften der Universität Erlangen

Institut für Strömungslehre und Strömungsmaschinen der Hochschule der Bundeswehr (HSBw) Hamburg

Institut für Strömungsmaschinen der Universität Hannover

Institut für Mechanik der Universität Hannover

Institut für Werkstoffkunde II der Universität Karlsruhe

Institut für Thermische Strömungsmaschinen der Universität Karlsruhe

Lehrstuhl für Metallurgie und Metallkunde der TU München

Lehrstuhl für thermische Kraftanlagen mit Heizkraftwerk der TU München

Lehrstuhl und Institut für Flugantriebe der TU München

Institut für Strahlantriebe der Hochschule der Bundeswehr (HSBw) München

Fachbereich Maschinentechnik 1 der Gesamthochschule (GHS) Siegen

Institut für Luftfahrtantriebe der Universität Stuttgart

Institut für Raumfahrtantriebe der Universität Stuttgart

Institut für Umformtechnik der Universität Stuttgart

Institut für Thermische Strömungsmaschinen und Maschinenlaboratorium der Universität Stuttgart

– *Aus dem Bereich der DFVLR*

Institut für Antriebstechnik, Köln-Porz

Institut für Bauweisen und Konstruktionsforschung, Stuttgart

Institut für Dynamik der Flugsysteme, Oberpfaffenhofen

Institut für Entwurfsaerodynamik, Braunschweig

Institut für Werkstofforschung, Köln-Porz

Stabsabteilung Zentrale Programmkoordination

8.2 Beteiligte Personen

– *Ausschuß Turbomaschinenforschung*

K. Bauerfeind, Dr.-Ing.	MTU, München
W. Bunk, Prof. Dr. rer. nat.	DFVLR, Köln
D. Burgholzer, Dipl.-Ing.	MTU, München
G. Dibelius, Prof. Dr.-Ing.	RWTH Aachen
A. Eiermann, Dipl.-Ing.	BBC, Mannheim
F. Fahrni, Dr.-Ing.	Sulzer, Winterthur
L. Fottner, Prof. Dr.-Ing.	HSBw München
H. Gallus, Prof. Dr.-Ing.	RWTH Aachen
H. Geisendorf, Dipl.-Ing.	FVV, Frankfurt
P. Hofbauer, Dipl.-Ing.	VW, Wolfsburg
H. Jordan, Prof. Dr. rer. nat.	DFVLR, Köln
H.-J. Krengel, Dipl.-Ing.	DFVLR, Köln
W. Lachenmeier, Dr.-Ing.	DFG, Bonn
O. Lawaczeck, Dr.-Ing.	DFVLR, Göttingen
P. Lindner, Dr.-Ing.	Borsig, Berlin
H. Maaß, Prof. Dr.-Ing.	KHD, Köln
H. Maghon, Dipl.-Math.	KWU, Mülheim (Vorsitz)
K. Meiners, Dr.-Ing.	Escher-Wyss, Ravensburg
P. Molitor, Dipl.-Ing.	KKK, Frankenthal
H. Prechter, Dipl.-Ing.	MTU, München
W. Rieß, Prof. Dipl.-Ing.	Universität Hannover
W. Schlachter, Dr.-Ing.	BBC, Baden
K.-H. Schmitt-Thomas, Prof. Dr.-Ing.	TU München
E. Schnell, Ing. (grad.)	KHD-Luftfahrttechnik, Oberursel
H. Simon, Dr.-Ing.	Mannesmann DEMAG, Duisburg
R. Sparmann, Dipl.-Ing.	Siemens, Wesel
H. Stetter, Dr.-Ing.	MAN, Nürnberg
L. Turansky, Dr.-Ing.	MAN-GHH, Sterkrade
K. Ulrichs, Dr.-Ing.	AEG-Kanis, Nürnberg
G. Vettermann, Dipl.-Ing., Dipl.-Volkswirt	VDMA/FVV, Frankfurt
J. Wachter, Prof. Dr.-Ing.	Universität Stuttgart
M. Wessels, Dr.-Ing.	Daimler-Benz, Stuttgart
H. Weyer, Dr.-Ing.	DFVLR, Köln
C.-J. Winter, Dr.-Ing.	DFVLR, Stuttgart
G. Winterfeld, Prof. Dr.-Ing.	DFVLR, Köln
S. Wittig, Prof. Dr.-Ing.	Universität Karlsruhe
H. Wolf, Dr.-Ing.	KWU, Mülheim

— *Redaktionsausschuß*

K. Bauerfeind, Dr.-Ing.	MTU, München
B. Burgholzer*, Dipl.-Ing.	MTU, München
L. Fottner*, Prof. Dr.-Ing.	HSBw, München
H. Geisendorf, Dipl.-Ing.	FVV, Frankfurt
H.-J. Krengel, Dipl.-Ing.	DFVLR, Köln
H. Maghon, Dipl.-Math.	KWU, Mülheim (Vorsitz)
H. Prechter, Dipl.-Ing.	MTU, München
W. Rieß, Prof. Dipl.-Ing.	Universität Hannover
K. H. Schmitt-Thomas*, Prof. Dr.-Ing.	TU München
W. Schlachter*, Dr.-Ing.	BBC, Baden
H. Weyer, Dr.-Ing.	DFVLR, Köln
G. Winterfeld*, Prof. Dr.-Ing.	DFVLR, Köln
S. Wittig*, Prof. Dr.-Ing.	Universität Karlsruhe
H. Wolf*, Dr.-Ing.	KWU, Mülheim

Arbeitsgruppe I — Gesamtanlage, Regelung, Überwachung

O. David, Prof. Dipl.-Ing.	RWTH, Aachen
G. Eisenlohr, Dipl.-Ing.	KHD-Luftfahrttechnik, Oberursel
G. Grübel, Dr.-Ing.	DFVLR, Oberpfaffenhofen
J. Hourmouziadis, Dr.-Ing.	MTU, München
P. Martin, Dr.-Ing.	MAN, Nürnberg
D. Mukherjee, Dr.-Ing.	BBC, Baden
W. Rieß, Prof. Dipl.-Ing.	Universität Hannover (Obmann)
J. Schaefer, Dr.-Ing.	MAN-GHH, Sterkrade
D. Schmidt, Dr.-Ing.	Daimler-Benz, Stuttgart
O. Schmoch, Dipl.-Ing.	KWU, Mülheim
S. Wittig, Prof. Dr.-Ing.	Universität Karlsruhe
M. Ziegener, Dr.-Ing.	KWU, Mülheim

* als Obleute der Arbeitsgruppen

Arbeitsgruppe II – Aerodynamik der Turbomaschinen

B. Becker, Dr.-Ing.	KWU, Mülheim
D. Bohn, Dr.-Ing.	KWU, Mülheim
H. Burger, Dipl.-Ing.	Daimler-Benz, Stuttgart
G. Dibelius, Prof. Dr.-Ing.	RWTH Aachen
G. Eisenlohr, Dipl.-Ing.	KHD-Luftfahrttechnik, Oberursel
F. Farkas, Dipl.-Ing.	BBC, Baden
W. Fister, Prof. Dr.-Ing.	Ruhr-Universität Bochum
L. Fottner, Prof. Dr.-Ing.	HSBw München (Obmann)
H. Fricke, Dipl.-Ing.	KHD-Luftfahrttechnik, Oberursel
H. Gallus, Prof. Dr.-Ing.	RWTH Aachen
P. Hirsch, Ing. (grad.)	AEG-Kanis, Nürnberg
R. Jenny, Dr.-Ing.	Gebr. Sulzer, Zürich
W. Kümmel, Dr.-Ing.	MAN-GHH, Sterkrade
H. Neft, Dipl.-Ing.	MAN, Nürnberg
W. Richter, Ing. (grad.)	MTU, München
W. Rieß, Prof. Dipl.-Ing.	Universität Hannover
A. Schäffler, Ing. (grad.)	MTU, München
W. Schlachter, Dr.-Ing.	BBC, Baden (Obmann)
H. Simon, Dr.-Ing.	Mannesmann DEMAG, Duisburg
H. Voss, Dipl.-Ing.	MAN-GHH, Sterkrade
J. Wachter, Prof. Dr.-Ing.	Universität Stuttgart
H. Weyer, Dr.-Ing.	DFVLR, Köln
N. Zloch, Dr.-Ing.	KKK, Frankenthal
H.-J. Zollinger, Dr.-Ing.	Gebr. Sulzer, Winterthur

Arbeitsgruppe III – Strömung und Verbrennung in Brennkammern

H. Collin, Dipl.-Ing.	KHD-Luftfahrttechnik, Oberursel
Chr. Coulon, Dipl.-Ing.	Daimler-Benz, Stuttgart
H. Koch, Dipl.-Ing.	BBC, Baden
W. Krockow, Dipl.-Ing.	KWU, Mülheim
A. Marriott, Dipl.-Ing.	Gebr. Sulzer, Winterthur
H. Pfost, Prof. Dr.-Ing.	Ruhr-Universität Bochum
B. Simon, Dr.-Ing.	MTU, München
G. Winterfeld, Prof. Dr.-Ing.	DFVLR, Köln (Obmann)
S. Wittig, Prof. Dr.-Ing.	Universität Karlsruhe

Arbeitsgruppe IV – Bauteilkühlung und Wärmeübertrager

H. Bals, Dipl.-Ing.	KWU, Mülheim
H. Collin, Dipl.-Ing.	KHD-Luftfahrttechnik, Oberursel
O. David, Prof. Dipl.-Ing.	RWTH Aachen
G. Dibelius, Prof. Dr.-Ing.	RWTH Aachen
O. Frei, Dipl.-Ing.	Gebr. Sulzer, Winterthur
A. Frieder, Dipl.-Ing.	Gebr. Sulzer, Winterthur
H. Hempel, Dr.-Ing.	Daimler-Benz, Stuttgart
H. Köhler, Dipl.-Ing.	MTU, München
H. Kruse, Dr.-Ing.	DFVLR, Köln
D. K. Mukherjee, Dr.-Ing.	BBC, Baden
W. Rieß, Prof. Dipl.-Ing.	Universität Hannover
A. Wicki, Dipl.-Ing.	BBC, Baden
S. Wittig, Prof. Dr.-Ing.	Universität Karlsruhe (Obmann)

Arbeitsgruppe V – Strukturmechanik und Konstruktion

B. Burgholzer, Dipl.-Ing.	MTU München (Obmann)
D. Carstorph, Dr.-Ing.	TU München
B. Deblon, Dipl.-Ing.	KWU, München
W. Dudenhausen, Dipl.-Ing.	DFVLR, Stuttgart
W. Frank, Dipl.-Ing.	KHD-Luftfahrttechnik, Oberursel
R. Kochendörfer, Dipl.-Ing.	DFVLR, Stuttgart
B. Schmitt, Dipl.-Ing.	KKK, Frankenthal
K. Skrivaneck, Dipl.-Ing.	KHD-Luftfahrttechnik, Oberursel
H. Tritthart, Dipl.-Ing.	MAN, Nürnberg
K. Ulrichs, Dr.-Ing.	AEG-Kanis, Nürnberg
H. Wettstein, Dr.-Ing.	BBC, Baden

Arbeitsgruppe VI – Werkstoffe und Werkstofftechnologie

W. Betz, Dr.-Ing.	MTU, München
K. Boddenberg, Dr.-Ing.	Mannesmann DEMAG, Duisburg
S. Chandra, Dr.-Ing.	MAN-GHH, Sterkrade
I. Cropp, Dipl.-Ing.	KKK, Frankenthal
K. Detert, Prof. Dr.-Ing.	GHS Siegen
J. Ewald, Dr.-Ing.	KWU, Mülheim
K.-H. Mayer, Dipl.-Ing.	MAN, Nürnberg
P. R. Sahm, Prof. Dr.-Ing.	RWTH Aachen
K. H. Schmitt-Thomas, Prof. Dr.-Ing.	TU München (Obmann)
K. Schneider, Dr.-Ing.	BBC, Mannheim
K. Schreck, Dr.-Ing.	KHD-Luftfahrttechnik, Oberursel
G. Wirth, Dr.-Ing.	DFVLR, Köln

Arbeitsgruppe VII – Meß- und Prüfverfahren

H. Gallant, Dr.-Ing.	BBC, Baden
H. Gallus, Prof. Dr.-Ing.	RWTH Aachen
G. Kappler, Dr.-Ing.	ehem. MTU München
H. Ludewig, Dipl.-Ing.	KKK, Frankenthal
H. Pfeil, Prof. Dr.-Ing.	TH Darmstadt
H. Schneider, Dipl.-Ing.	KHD-Luftfahrttechnik, Oberursel
P. Stottmann, Dipl.-Ing.	DFVLR, Braunschweig
P. Thomas, Dipl.-Phys.	MAN-GHH, Sterkrade
J. Wachter, Prof. Dr.-Ing.	Universität Stuttgart
H. Wolf, Dr.-Ing.	KWU, Mülheim (Obmann)